高等职业教育畜牧兽医类专业教材

动物解剖生理

刘 军 主编

中国轻工业出版社

图书在版编目（CIP）数据

动物解剖生理/刘军主编. —北京：中国轻工业出版社，2021.8
高等职业教育"十二五"规划教材
ISBN 978-7-5019-8474-9

Ⅰ.①动… Ⅱ.①刘… Ⅲ.①动物解剖学-高等职业教育-教材②动物学：生理学-高等职业教育-教材 Ⅳ.①Q954.5②Q4

中国版本图书馆 CIP 数据核字（2011）第 205793 号

责任编辑：张　靓　　责任终审：滕炎福　　封面设计：锋尚设计
版式设计：宋振全　　责任校对：吴大鹏　　责任监印：张　可

出版发行：中国轻工业出版社（北京东长安街6号，邮编：100740）
印　　刷：三河市万龙印装有限公司
经　　销：各地新华书店
版　　次：2021年8月第1版第5次印刷
开　　本：720×1000　1/16　印张：13.75
字　　数：311千字
书　　号：ISBN 978-7-5019-8474-9　　定价：26.00元

邮购电话：010-65241695
发行电话：010-85119835　传真：85113293
网　　址：http://www.chlip.com.cn
Email：club@chlip.com.cn
如发现图书残缺请与我社邮购联系调换
211002J2C105ZBW

本书编写人员

主　编　刘　军（湖南环境生物职业技术学院）

副主编　加春生（黑龙江农业工程职业学院）

　　　　　俞伟辉（岳阳职业技术学院）

　　　　　李文华（周口职业技术学院）

　　　　　苏五珍（怀化职业技术学院）

参　编（按姓氏笔画排序）

　　　　　王　彬（江苏食品职业技术学院）

　　　　　左　锐（常德职业技术学院）

　　　　　李向勇（娄底职业技术学院）

　　　　　张　娟（内江职业技术学院）

前　言

本教材是根据教育部《关于加强高职高专教育人才培养工作的意见》及《关于加强高职高专教材建设的若干意见》的精神和要求进行编写的，可作为全国各农林高等职业技术学院、高等农林专科学院、农林大学成教学院、农林中职学校高职班的教材使用。

本教材利用对比的方法，重点讲述了牛（羊）、猪、犬、鸡等畜、禽的解剖生理特点，其宗旨是为高职高专畜牧兽医专业的学生学习后续课程奠定基础，力求使他们掌握畜禽动物生产所需要的基础理论、基本知识和基本技能，以提高分析问题的能力，并为解决一般生产技术问题提供依据。

本教材内容充实简要，推陈出新，主线清晰，图文并茂，突出了基础理论知识的应用和实践能力的培养，并能按照畜禽机体的系统将解剖和生理有机地结合起来，更有利于教学。

本教材由刘军编写绪论、第一章、综合实训；苏五珍编写第二章、第三章；左锐编写第四章；张娟编写第五章；李文华编写第六章；俞伟辉编写第七章、第十一章；加春生编写第八章、第九章；李向勇编写第十章；王彬编写第十二章。最后由刘军统稿。

本教材的编写得到了编者所在院校的大力支持与热心帮助，在此一并表示感谢！

由于编者水平有限，教材中难免有缺点和错误，恳请广大师生批评指正。

编　者

目 录

绪论 ·· 1
  一、动物解剖生理的内容 ·· 1
  二、学习动物解剖生理的目的与意义 ·································· 1
  三、动物解剖生理的学习方法 ·· 1

第一章　动物体的基本结构 ·· 3
第一节　细胞 ·· 3
  一、细胞的形态和大小 ·· 3
  二、细胞的构造 ·· 3
  三、细胞的生命活动 ·· 3
第二节　基本组织 ·· 4
  一、上皮组织 ·· 4
  二、结缔组织 ·· 7
  三、肌组织 ·· 10
  四、神经组织 ·· 12
第三节　器官、系统和有机体 ·· 12
  一、器官 ·· 12
  二、系统 ·· 12
  三、有机体 ·· 12
第四节　畜禽体表主要部位名称及方位术语 ······················ 12
  一、家畜体表主要部位名称 ·· 12
  二、家禽体表主要部位名称 ·· 13
  三、动物体的轴、面与方位术语 ···································· 14
  四、组织结构的立体形态与断面形态 ······························ 15
技能训练 ·· 15
  一、生物显微镜的使用与保养 ······································ 15
  二、主要组织的识别 ·· 18
复习思考题 ·· 19

第二章　运动系统 ·· 20
第一节　骨骼 ·· 20
  一、概述 ·· 20
  二、头骨及其连结 ·· 22
  三、躯干骨及其连结 ·· 25
  四、四肢骨及其连结 ·· 28

第二节 骨骼肌 ········· 33
一、概述 ········· 33
二、家畜全身主要肌肉的分布 ········· 35
三、肌沟 ········· 41
四、禽类骨骼肌的主要特点 ········· 42
技能训练 ········· 43
一、畜、禽全身主要骨和关节的识别 ········· 43
二、畜体全身主要骨性和肌性标志及主要部位名称的识别 ········· 43
复习思考题 ········· 44

第三章 被皮系统 ········· 45
第一节 皮肤 ········· 45
一、表皮 ········· 45
二、真皮 ········· 46
三、皮下组织 ········· 46
第二节 皮肤的衍生物 ········· 46
一、毛 ········· 46
二、蹄 ········· 48
三、角 ········· 48
第三节 皮肤腺 ········· 49
一、汗腺 ········· 49
二、皮脂腺 ········· 50
三、乳腺 ········· 50
技能训练 ········· 54
家畜皮肤和蹄的形态构造识别 ········· 54
复习思考题 ········· 54

第四章 消化系统 ········· 55
第一节 概述 ········· 55
一、消化与吸收的概念 ········· 55
二、消化方式 ········· 55
三、消化系统的组成 ········· 56
四、消化管的一般构造 ········· 56
五、腹腔和骨盆腔 ········· 58
六、腹膜 ········· 59
第二节 家畜消化系统 ········· 59
一、口腔 ········· 59
二、咽 ········· 63
三、食管 ········· 63
四、胃 ········· 63

五、肝 ··· 69
　　六、胰 ··· 71
　　七、小肠 ·· 72
　　八、大肠 ·· 75
　　九、肛门 ·· 78
第三节　家禽消化系统 ·· 78
　　一、口咽 ·· 78
　　二、食管 ·· 79
　　三、嗉囊 ·· 79
　　四、胃 ··· 79
　　五、肠 ··· 80
　　六、泄殖腔 ··· 80
　　七、肝 ··· 81
　　八、胰 ··· 81
技能训练 ·· 81
　　一、家畜消化器官形态结构的识别 ································ 81
　　二、家禽消化器官形态结构的识别 ································ 81
　　三、家畜胃、小肠、肝组织构造的识别 ··························· 82
　　四、胃、肠体表投影位置识别及其蠕动音的听取 ·············· 82
　　五、小肠吸收实验 ·· 83
复习思考题 ·· 84

第五章　呼吸系统 ·· 85
第一节　呼吸道 ··· 85
　　一、鼻 ··· 85
　　二、咽 ··· 86
　　三、喉 ··· 86
　　四、气管和主支气管 ·· 87
第二节　肺 ··· 87
　　一、肺的形态和位置 ·· 87
　　二、肺的组织构造 ·· 88
　　三、胸腔、胸膜和纵隔 ··· 89
第三节　呼吸生理 ·· 90
　　一、外呼吸 ··· 90
　　二、气体在血液中的运输 ·· 92
　　三、内呼吸 ··· 93
　　四、呼吸的调节 ·· 94
第四节　家禽呼吸系统 ·· 95
　　一、鼻腔 ·· 95
　　二、喉、气管、鸣管、支气管 ···································· 95

三、肺 96
   四、气囊 96
   五、呼吸运动 97
   六、呼吸频率 97
  技能训练 97
   一、呼吸器官形态构造的识别 97
   二、肺组织构造的识别 98
  复习思考题 98
第六章 泌尿系统 99
  第一节 家畜泌尿系统 99
   一、肾 99
   二、输尿管 103
   三、膀胱 103
   四、尿道 103
  第二节 家禽泌尿系统 104
   一、肾 104
   二、输尿管 104
  第三节 泌尿生理 104
   一、尿的化学成分和理化特性 104
   二、尿的生成 105
   三、影响尿生成的因素 107
   四、排尿反射 108
  技能训练 108
   一、泌尿器官的识别 108
   二、肾组织结构的识别 108
   三、影响尿生成因素的观察 109
  复习思考题 110
第七章 生殖系统 111
  第一节 生殖系统的构造 111
   一、公畜生殖系统的构造 111
   二、母畜生殖系统的构造 116
   三、家禽生殖系统的构造 120
  第二节 生殖生理 122
   一、性成熟和体成熟 122
   二、公畜生殖生理 123
   三、母畜生殖生理 123
   四、母禽生殖生理 127
  技能训练 128

  一、畜禽生殖器官的解剖观察 ………………………………………… 128
  二、睾丸和卵巢组织构造的观察 ……………………………………… 128
 复习思考题 …………………………………………………………………… 129

第八章　心血管系统 ………………………………………………………… 130
第一节　血液 ……………………………………………………………… 131
  一、体液和机体内环境 ………………………………………………… 131
  二、血量 ………………………………………………………………… 131
  三、血液的组成 ………………………………………………………… 131
  四、血浆 ………………………………………………………………… 132
  五、红细胞 ……………………………………………………………… 132
  六、白细胞 ……………………………………………………………… 133
  七、血小板 ……………………………………………………………… 134
  八、血液的理化特性 …………………………………………………… 135
  九、血液的凝固 ………………………………………………………… 136
第二节　心脏 ……………………………………………………………… 137
  一、心脏的形态和位置 ………………………………………………… 137
  二、心腔的构造 ………………………………………………………… 137
  三、心壁的组织构造 …………………………………………………… 138
  四、心脏的血管 ………………………………………………………… 138
  五、心包 ………………………………………………………………… 138
  六、心肌细胞的生理特性 ……………………………………………… 139
  七、心动周期 …………………………………………………………… 140
  八、心率 ………………………………………………………………… 141
  九、心音 ………………………………………………………………… 141
  十、心输出量 …………………………………………………………… 141
第三节　血管 ……………………………………………………………… 142
  一、血管的种类与构造 ………………………………………………… 142
  二、血管的分布 ………………………………………………………… 143
  三、血管生理 …………………………………………………………… 146
第四节　组织液和淋巴液 ………………………………………………… 148
  一、组织液的生成和回流 ……………………………………………… 148
  二、淋巴液的生成与回流 ……………………………………………… 149
  三、影响组织液和淋巴液生成的因素 ………………………………… 149
技能训练 …………………………………………………………………… 150
  一、心脏形态结构的识别 ……………………………………………… 150
  二、血细胞形状构造的识别 …………………………………………… 150
  三、家畜心脏体表投影位置与静脉注射、脉搏检查部位 …………… 151
  四、蛙心活动观察 ……………………………………………………… 151
复习思考题 ………………………………………………………………… 152

第九章 免疫系统 ··· 153
第一节 免疫器官 ··· 153
一、中枢免疫器官 ··· 153
二、周围免疫器官 ··· 154
第二节 免疫细胞 ··· 158
一、免疫细胞的种类 ··· 158
二、免疫细胞的作用 ··· 159
第三节 淋巴 ··· 159
一、淋巴的生成 ··· 159
二、淋巴管 ··· 160
三、淋巴的生理意义 ··· 161
技能训练 ··· 161
一、家畜淋巴结和脾的形态结构与位置识别 ··· 161
二、淋巴结和脾组织结构的观察 ··· 162
复习思考题 ··· 162

第十章 神经系统 ··· 163
第一节 概述 ··· 163
一、神经系统的组成和主要功能 ··· 163
二、神经系统的基本结构 ··· 163
三、神经系统的划分 ··· 163
第二节 神经组织 ··· 164
一、神经元 ··· 164
二、神经胶质细胞 ··· 166
三、神经纤维的兴奋传导 ··· 166
第三节 中枢神经 ··· 167
一、脑 ··· 167
二、脊髓 ··· 169
三、脑脊膜和脑脊液 ··· 170
四、中枢神经的感觉机能 ··· 170
五、中枢神经系统的运动机能 ··· 171
六、反射 ··· 171
第四节 周围神经 ··· 172
一、脑神经 ··· 172
二、脊神经 ··· 173
三、植物性神经 ··· 173
第五节 主要感觉器官 ··· 175
一、眼 ··· 175
二、耳 ··· 176

技能训练 ·· 177
　　　一、脑和脊髓的形态构造识别 ································ 177
　　　二、反射弧分析 ·· 177
　　复习思考题 ··· 178
第十一章　内分泌系统 ··· 179
　第一节　概述 ·· 179
　　　一、内分泌和激素的概念 ·· 179
　　　二、激素的种类 ·· 180
　　　三、激素作用的特点和机制 ······································ 180
　　　四、激素分泌的调节 ··· 181
　第二节　内分泌腺 ·· 181
　　　一、脑垂体 ·· 181
　　　二、甲状腺 ·· 182
　　　三、甲状旁腺 ·· 183
　　　四、肾上腺 ·· 184
　　　五、松果体 ·· 185
　　　六、胸腺 ·· 185
　　　七、胰岛 ·· 185
　　　八、性腺 ·· 185
　　技能训练 ··· 186
　　　家畜主要内分泌腺的形态、位置观察 ······················ 186
　　复习思考题 ··· 187
第十二章　体温 ··· 188
　第一节　畜禽正常体温 ·· 188
　　　一、畜禽体温及其正常变动 ······································ 188
　　　二、体温相对恒定的意义 ·· 188
　第二节　机体的产热和散热过程 ································ 189
　　　一、产热 ·· 189
　　　二、散热 ·· 190
　第三节　体温的调节 ·· 191
　　　一、温度感受器 ·· 191
　　　二、体温调节中枢 ·· 191
　第四节　畜禽对外界高温和低温的反应 ···················· 191
　　　一、耐热与抗寒 ·· 191
　　　二、畜禽对寒冷或炎热环境的适应 ·························· 192
　　技能训练 ··· 192
　　　畜禽体温的测定 ·· 192
　　复习思考题 ··· 192

综合实训 ·· 194
  一、羊（或牛）的解剖生理实训 ························ 194
  二、猪的解剖生理实训 ··· 198
  三、犬的解剖生理实训 ··· 200
  四、鸡的解剖生理实训 ··· 201
参考文献 ·· 204

绪 论

知识目标：
- 应知动物解剖生理的概念；
- 应会动物解剖生理的学习方法；
- 应知学习动物解剖生理的目的和意义。

一、动物解剖生理的内容

动物解剖生理是研究正常畜类和禽类有机体的形态结构及其发生发展规律、生命活动现象和机体各个组成部分的功能及其相互间关系的一门科学，包括动物解剖和动物生理两个部分。

动物解剖又因研究方法和对象不同，而分为大体解剖、显微解剖和胚胎发育。

（1）**大体解剖** 借助于解剖器械（刀、剪、锯等），采用切割的方法，通过肉眼、放大镜、解剖显微镜观察研究正常畜禽有机体各器官的形态、结构、位置及相互关系。由于研究的目的和方法不同，又分为系统解剖、局部解剖、比较解剖、功能解剖、X射线解剖等。

（2）**显微解剖** 采用显微镜技术研究正常畜禽有机体的细微结构及其与功能的关系。它可分为细胞、基本组织和器官系统三部分。

（3）**胚胎发育** 研究正常畜禽有机体的发生发育规律。主要研究从受精卵开始通过细胞分裂、分化，逐步发育成新个体的全部过程。

二、学习动物解剖生理的目的与意义

随着社会主义市场经济的深入发展，畜牧业在大农业中占有十分重要的位置。农林类高职高专院校的养殖类专业在过去的畜牧、畜医、中畜医专业基础上，增加了许多适应社会需要的新专业，如动物防疫检验、动物饲料与营养、畜产品加工、养禽与禽病防治、畜药生产与检验、畜牧业贸易、畜牧畜医、特种经济动物养殖等专业。动物解剖生理是这些专业首学的重要的专业基础课，所以只有通过学习动物解剖生理，正确地认识和掌握了正常畜禽的形态结构和各个器官系统之间的位置关系以及其生理活动的规律之后，才能进一步学习后续课程。

三、动物解剖生理的学习方法

学习动物解剖生理，必须要以辩证唯物主义为指导，用发生发展的观点、局部与整体统一的观点、理论联系实际的观点去观察和研究动物体，正确认识畜禽的形态结构及其变化的规律性，提高分析问题和解决问题的能力。

　　动物解剖生理这门课程的特点是需要记忆的内容较多，初学者会感到枯燥乏味，记不住。因此，学习起来更应该理论联系实际，多看标本、模型、挂图，还要多动手、多动脑筋、多想问题，并将动物体的形态结构与生理机能紧密结合起来，借助于先进的多媒体教学手段，在充分认知的前提下，才能强化记忆。

第一章 动物体的基本结构

知识目标：

- 应知细胞的基本结构和功能；
- 应知组织的分类、分布和机能；
- 应知畜禽体表主要部位名称；
- 应知动物解剖常用的方位术语。

技能目标：

- 应能正确使用和保养显微镜；
- 应能在活体畜禽体表指出主要部位名称。

第一节 细 胞

一、细胞的形态和大小

构成动物的细胞形态多种多样，有圆形、椭圆形、立方形、柱状、扁平状、星形等（图1-1）大小不一。细胞的形态和大小与其执行的功能和所处的部位密切相关。例如，接受刺激、传导冲动的神经细胞具有很多的突起；具有运输功能、流动在血管内的红细胞为双面双凹的圆盘状。大多数细胞其直径只有几微米，禽类的卵细胞直径达几厘米。

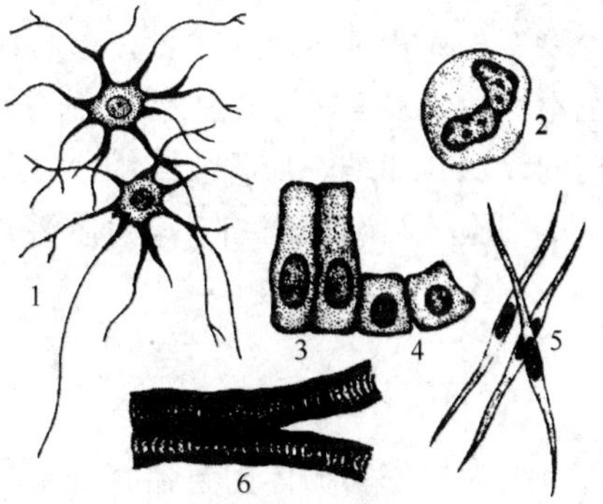

图1-1 细胞的种类图
1—神经细胞 2—血细胞 3—柱状细胞
4—立方细胞 5—平滑肌细胞 6—骨骼肌细胞

二、细胞的构造

动物细胞虽然形态、大小千差万别，但仍有共同的结构。在光镜下，均可分为细胞膜、细胞质、细胞核三个部分。

三、细胞的生命活动

1. 新陈代谢

新陈代谢是细胞生命活动的基础。细胞的一切活动都是建立在新陈代谢的基础上的。新陈代谢一旦停止，细胞也就死亡。

2. 感应性

细胞生活在不断变化的环境中，对于周围环境的刺激都能产生相应的反应，借以适应环境的变化。细胞这种对外界刺激发生反应的能力称为感应性，如肌细胞受刺激后会发生收缩。

3. 运动

体内有些细胞在不同环境条件刺激下，能产生不同形式的运动。常见的运动形式有：变形运动、舒张运动、纤毛运动和鞭毛运动等。

4. 生长与繁殖

当细胞的合成代谢超过分解代谢时，细胞体积增大，称为生长。细胞生长到一定阶段，在一定条件下就以分裂的方法进行增殖，产生新细胞，借以促进机体的生长发育和补充衰老死亡的细胞，称为繁殖。

5. 细胞的分化、衰老与死亡

细胞分化是指胚胎细胞或幼稚细胞（未分化细胞）转变为各种形态、功能不同细胞的过程。在胚胎发育早期，细胞的功能和形态彼此相似，随着细胞的增殖，在数量增多的同时，细胞的形态、功能和生化特性也逐渐出现了差异，最后形成各种不同形态和功能的成熟细胞。动物出生后，体内仍保留一些幼稚型细胞，如红骨髓内的造血干细胞，结缔组织内的间充质细胞，睾丸内的精原细胞等，它们都具有很强的分裂增殖能力，并能转变为某种成熟和稳定的细胞。

衰老和死亡是细胞生命活动过程中的必然结局。不同类型的细胞，其衰老进程也不一致，衰老的细胞主要表现为代谢活动降低，生理功能减弱，并出现形态结构的改变。如细胞质膨胀或缩小，嗜酸性增强，脂肪增多，出现空泡或色素沉积等；细胞核则出现固缩，染色质溶解等。最后整个细胞解体死亡。

第二节　基本组织

组织为构成动物体内各器官的基本构造材料，它是由细胞群和细胞间质组成的。高等动物体内具有许多不同形态和功能的组织。根据组织的形态结构与功能特点，可将动物体内的组织归纳为四大类基本组织，即上皮组织、结缔组织、肌组织和神经组织。

一、上皮组织

上皮组织简称上皮，在体内分布很广，主要覆盖在动物体的外表和体内的腔、管、囊、窦等内表面，此外，还分布在腺体和感觉器官内。

上皮组织功能多种多样，主要是保护作用，分布在不同器官内的上皮，具有吸收、排泄、分泌和感觉等功能。

上皮组织在形态和结构上的特点是：细胞多，间质少，细胞呈层状或膜状排列紧密；上皮细胞呈极性分布，分为游离面和基底面，游离面朝向腔面或体表，基底面与结缔组织相连接；上皮组织无血管，其营养靠深部结缔组织的毛细血管，经细胞间质透过基膜供应；上皮细胞排列紧密，相邻细胞间常形成特化的细胞连接结构。

上皮组织依据其形态和功能的不同，可分为被覆上皮、腺上皮和特殊上皮三类。

1. 被覆上皮

被覆上皮为上皮组织中分布最广的一类。根据细胞的排列层数，又可分为单层上皮和复层上皮。

（1）单层上皮　仅由一层上皮细胞构成，每个细胞均呈极性分布。

① 单层扁平上皮：由一层扁平细胞紧密镶嵌排列而成，细胞从侧面看呈扁平形，从正面看呈不规则的多边形，边缘呈锯齿状。核扁圆，位于细胞的中央（图1-2）。单层扁平上皮衬于心、血管及淋巴管腔面的称为内皮，薄而光滑，有利于液体的流动；被覆体腔浆膜表面者称为间皮，光滑而湿润，可减少摩擦。

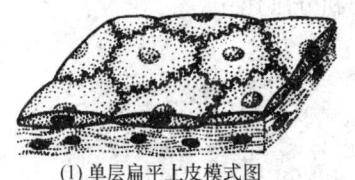 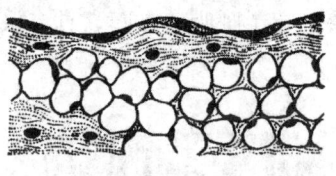

(1) 单层扁平上皮模式图　　(2) 浆膜切面

图1-2　单层扁平上皮

② 单层立方上皮：细胞呈六面形矮柱状，其长、宽、高几乎相等。核大，呈圆形，位于细胞中央（图1-3）。分布在甲状腺、肾小管等处，具有分泌功能。

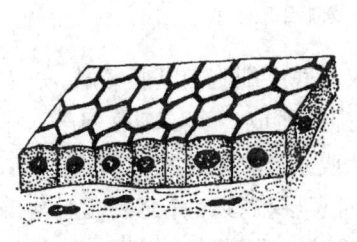 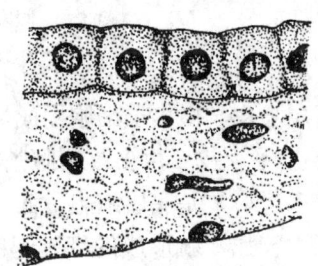

(1) 单层立方上皮模式图　　(2) 马肾集合管上皮侧面观

图1-3　单层立方上皮

③ 单层柱状上皮：由一层柱状细胞紧密排列而成，有些单层柱状上皮，其柱状细胞间夹有杯状细胞。细胞呈多面形高柱状。侧面呈倒立的长方形。核卵圆形，偏于细胞基部（图1-4）。主要分布于胃、肠黏膜，具有吸收和保护作用。

④ 假复层柱状纤毛上皮：由一层高矮和形状不同的上皮细胞构成。典型的

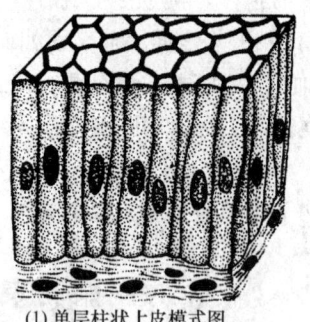 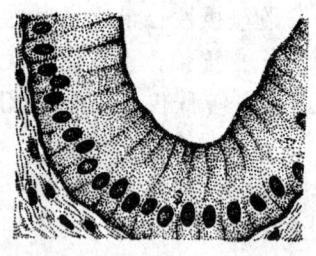

(1) 单层柱状上皮模式图　　　(2) 小肠黏膜上皮切面

图 1-4　单层柱状上皮

假复层柱状纤毛上皮由柱状细胞、杯状细胞、梭形细胞及锥体细胞四种细胞构成。柱状细胞游离面有纤毛。上皮的每个细胞都与基膜接触，只有柱状细胞及杯状细胞的顶端抵达游离面，从侧面看，由于四种细胞高矮不同，细胞核不在上皮的同一水平面上，看来像复层，其实只有一层，故称假复层柱状纤毛上皮（图1-5）。主要分布于呼吸道黏膜，具有保护和分泌作用。

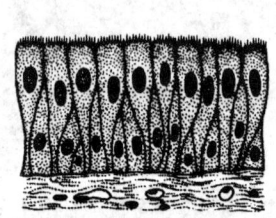 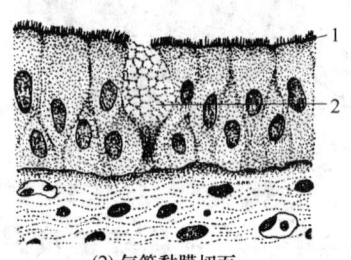

(1) 假复层柱状纤毛上皮模式图　　　(2) 气管黏膜切面

图 1-5　假复层柱状纤毛上皮
1—纤毛　2—杯状细胞

(2) 复层上皮　由多层细胞构成，仅基底层细胞与基膜接触。

① 复层扁平上皮：由多层细胞紧密排列而成，表层细胞扁平，中间层细胞体积较大呈多边形，基底层细胞呈低柱状或立方形，紧密排列成一层，该层细胞分裂增殖能力较强，新形成的细胞不断向表层推移，补充衰老脱落的表层细胞（图1-6）。主要分布于皮肤表面和口腔、食道、阴道的内表面，具有保护作用。

② 变移上皮：由多层细胞构成，其特点是上皮细胞的层数可随器官的胀缩而改变，当器官内腔空虚时，上皮细胞的层数可达5～6层，表层细胞呈大立方形；当器官内腔充盈时，上皮细胞层数变少，只有2～3层，表层细胞扁平（图1-7）。主要分布于膀胱和输尿管等处，有保护作用。

2. 腺上皮

以分泌功能为主的上皮称为腺上皮。以腺上皮为主要结构成分的器官称腺

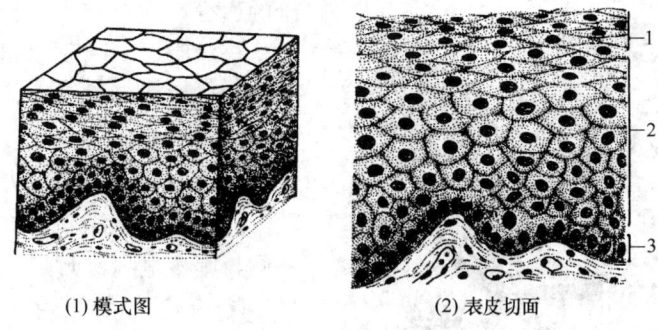

(1) 模式图　　　　　　　　(2) 表皮切面

图 1-6　复层扁平上皮

1—表层　2—中间层　3—基底层

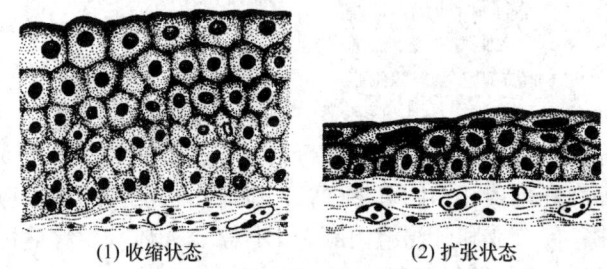

(1) 收缩状态　　　　　　　(2) 扩张状态

图 1-7　变移上皮（膀胱）

体。腺细胞多呈立方形，核较大，位于细胞的中央。

3. 特殊上皮

特殊上皮指具有特殊功能的上皮，包括感觉上皮、生殖上皮等。感觉上皮是与味觉、嗅觉、听觉及视觉有关的上皮细胞；生殖上皮如曲细精管上皮。

二、结缔组织

结缔组织是动物体内分布最广泛、形式最多样的一种组织。它包括固有结缔组织、软骨组织、骨组织和血液等。结缔组织主要起连接、支持、营养和保护作用。结缔组织与上皮组织相比较，其主要特点是细胞种类多，数量少，分散在间质中，无极性；细胞间质多，由基质和纤维构成；不直接与外界环境相接触，因而称为内环境组织。

1. 疏松结缔组织

因其结构疏松、类似蜂窝，故又称蜂窝组织。其结构特点是纤维排列松散，基质含量较多（图 1-8）。广泛分布在皮下和各器官内，起连接、支持、保护、营养和创伤修复等功能。

（1）细胞成分　疏松结缔组织的细胞成分主要有以下几种。

① 成纤维细胞：形态不规则，体积较大，细胞扁平多突起，常贴于胶原纤

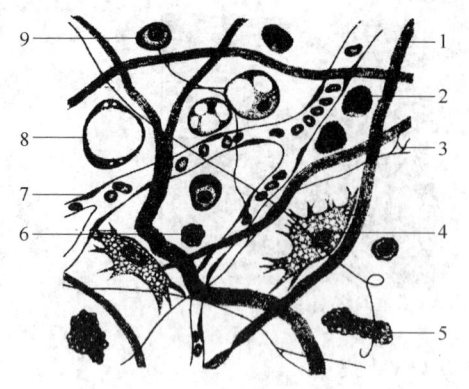

图1-8 疏松结缔组织
1—胶原纤维 2—肥大细胞 3—弹性纤维
4—成纤维细胞 5—巨噬细胞 6—淋巴细胞
7—毛细血管 8—脂肪细胞 9—浆细胞

维的边缘，胞核较大，椭圆形，着色浅，核仁明显，胞质弱嗜碱性。成纤维细胞能形成纤维和分泌基质，具有较强的再生能力。

②脂肪细胞：细胞呈球形，体积较大，胞质中充满脂滴，常将核挤向一侧，胞核呈扁圆形，着色深，苏木精-伊红染色（HE染色）片上，脂滴被溶剂溶解，使细胞呈空泡状。常单个或成群分布，脂肪细胞能合成和贮存脂肪。

③巨噬细胞：又称组织细胞。数量较多，分布广泛，常与毛细血管靠近。细胞形态多样，有圆形、椭圆形。胞核较小而圆，染色较深，细胞质丰富，多为嗜酸性。

巨噬细胞能吞噬细菌和体内衰老变性的细胞，也能参与免疫应答调节。具有合成和分泌作用，能合成和分泌溶菌酶、干扰素、补体等生物活性物质。

④肥大细胞：常成群分布于小血管周围。细胞体积大，呈圆形或卵圆形，胞核小而圆，胞质丰富，内充满粗大的异染颗粒。颗粒内含有肝素和组织胺，具有抗凝血、增加毛细血管通透性和促使血管扩张等作用。

⑤浆细胞：胞体呈圆形或卵圆形，核呈圆形，常偏于细胞的一侧，核内染色质呈块状，沿核膜作辐射状排列，状如车轮。细胞质嗜碱性，靠近胞核有一浅色区。浆细胞能合成和分泌免疫球蛋白，即抗体，参与体液免疫，一种浆细胞只能产生一种特异性抗体。

(2) 纤维 疏松结缔组织的纤维有胶原纤维、弹性纤维和网状纤维三种。

①胶原纤维：数量最多，新鲜时呈乳白色，故又称为白纤维。纤维粗细不等，直径1~12μm，HE染色片上呈粉红色，胶原纤维常被黏合在一起，构成胶原纤维束，互相交织分布。

胶原纤维韧性大，抗拉力强，弹性较差，是结缔组织具有支持作用的物质基础。

②弹性纤维：新鲜时呈黄色，又称黄纤维，HE染色片，染成浅红色，不易与胶原纤维区别。数量比胶原纤维少，纤维较细，弹性纤维韧性差，弹性好。

③网状纤维：纤维细短而分支较多，常相互交织成网，HE染色片上不易着色，故不能分辨。银染色法很容易染成黑色，故又称为嗜银纤维。在疏松结缔组织中数量较少。

(3) 基质 呈胶体状，数量较多，充满于纤维和细胞之间。其化学成分主要是蛋白多糖，主要成分是透明质酸，有阻止进入体内细菌、异物扩散的作用。

2. 致密结缔组织

致密结缔组织的特点是细胞和基质成分少而纤维成分多，纤维排列紧密。具有支持和保护作用。细胞主要是成纤维细胞。纤维主要是胶原纤维和弹性纤维。根据纤维排列方向不同，又分为以下两类。

（1）规则致密结缔组织　纤维平行排列，纤维间可见成行排列的成纤维细胞（图1-9），如肌腱。

（2）不规则致密结缔组织　纤维排列方向不规则，互相交织，构成坚固的纤维膜，如真皮。

3. 脂肪组织

脂肪组织是由大量脂肪细胞聚集在疏松结缔组织内构成的。疏松结缔组织将成群的脂肪细胞分隔成许多小叶。脂肪细胞呈圆形或多边形，胞质内充满脂肪滴，常将细胞核挤向细胞的一侧。HE染色片上，脂肪被溶剂溶解，故细胞呈空泡状。脂肪组织的主要功能是贮存脂肪并参与能量代谢，此外，还有支持、保护和维持体温等作用（图1-10）。

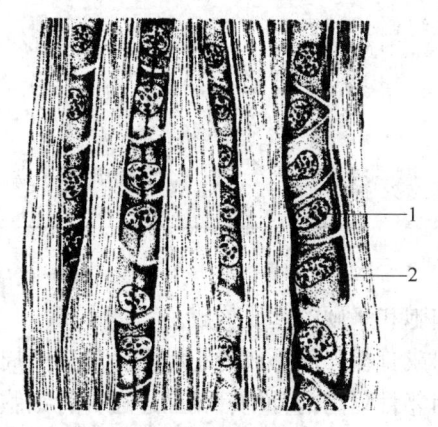

图1-9　致密结缔组织（肌腱）
1—腱细胞　2—弹性纤维束

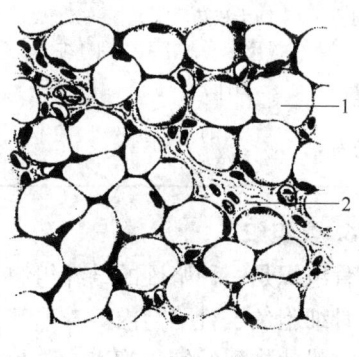

图1-10　脂肪组织
1—脂肪细胞　2—疏松结缔组织

4. 网状组织

网状组织由网状细胞、网状纤维、基质及少量巨噬细胞构成。网状细胞的突起彼此相互联接；网状纤维有分支，互相交织成网，紧贴在网状细胞的表面。网状细胞形成网状纤维（图1-11）。网状组织分布在淋巴结、脾和骨髓等处，构成它们的支架和提供微环境。

5. 软骨组织与软骨

（1）软骨组织　由少量的软骨细胞和大量的细胞间质构成。间质呈均质状，由半固体的凝胶状基质和纤维构成，软骨细胞埋藏在由软骨基质形成的软骨陷窝中。

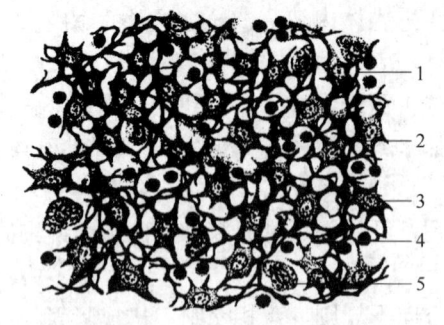

图 1-11 网状组织
1—网状纤维 2—突起 3—网状细胞
4—淋巴细胞 5—巨噬细胞

（2）软骨 由软骨组织和软骨膜构成。根据其基质中所含纤维的性质和数量不同，通常将软骨分为三种类型，即透明软骨、弹性软骨、纤维软骨（表1-1）。软骨膜是包绕软骨表面的纤维结缔组织，可分为两层：外层为致密结缔组织，含有少量血管及结缔组织细胞；内层较疏松，含有较多的血管和细胞，其中的成骨细胞对软骨的生长和发育有重要作用。因软骨组织无血管，其营养需要靠软骨膜来供给。

表 1-1　　　　　　　　　三种软骨的比较

类型	透明软骨	弹性软骨	纤维软骨
细胞	软骨细胞位于软骨陷窝内	软骨细胞位于软骨陷窝内	软骨细胞成行排列或散在纤维束之间
间质	由胶原纤维和基质构成，纤维和基质折光性一致，故HE染色片上看不到纤维	大量弹性纤维交织成网，基质和纤维折光不一，故HE染色片上可看到纤维	大量交叉或平行排列的胶原纤维束
功能	弹性差	弹性好	韧性好
分布	鼻、咽、喉、肋软骨、关节软骨等处	耳廓、会厌等处	椎间盘、耻骨联合、关节盘等处

6. 骨组织

骨组织是一种坚硬的结缔组织，由骨细胞和坚硬的基质构成。

骨细胞位于骨陷窝内。骨陷窝为骨板内或骨板之间形成的小腔，骨陷窝向周围呈放射状排列的细小管道，称骨小管。相邻骨陷窝的骨小管相互连通。骨细胞多突起，突起伸入骨小管内。相邻骨细胞突起彼此互相接触，供骨组织进行物质交换。

骨基质由有机物和无机物两种成分构成。有机物含量少，主要为胶原纤维；无机物主要是钙盐，又称为骨盐。动物体内90%的钙以骨盐的形式贮存在骨内。

7. 血液和淋巴

血管和淋巴是存在于心脏、血管、淋巴管内的液体结缔组织（详见心血管系统和免疫系统）。

三、肌 组 织

肌组织由肌细胞构成，肌细胞间有少量结缔组织及丰富的血管、淋巴管和神经等。肌细胞的形态呈细长纤维状，故称肌纤维，其细胞膜称肌膜，肌细胞的胞质称肌浆。

肌组织按其结构和功能可以分为骨骼肌、平滑肌和心肌三类。骨骼肌通过肌腱附着在骨骼上，肌纤维纵切面在镜下见明暗相间的横纹，故称横纹肌（图1-12）。骨骼肌活动受意识支配，故又称随意肌。平滑肌主要分布在血管壁和内脏器官，肌纤维纵切面较平滑，不显横纹（图1-13）。心肌是构成心脏的主要成分，肌纤维纵切面也显横纹，属横纹肌（图1-14）。心肌舒缩具有自动节律性，属不随意肌。三种肌纤维在电镜下的形态结构比较见表1-2。

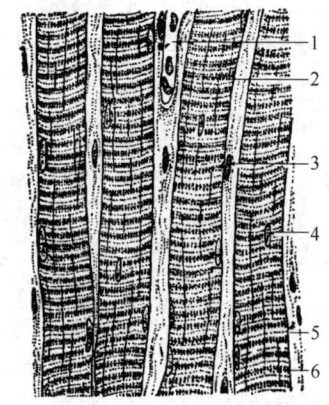

图1-12 马骨骼肌纤维纵切
1—毛细血管 2—肌纤维膜 3—成纤维细胞
4—肌细胞核 5—明带（I带） 6—暗带（A带）

表1-2　　　　　　　三种肌纤维形态结构比较

肌纤维	形 态	胞 核	横纹	分布	性质
骨骼肌纤维	长圆柱状，长1～40mm，直径10～100μm	椭圆形，可达几百个核，位于肌纤维边缘，染色质少，核仁明显	有	骨骼上	随意肌
平滑肌纤维	长梭形，平均长约100μm，平均直径10μm	椭圆形，一个胞核，位于细胞中央，1～2个核仁	无	血管内脏器官	不随意肌
心肌纤维	短圆柱状，有分支，彼此吻合，两个心肌纤维的连接处称闰盘	椭圆形，一个胞核，偶见两个，位于细胞中央	有	心脏	不随意肌

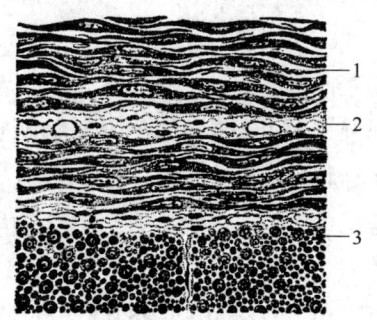

图1-13 平滑肌
1—平滑肌纤维纵切 2—结缔组织
3—平滑肌纤维横切

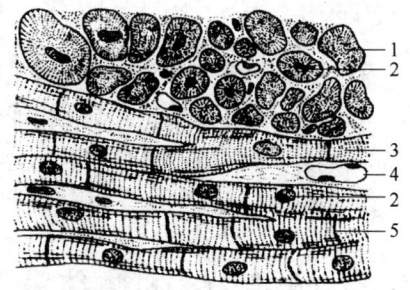

图1-14 羊的心肌纤维纵切
1—肌纤维横断面 2—心肌细胞核 3—肌纤维纵切面 4—毛细血管 5—闰盘

四、神经组织

详见第十章。

第三节 器官、系统和有机体

一、器 官

器官是由几种不同的组织按着一定的规律有机结合在一起构成的。各器官都有一定的形态结构并能完成一定生理功能，如心、肾、肺等。器官可分为中空性器官和实质性器官两大类。

中空性器官是指内部有较大空腔的器官，如食管、胃、肠、气管、膀胱、血管等。它们的结构特点是管壁分层，分别由不同的组织构成。

实质性器官是指内部没有大空腔的器官，如肝、脾、肾等。它们的结构由两部分组成，其一是实质部分，指直接代表这个器官主要机能特征的某一种组织；其二是间质部分，指器官的辅助成分，一般由结缔组织构成，是血管、淋巴管和神经通过的地方，对实质部分有支持和营养作用。

二、系 统

由若干个形态结构不同、而功能相关的器官联合在一起，彼此分工合作来完成体内某一方面的生理机能，这些器官就构成一个系统。例如，口腔、咽、食管、胃、小肠、大肠、肛门及消化腺（肝、胰、肠腺、唾液腺等）等器官有机地联系起来组成消化系统，共同完成对食物的消化、吸收功能。

畜、禽动物体由一系列不同的系统所组成。每个动物体都由运动系统、被皮系统、消化系统、呼吸系统、泌尿系统、生殖系统、循环系统、内分泌系统、淋巴系统、神经系统和感觉器官等组成。其中的消化、呼吸、泌尿和生殖系统又合称为内脏。

三、有 机 体

有机体是由许多器官和系统构成的统一体。体内各系统、器官之间有着密切的联系，在机能上相互影响，互相配合，倘若某一部位发生变化，就能影响其他有关部位的机能活动。同时，动物体与生活的周围环境也是统一的，环境的变化，会引起功能的变化，进而影响器官的形态结构。

第四节 畜禽体表主要部位名称及方位术语

一、家畜体表主要部位名称

家畜有机体都是两侧对称的，可分为头部、躯干部和四肢三大部分（图

1-15）。各部的划分和命名主要以骨为基础。

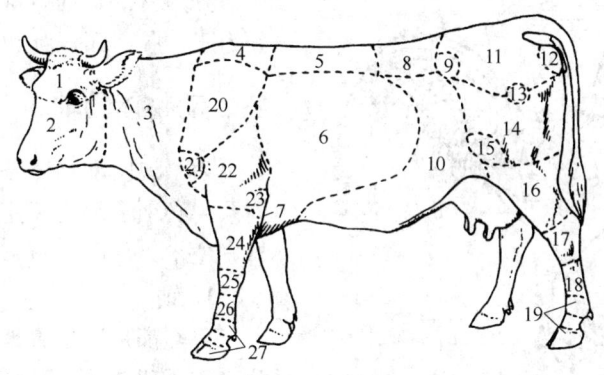

图1-15　牛体各部名称

1—颅部　2—面部　3—颈部　4—鬐甲部　5—背部　6—肋部　7—胸骨部　8—腰部　9—髋结节　10—腹部　11—荐臀部　12—坐骨结节　13—髋关节　14—股部　15—膝部　16—小腿部　17—跗部　18—跖部　19—趾部　20—肩胛部　21—肩关节　22—臂部　23—肘部　24—前臂部　25—腕部　26—掌部　27—指部

1. 头部

（1）颅部　位于颅腔周围。又可分为枕部、顶部、额部、耳部、腮腺部、颞部。

（2）面部　位于口腔和鼻腔周围。又可分为眼部、眶下部、鼻部、咬肌部、颊部、唇部、颏部、下颌间隙部。

2. 躯干

包括颈部、背胸部、腰腹部、荐臀部、尾部。

（1）颈部　分为颈背侧部、颈侧部、颈腹侧部。

（2）背胸部　分为背部（鬐甲部、背部）、胸侧部、胸腹侧部（胸前部、胸骨部）。

（3）腰腹部　分为腰部、腹部。

（4）荐臀部　分为荐部、臀部。

（5）尾部　分为尾根、尾体、尾尖。

3. 四肢

（1）前肢　分为肩带部（肩部）、臂部、前臂部、前脚部（腕部、掌部、指部）。

（2）后肢　分大腿部（股部）、小腿部、后脚部（跗部、跖部、趾部）。

二、家禽体表主要部位名称

家禽有机体也都是两侧对称的，也分为头部、躯干部和四肢（图1-16）。头部又分为肉冠、肉髯、喙、鼻孔、眼、耳孔、脸等。躯干部分为颈部、胸部、腹部、背腰部、尾部等。前肢衍变成翼，分为臂部、前臂部等。后肢部又分为股、胫、跖、趾和爪等。

三、动物体的轴、面与方位术语

为了说明动物体各部结构的位置关系，必须了解有关定位用的轴、面与方位术语（图1-17）。

1. 轴

兽类都是四足着地的，其身体长轴（或称纵轴），从头端至尾端，是和地面平行的，长轴也可用于四肢和各器官，均以纵长的方向为基准。如四肢的长轴则是四肢上端至四肢下端，为与地面垂直的轴。

2. 面

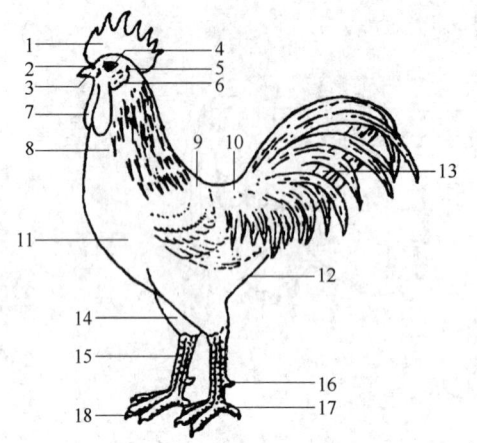

图1-16 鸡体各部名称

1—冠 2—鼻孔 3—喙 4—眼 5—耳孔 6—耳叶 7—肉髯 8—颈 9—背 10—腰 11—胸 12—腹 13—尾 14—胫 15—跖 16—距 17—趾 18—爪

（1）矢状面 是与畜体长轴平行而与地面垂直的切面。居于体正中的矢状切面，可将畜体分为完全相等的两半，称为正中矢状面；与正中矢状面平行的其他面称为侧矢状面。

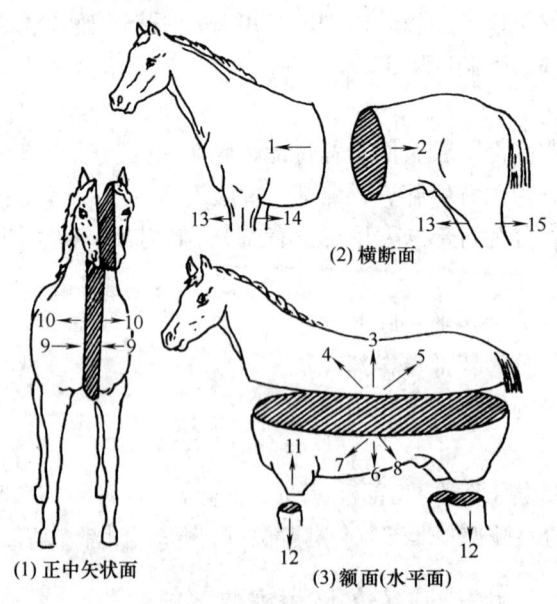

图1-17 三个基本切面及方位

1—前 2—后 3—背侧 4—前背侧 5—后背侧 6—腹侧 7—前腹侧 8—后腹侧 9—内侧 10—外侧 11—近端 12—远端 13—背侧 14—掌侧 15—跖侧

(2) 横断面　是与畜体长轴垂直的切面，位于躯干的横断面，可将畜体分为前后两部分。与器官长轴垂直的切面也称为横断面。

(3) 额面（水平面）　是与身体长轴平行且与矢状面和横断面相垂直的切面。额面可将畜体分为背侧和腹侧两部分。

3. 方位术语

靠近畜体头端的称为前侧或头侧；靠近尾端的称为后侧或尾侧；靠近脊柱的一侧称为背侧，也就是上面；靠近腹部的一侧称为腹侧；靠近正中矢状面的一侧称内侧；远离正中矢状面的一侧为外侧。

确定四肢的方位常用近端是靠近躯干的一端；远端是远离躯干的一端。前肢和后肢的前面称为背侧；前肢的后面称为掌侧；后肢的后面称为跖侧。

四、组织结构的立体形态与断面形态

组织和细胞的结构是立体的，但在光学显微镜和透射电子显微镜下观察组织和细胞的结构必须制成普通切片或超薄切片，而我们在切片上所看到的都是组织和器官的某一个断面形态，因此要通过不同断面的观察，运用空间想象能力，在头脑中要建立一个立体形态的概念。

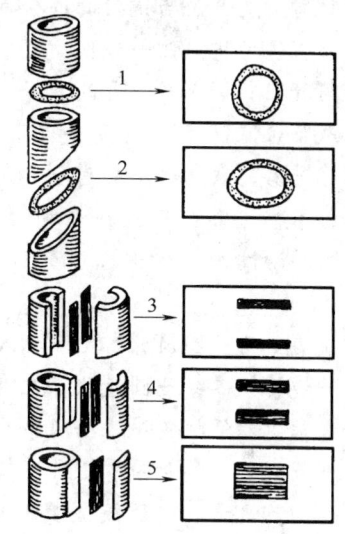

图 1-18　肠管不同切面模式图
1—横切　2—斜切　3—正中纵切
4—偏外纵切　5—管壁纵切箭头
方向表示贴到载片上的形态

同一结构的组织或器官，不同的切面表现为不同的形态。例如一段小肠会因切面不同而表现出不同的形态（图 1-18）。在观察切片时要善于分析切片中出现的各种现象，把断面形态与立体形态结合起来。

技能训练

一、生物显微镜的使用与保养

目的与要求

了解生物显微镜的构造和使用方法。

材料与设备

生物显微镜、兔卵巢切片（HE 染色）。

方法与步骤

1. 观察生物显微镜的构造

（1）机械部分观察　机械部分包括镜座、镜臂、载物台、标本推进器、镜筒、物镜转换器、调节螺旋。

镜座：一般呈蹄铁状或方形，有稳固和支持镜体的作用。

镜臂：是镜座与镜筒的连接部分。呈弓状，便于手握，有的在基部具有一关节螺旋，可使镜筒倾斜，便于观察。在镜臂的上端或下端两侧有调节螺旋，可调节镜筒和接物镜或载物台的升降。

载物台（镜台）：方形或圆形，上有两个金属片夹，供固定标本用，或安装标本推进器。载物台中央有一通光孔。

标本推进器：安放在载物台上，除固定切片外，两个调节螺旋可前、后、左、右移动切片。在推进器的纵、横坐标上标有刻度，以便确定某一结构的方位。

镜筒：为长圆筒状，上端插入接目镜，下连物镜，转换器。

物镜转换器：呈圆盘状，上有3～4个物镜螺旋口，供物镜按放大倍数高低顺序嵌入，以便把物镜根据观察需要推到正确的使用位置上。

调节螺旋：位于镜臂上部或下部两侧，有的显微镜具有大小两个螺旋，大的称为粗调节螺旋，用于低倍镜调焦；小的称为细调节螺旋，用于高倍镜调焦。有的显微镜则粗、细调节螺旋套叠在一起。

（2）光学部分观察　光学部分包括接物镜、接目镜、聚光器、光阑、反光镜、滤光片、光源。

物镜：做第一次放大标本用。安装在物镜转换器上，通常有3～4个接物镜，分别为4×、10×、40×(50×)和100×。4×和10×称为低倍镜，40×(50×)称为高倍镜，100×是油浸镜。每个接物镜的镜管上通常标有主要性能参数，如40/0.65，160/0.17。40表示放大倍数，0.65表示镜口率（数值孔径，N.A），160表示机械管长（mm），0.17表示允许盖玻片厚度（mm）。N.A值越大，透镜分辨率越高。

目镜：亦有5×、10×、15×和20×等，目镜的作用是将物镜放大的标本像（实像），再放大成虚像。观察者可根据工作需要和标本的实际情况，恰当选择不同放大倍数的目镜。接目镜内常安放一指针，便于指示视野中的某一结构。

聚光器：位于载物台的下方，起着把光线汇聚成光柱（束），增强照明度之用。聚光器的一侧有调节螺旋，可以升降，可按需要调节亮度。

光阑：在聚光器下方，由许多金属叶片组成。由一光圈调节杆调节光圈大小，以控制聚光镜的N.A值，以便符合物镜要求。

反光镜：安装在底座上，有平、凹两面，可多方向转动，以收集各方面的光线，汇入聚光器。一般情况下，强光时用平面镜，弱光时用凹面镜。

2. 显微镜的使用方法

（1）显微镜的提取和放置　显微镜是精密的光学仪器，从显微镜柜中取出时，一定要按操作规程进行，即一手握住镜臂，另一手托住镜座，严禁单手握住镜臂走动。显微镜使用前要平放于使用者前方偏左的位置上。用擦镜纸轻轻擦拭目镜和物镜，若有脏物，则用擦镜纸蘸少许二甲苯或无水酒精擦拭干净，并用纱布擦拭显微镜的机械部分。

（2）对光　旋动物镜转换器，先把低倍物镜对准载物台中央的通光孔（对正光轴），根据外来光线的强弱、标本染色情况和所用不同放大倍率的物镜，灵活应用聚光器、光圈和反光镜，调节至视野完全照明、亮度均匀，光强适宜。如用自然光源（阳光），可用反光镜的平面；如果用点状光源（灯光），可用反光镜的凹面。

（3）观察切片　观察切片前，先用肉眼分辨切片的正反面，并大致观察标本的外形、大小和着色。将盖玻片朝上的切片放置于载物台上，用金属压夹或置于标本推进器的两夹子间固定，并将组织块对准载物台中央的通光孔。观察切片时姿势要端正，通常是左眼观察切片，右眼、右手绘图或做记录。

按照低倍镜、高倍镜顺序观察切片，低倍镜观察的范围大，便于观察器官或组织的全貌或整体结构。高倍镜观察的范围小，放大的倍数高，适用于分辨器官或组织某一局部的微细结构。二者互相配合，可达到全面了解器官结构的目的。

观察标本时，首先在低倍镜下对焦至观察物像最清晰时为止。观察完切片一般结构后，需要进一步观察某一部分结构时，应将此部位移至视野中央，转换高倍镜观察，如图像不清晰时，只需稍调节细调节螺旋，即可看到清晰的物像。必须指出，物镜放大倍数愈低其工作距离（即接物镜前镜片与盖玻片上平面之间的距离）愈长，物镜放大倍数愈高，其工作距离愈短，所以使用高倍物镜时，应避免用粗调节螺旋调焦。若必须使用时，则应用眼睛从侧方观看物镜下降至盖玻片上方（下降物镜时应小心，否则会压碎切片，以致损伤物镜的严重后果），然后用眼观察视野，慢慢上提物镜，直至察见清晰物像为止。

（4）收藏　观察完毕后，移开物镜，取下切片，放入切片盒，下降镜筒，装上塑料套，放入箱内锁好。

3. 显微镜的保养方法

（1）使用完显微镜后，取下组织切片标本，旋动转换器，使物镜叉开呈八字形，转动粗调节器，使载物台下移，然后用绸布包好，放入显微镜箱内。

（2）若显微镜的目镜或物镜落有灰尘时，要用擦镜纸擦净，严禁用口吹或手抹。

（3）切勿粗暴转动粗、细调节器，并保持该部的清洁。

（4）切勿将显微镜置于日光下或靠近热源处。

（5）不要随意弯曲显微镜的活动关节，防止机件因磨损而失灵。

（6）不许随意拆卸显微镜任何部件，以免损坏和丢失。

（7）在使用过程中，切勿用酒精或其他药品污染显微镜。一定将其保存在干燥处，不能使其受潮，否则会使光学部分发霉，机械部分生锈，尤其是在多雨季节或多雨地区更应特别注意。

（8）用完油镜后，应立即用擦镜纸蘸少量的二甲苯擦去镜头、标本的油液，再用干的擦镜纸擦。对无盖玻片的标本片，可用一小张擦镜纸盖在玻片上的香柏油处，加数滴二甲苯，趁湿向外拉擦镜纸，拉去后丢掉，如此3～4次，即可把标本上的油擦净。

技能考核

认识显微镜的主要构造和作用，熟练使用显微镜。

二、主要组织的识别

目的与要求

掌握单层柱状上皮、单层立方上皮、假复层柱状纤毛上皮、疏松结缔组织、骨骼肌、平滑肌、神经元的结构特点。

材料与设备

生物显微镜、单层柱状上皮（小肠横切片）、单层立方上皮（肾髓质切片）、假复层柱状纤毛上皮（气管横切片）、疏松结缔组织铺片、骨骼肌、平滑肌、神经元组织切片及相关图示。

方法与步骤

（1）单层柱状上皮的观察　先用低倍镜观察，找到比较典型的部位，再换高倍镜观察细胞的结构。细胞呈高柱状，核椭圆形，位于细胞的基底部，比较均匀地排列在同一水平线上。

（2）假复层柱状纤毛上皮的观察　先用低倍镜找到观察部位，后用高倍镜，可清楚看到表层着色较淡的高柱状细胞的椭圆形核；中间层着色较深的梭形细胞的椭圆形核；最深层着色最深的锥形细胞的圆形核。三种细胞同位于基膜上，实属单层上皮。还可看到高柱状细胞的游离面有纤毛。有的部位上皮细胞间也见到空泡样的杯状细胞。上皮的基底面与结缔组织之间有较明显的基膜。

（3）疏松结缔组织的观察　先用低倍镜找到比较典型的部位，可见到交织成网的纤维，与许多分布于纤维之间的细胞，以及纤维与细胞间无定型的基质。再用高倍镜观察。可看到胶原纤维呈红色，粗细不等，呈索状或波浪状，数量多；

还有细的弹性纤维。还可看到轮廓不清、具有突起的成纤维细胞；形态不固定的组织细胞；椭圆形、细胞质内有粗大颗粒的肥大细胞；胞核呈车轮状、偏于一侧的浆细胞。

（4）骨骼肌的观察　用低倍镜观察呈圆柱状的骨骼肌细胞，换高倍镜矿可看到在细胞膜的下方有许多卵圆形的细胞核，肌原纤维沿细胞的长轴排列，有清楚的横纹。

（5）平滑肌的观察　低倍镜下可看到红色的平滑肌纤维；高倍镜下可看到平滑肌纤维呈长梭形，两头尖，中央宽，有椭圆形的细胞核。

（6）神经元的观察　可用脊髓的切片或运动神经元的切片，先用低倍镜，后用高倍镜，可清楚看到大而圆的核、清楚的核膜、核仁。细胞质内有细丝状的神经元纤维，尼氏小体。从胞体向四周发出突起，树突短，分支多。

技能考核

在显微镜下正确识别上述组织切片，并绘出结构图。

复习思考题

1. 使用生物显微镜有哪些注意事项？
2. 什么是组织？构成畜体的组织有哪几类？
3. 简述被覆上皮组织的特点、分类、分布和功能。
4. 简述结缔组织的特点、分类、分布和功能
5. 简述肌组织的种类、分布及生理特性。
6. 绘出牛的体表名称图。

第二章 运动系统

知识目标：
- 应知骨的化学成分和物理特性；
- 应知牛、猪、犬、鸡的运动系统的组成和机能；
- 应知牛、猪、犬、鸡的全身主要骨、关节和肌肉的名称与位置。

技能目标：
- 应能在牛、猪、犬、鸡的整体骨骼标本上识别主要骨和关节；
- 应能在牛、猪、犬、鸡的活体上识别主要骨、关节、肌肉和临床上常用的骨性、肌性标志。

第一节 骨 骼

运动系统由骨、骨连结、肌肉三部分组成。全身骨由骨连结连接成骨骼，骨骼构成畜、禽机体的支架，在维护体型、保护脏器和支持体重方面起着重要作用。肌肉附着于骨骼上，肌肉收缩时，以关节为支点，使骨的位置移动而产生各种运动。因此，在运动中，骨起杠杆作用，关节是运动的枢纽，肌肉则是运动的动力。骨骼和肌肉共同构成了畜、禽机体的轮廓。位于皮下的一些骨性突起和肌肉，可以在体表看到或触摸到，在畜牧生产中常用来作为确定内部器官位置和进行体尺测量的标志。

一、概 述

骨骼包括骨和骨连结两部分。

1. 骨

（1）骨的形态　全身的骨因形态和功能的不同可分为长骨、短骨、扁骨和不规则骨四种类型。

（2）骨的构造　骨由骨膜、骨质、骨髓及血管神经构成（图2-1）。

骨膜：由结缔组织构成，覆盖在除关节面以外的整个骨的表面，富有血管神经和成骨细胞。

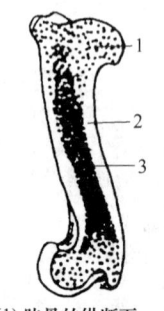
(1) 肱骨的纵断面

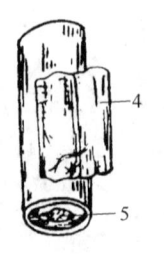
(2) 骨膜

图 2-1　骨的构造
1—骨松质　2—骨密质　3—骨髓腔
4—骨膜　5—骨髓

骨质：构成骨的主要成分，分为骨密质和骨松质。骨密质由排列紧密的骨板构成，位于骨的表层，坚硬致密；骨松质呈海绵状，位于骨的内面。

骨髓：位于长骨的骨髓腔和骨松质的间隙内。幼畜则全为红骨髓，成年家畜体内有红骨髓和黄骨髓两种。成畜的红骨髓主要分布在长骨两端，短骨、扁骨及不规则骨的骨松质内，红骨髓有造血功能。

（3）骨的化学成分和物理特性　骨由有机质和无机质构成，有机质主要是骨胶原（蛋白质）；无机质主要是磷酸钙和碳酸钙。有机质决定骨的弹性和韧性，而无机质决定骨的坚固性。二者的比例随畜的年龄、营养及生活条件不同而改变。幼畜骨内有机质含量多，骨柔软易变形。老龄家畜体内则无机质含量多，骨硬而脆，易骨折。新鲜骨的化学成分见表2-1。

表 2-1　　　　　　　畜体新鲜骨的化学成分（平均值）

化学成分	水分	有机质	无机质
在整个骨内的含量/%	50.0	28.15	21.85

2. 骨连结

骨与骨之间的连结装置称骨连结。按构成形式和机能的不同分为直接骨连结和间接骨连结。直接骨连结是骨与骨间借纤维结缔组织或软骨相连，不能活动或微动，以保护支持功能为主。间接骨连结亦称关节，构造较复杂，可进行灵活的运动。

（1）关节的构造　包括关节面、关节软骨、关节囊、关节腔及辅助结构等（图2-2）。

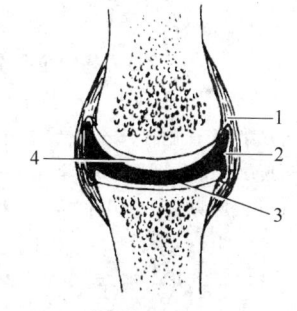

图 2-2　关节构造模式图
1—关节囊纤维层　2—关节囊滑膜层
3—关节腔　4—关节软骨

① 关节面：是骨与骨相接触的面，致密而光滑，表面附有关节软骨。

② 关节软骨：是附着在关节面上的一层软骨。

③ 透明软骨：光滑且具有弹性和韧性，可减少运动时的震动和摩擦。

④ 关节囊：包在关节周围的结缔组织囊，分内外两层。外层为纤维层，厚而坚韧，有保护和连结作用。内层为滑膜层，紧贴于纤维层内面，薄而柔软，有丰富的血管，能分泌滑液。

⑤ 关节腔：在关节软骨与关节囊之间的密闭腔隙，内有少量滑液，有润滑关节，缓冲震动及营养关节的作用。

⑥ 关节的辅助结构：主要有韧带和关节盘。韧带是在关节囊外连在相邻两骨间的致密结缔组织带，以加强关节的稳固性。关节盘是位于两关节面间的纤维软骨板，它有加强关节的稳固性，缓冲震动等作用。

(2) 关节的运动 关节面的形状决定关节的运动形式，主要有屈伸、内收、外展、旋转及滑动等。

(3) 关节的类型 按构成关节的骨的数目分为单关节、复关节两种。根据关节的运动轴多少可分为单轴关节、双轴关节和多轴关节。

3. 畜、禽全身骨骼的构成

畜、禽全身的骨骼由中轴骨骼和四肢骨骼（图 2-3、图 2-4、图 2-5、图 2-6）以及内脏骨组成。

中轴骨骼包括头骨和躯干骨。四肢骨骼包括前肢骨和后肢骨。内脏骨位于内脏器官和柔软器官内，如牛的心骨和狗的阴茎骨等。

二、头骨及其连结

1. 头骨

(1) 头骨的组成 头骨多为扁骨和不规则骨，分为颅骨和面骨两部分（图 2-7、图 2-8）。

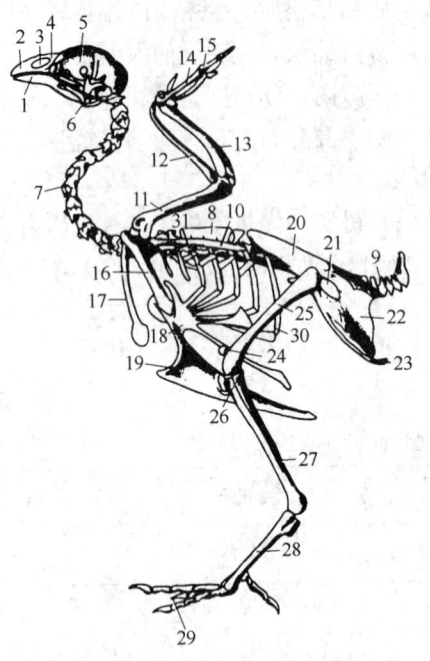

图 2-3 鸡的全身骨骼

1—下颌骨 2—颌前骨 3—鼻孔 4—鼻骨 5—筛骨
6—方骨 7—颈椎 8—胸椎 9—尾椎 10—肩胛骨
11—肱骨 12—桡骨 13—尺骨 14—掌骨 15—指骨
16—乌喙骨 17—锁骨 18—胸骨 19—胸骨嵴
20—髂骨 21—坐骨孔 22—坐骨 23—耻骨 24—髌骨
25—股骨 26—胫骨 27—腓骨 28—大跖骨 29—趾骨
30—肋骨 31—钩突

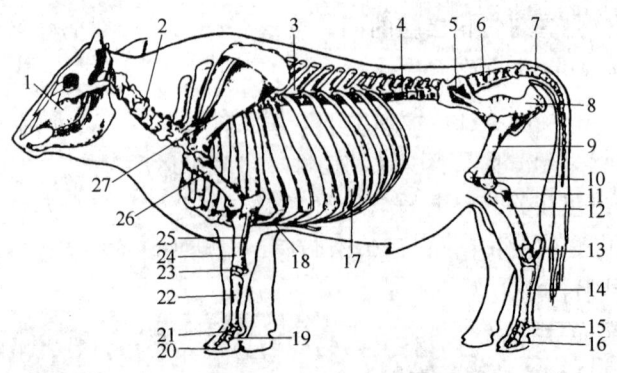

图 2-4 牛的全身骨骼

1—头骨 2—颈椎 3—胸椎 4—腰椎 5—髂骨 6—荐骨 7—尾椎 8—坐骨 9—股骨
10—髌骨 11—腓骨 12—胫骨 13—跗骨 14—跖骨 15—近籽骨 16—远籽骨
17—肋骨 18—胸骨 19—中指节骨 20—远指节骨 21—近指节骨 22—掌骨
23—腕骨 24—桡骨 25—尺骨 26—肱骨 27—肩胛骨

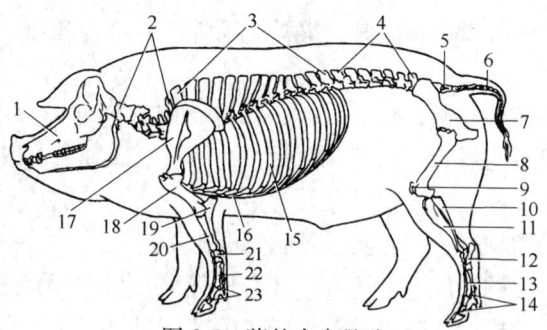

图 2-5 猪的全身骨骼

1—头骨 2—颈椎 3—胸椎 4—腰椎 5—荐骨 6—尾椎 7—髋骨 8—股骨 9—髌骨 10—腓骨 11—胫骨 12—跗骨 13—跖骨 14—趾骨 15—肋骨 16—胸骨 17—肩胛骨 18—肱骨 19—尺骨 20—桡骨 21—腕骨 22—掌骨 23—指骨

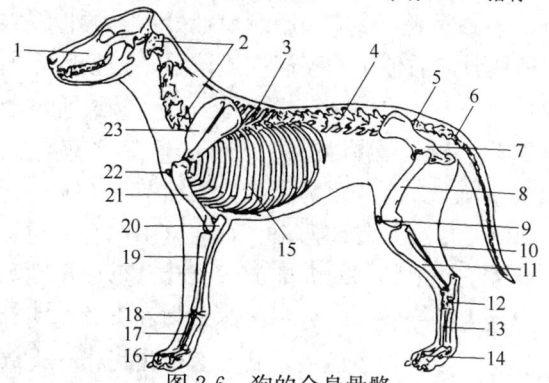

图 2-6 狗的全身骨骼

1—头骨 2—颈椎 3—胸椎 4—腰椎 5—荐椎 6—尾椎 7—髋骨 8—股骨 9—髌骨 10—腓骨 11—胫骨 12—跗骨 13—跖骨 14—趾骨 15—肋骨 16—指骨 17—掌骨 18—腕骨 19—桡骨 20—尺骨 21—肱骨 22—胸骨 23—肩胛骨

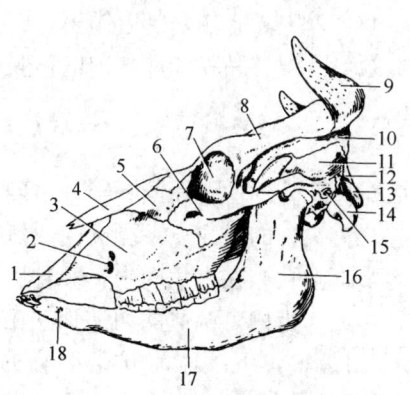

图 2-7 牛头骨侧面

1—切齿骨 2—眶下孔 3—上颌骨 4—鼻骨 5—泪骨 6—颧骨 7—眶窝 8—额骨 9—角突 10—顶骨 11—颞骨 12—枕骨 13—枕髁 14—颈静脉突 15—外耳道 16—下颌支 17—下颌体 18—颏孔

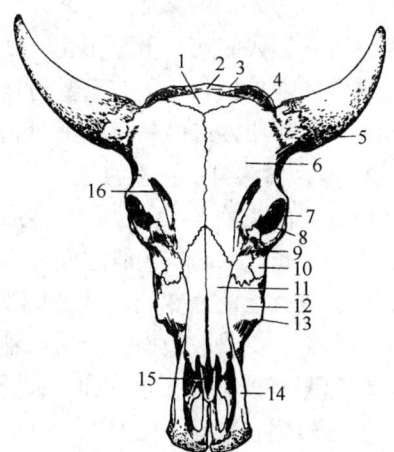

图 2-8 水牛头骨的正面

1—顶骨 2—顶间骨及枕骨 3—枕嵴 4—颞骨 5—角突 6—额骨 7—眶窝 8—泪泡 9—泪骨 10—颧骨 11—鼻骨 12—上颌骨 13—面结节 14—切齿骨 15—犁骨 16—眶上孔

颅骨：主要围由枕骨、顶间骨、蝶骨、筛骨四种单骨和顶骨、额骨、颞骨三种对骨构成。

面骨：构成颜面的基础，形成口腔、鼻腔、眼眶的支架。由犁骨、下颌骨、舌骨三种单骨及成对的鼻骨、泪骨、颧骨、上颌骨、颌前骨、翼骨、腭骨、鼻甲骨等构成。

（2）主要头骨的构造、位置关系及骨性标志

枕骨：构成颅腔的后底壁，后方中部有枕骨大孔与椎管相通，大孔的两侧有卵圆形的关节面为枕髁，与寰椎关节窝构成关节。

额骨：发达，构成颅腔的整个顶壁，后外方伸出角突，供角附着。前下方向两侧伸出眶上突，形成眼眶的上界。

颞骨：位于头骨的后外侧，形成颅腔侧壁，分为鳞颞骨、岩颞骨。鳞颞骨向外前方伸出的突起和颧骨向后伸出的突起连成颧弓。其腹侧有一光滑的横行关节面为颞髁，与下颌骨成关节。岩颞骨在鳞颞骨后方，构成听觉器官的支架。

上颌骨：比较发达，构成鼻腔侧壁、底壁和口腔顶壁，腹外侧缘有臼齿齿槽，与三四臼齿相对的外上方有一粗糙隆起为面结节。

颌前骨：位于上颌骨前方，骨薄而扁平，前方中部有一裂缝为切齿裂。

鼻甲骨：附于鼻腔侧壁上的两对卷曲的薄骨片，形成鼻腔黏膜的支架。

下颌骨：面骨中最大的一块骨，分为下颌骨体和下颌支两部分。下颌骨体位于前方，骨体厚，前缘上方有切齿齿槽，后方有臼齿齿槽。下颌支位于后方，呈上下垂直的板状，上部后方有一平滑的关节面为下颌髁，与颞髁构成下颌关节；下颌髁的前方有一突起称冠状突。两侧下颌骨体及下颌之间的空隙为下颌间隙。

（3）鼻旁窦（副鼻窦） 鼻旁窦是头骨中一些骨的内外两层骨板间形成的腔洞，它可直接或间接与鼻腔相通，故统称为鼻旁窦。主要有额窦、上颌窦、腭窦和筛窦等。在兽医临床上较重要的是额窦和上颌窦。因鼻黏膜和鼻窦内的黏膜相延续，当鼻黏膜发炎时，可蔓延引起鼻旁窦炎。

2. 畜、禽头骨的主要特征

（1）牛的头骨　牛的头骨呈锥形，较短而宽。额骨约占背面的一半，呈四方形，宽而平坦，后缘与顶骨之间，形成额隆起，为头骨的最高点。颧突向两侧伸出，是头骨背面的最宽处，颧突基部有眶上沟及眶上孔。在有角的牛，额骨后方两侧有角突。鼻骨较短而窄。切齿骨薄而扁平，无切齿槽，两侧的切齿骨互相分开，前部距离较宽。上颌骨和下颌骨各有6个臼齿槽，下颌体前方有4个切齿槽，前方外侧有颏孔。颅腔的后壁由顶骨、顶间骨构成，此三骨在出生前或出生后不久即愈合为一整体。枕外隆凸较粗大（图2-7）。

（2）猪的头骨　原始品种猪的头骨相当长，额部外形平直，为长头型。有些改良品种猪的头骨显著变短，额部向上倾斜，鼻部短，鼻面凹，为短头型。猪的头骨近似楔形。项面宽大，枕骨高，背缘形成发达的枕外嵴，颈静脉突长，垂向

下方。额骨较长，颧上突短，不与颧弓相连，因此眶缘不完整。颞窝完全位于侧面，长轴近于垂直。颧弓强大，两侧扁。面嵴短，前方有眶下孔。犬齿槽大，外面有脊状隆起（图2-9）。

（3）犬的头骨　形状和大小因品种不同差异很大，一般为卵圆形，眶上突短，眶窝后部直接与颞骨相连无明显界线。下颌骨体不完全愈合，下颌骨支后角形成角突。

（4）家禽的头骨　家禽的头骨愈合程度大，但仍可分颅骨和面骨（图2-3）。颅骨的特点是枕骨的枕髁仅有

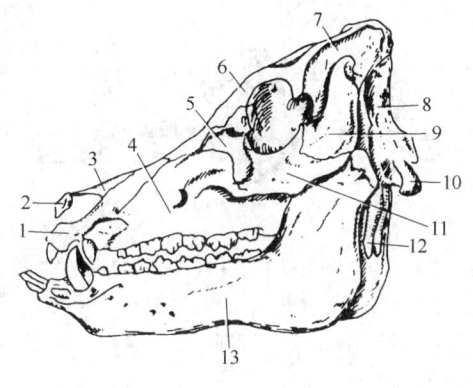

图2-9　猪头骨侧面
1—切齿骨　2—吻骨　3—鼻骨　4—上颌骨
5—泪骨　6—额骨　7—顶骨　8—枕骨　9—颞骨
10—枕骨髁　11—颧骨　12—颈静脉突　13—下颌骨

一个，较小，呈半球形。面骨的特点是眼眶大，上颌骨缺颜面部，形成眶下窦。颌前骨构成上喙的大部分，鸭、鹅为长扁状，鸡、鸽为尖锥形。

3. 头骨的连结

头骨除颞骨和下颌骨构成下颌关节外，其余均为直接骨连结。下颌关节由颞髁和下颌髁构成，两关节面间垫有软骨垫（关节盘），关节囊外有侧韧带。下颌关节的活动性大，主要进行开闭口腔和左右活动等动作。此外，舌骨也具有一定的活动性。

家禽的头骨在颞骨与下颌骨之间还有一块方骨，它与颞骨鳞部形成活动关节，并与下颌骨形成方骨下颌关节。方骨有眶突作为肌肉的杠杆，肌肉收缩时将方骨向前拉，能上提上喙，使上、下喙间开张较大，便于吞食较大的食块。

三、躯干骨及其连结

1. 躯干骨

躯干骨包括脊柱、肋、胸骨。它构成了脊柱和胸廓，有支持头部，传递推动力，并形成胸腔、腹腔和骨盆腔的骨性支架，容纳和保护内脏器官等作用。

（1）脊柱　构成畜、禽体的中轴，由一系列椎骨，借软骨、关节与韧带紧密连结形成。脊柱依其所在部位分为颈椎、胸椎、腰椎、荐椎和尾椎五个部分。脊柱内有椎管，容纳并保护脊髓。

① 椎骨的一般构造：组成脊柱的各段椎骨由于机能不同，形态和构造虽有差异，但基本结构相似，均由椎体、椎弓和突起组成（图2-10）。

椎体呈短柱状，位于椎骨腹侧，前凸为椎头，后凹为椎窝。

椎弓是位于椎体背侧的拱形骨板。椎弓和椎体围成椎孔，所有椎骨的椎孔相

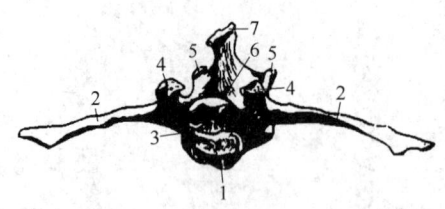

连形成椎管，以容纳脊髓。椎弓基部的前、后缘两侧各有一椎切迹，相邻椎骨的椎切迹形成椎间孔，供脊神经和血管通过。

突起由椎弓伸出，一般有三种：棘突是由椎弓背侧向上伸出的单支突起；横突是由椎弓、椎体交界处向两侧伸出的平行突起；关节突有前、后两对，分别位于椎弓背部前、后缘的两侧，前关节突的关节面向前上方，后关节突的关节面向后下方，相邻椎骨的关节突构成关节。

图 2-10 典型椎骨的构造（牛的腰椎）
1—椎头 2—横突 3—椎孔 4—前关节突
5—后关节突 6—椎弓 7—棘突

② 脊柱各部椎骨的主要特征：各部椎骨因所执行的机能及所在部位的不同，其形态结构有差异性。

颈椎：畜、禽颈部长短不一，但家畜均由 7 枚颈椎组成。家畜的第 3～6 颈椎形态结构相似，第 7 颈椎与胸椎相似，第 1 颈椎呈环状又称寰椎，第 2 颈椎又称枢椎（图 2-11、图 2-12）。颈椎的椎头和椎窝均很明显。前、后关节突很发达。各颈椎横突孔连成横突管供血管神经通过。禽类的颈椎数量多，鸡有 14 枚、鸭有 14～15 枚、鹅有 17～18 枚、鸽有 12～13 枚，均连接成乙状弯曲。因关节突发达，椎体的关节面又呈鞍状，所以颈部运动灵活，便于飞翔、采食和梳羽。

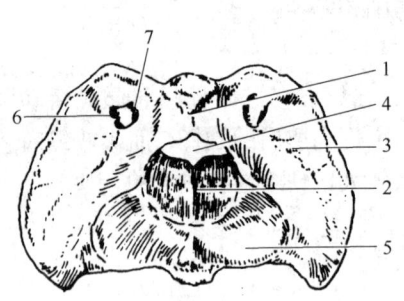

图 2-11 牛的寰椎
1—背侧弓 2—腹侧弓 3—寰椎翼 4—椎孔
5—鞍状关节面 6—翼孔 7—椎外侧孔

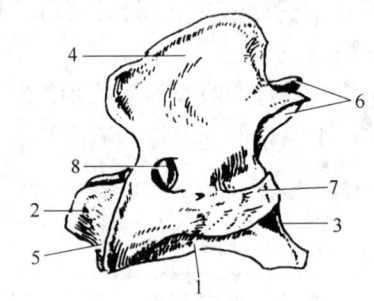

图 2-12 牛的枢椎
1—椎体 2—齿突 3—椎窝 4—棘突
5—鞍状关节面 6—关节后突 7—横突 8—椎外侧孔

胸椎：位于背部，各种家畜数目不同，牛、羊有 13 枚，猪有 14～15 枚，犬有 13 枚。胸椎的特点是棘突发达，牛的第 2～6 胸椎棘突最高，是构成鬐甲的骨质基础（参见图 2-4）。禽类的胸椎数量少，鸡和鸽 7 枚，鸭和鹅 9 枚。

腰椎：构成腰部的基础，并形成腹腔的支架。牛有 6 枚，猪和羊有 6～7 枚，犬有 7 枚，鸡只有 3 枚，鸭有 4 枚。畜类腰椎的特点是横突发达，呈上下压扁的板状，伸向外侧，构成腹腔顶壁的骨质基础。关节突连结紧密，以增加腰部的牢固性。

荐椎：构成荐部的基础并连接后肢骨。牛有5枚荐椎，猪、羊有4枚荐椎，犬有3枚，鸡有5枚荐椎。成年畜体的荐椎愈合成一个整体，称为荐骨，以增加荐部的牢固性。荐椎的横突相互愈合，前部宽并向两侧突出，称为荐骨翼。翼的背外侧有粗糙的耳状关节面，与髂骨成关节。第一荐椎椎头腹侧缘较突出，称为荐骨岬（图2-13）。猪的荐骨愈合较晚且不完全，棘突不发达，常部分缺少，荐骨翼与牛的相似。禽类腰椎特点是腰椎、荐椎及一部分尾椎在发育过程中愈合成一整块，称为腰荐骨或综荐骨。

尾椎：数目变化较大，牛有18～20枚，猪有20～23枚，犬有20～30枚，鸡有11～13枚，鸽有8枚。家畜的前几个尾椎仍具有椎弓、棘突和横突，向后椎弓、棘突和横突则逐渐退化，仅保留棒状椎体并逐渐变细。禽类的尾椎愈合程度高，前部尾椎部分与腰椎、荐椎愈合，最后几节尾椎在胚胎期愈合而形成一块三棱骨称为综尾骨。

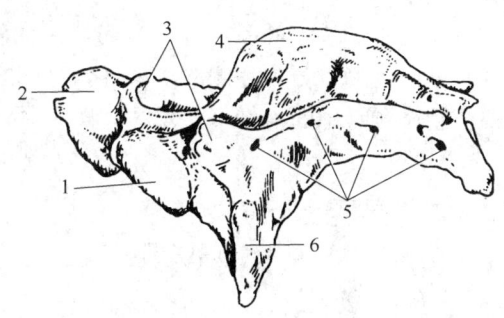

图2-13 牛的荐骨
1—椎头　2—荐骨翼　3—关节前突　4—棘突
5—荐背侧孔　6—耳状关节面

（2）肋　肋为左右成对的弓形长骨，其对数与胸椎块数相同，连于胸椎和胸骨间，构成胸廓的侧壁。家畜的每根肋包括肋骨和肋软骨。肋上端为肋骨，与胸椎成关节；下端为肋软骨。牛的前8对肋的肋软骨直接与胸骨成关节，称为真肋；后5对肋的肋软骨借结缔组织依次相连成肋弓，间接与胸骨相连，称为假肋。相邻二肋之间的空隙为肋间隙。禽类的肋骨由椎肋骨和胸肋骨组成。除第一和最后二个椎肋骨外，均具有钩突。钩突向后附着于后一肋的外面，对胸廓有加固作用，这是鸟类的特征。

（3）胸骨　位于胸廓底壁的正中，分为前端的胸骨柄，中部的胸骨体和后部的剑状软骨三部分。胸骨柄、胸骨体两侧有肋窝，与真肋的肋软骨直接成关节。禽类的胸骨发达，向腹侧形成庞大的胸骨嵴（俗称龙骨突），以便于发达的胸肌附着。发达的胸骨向后伸延，以支持内脏、防止飞行时内脏晃动。

胸廓是由胸椎、肋、胸骨共同构成，呈前小后大的截顶锥形。胸前口呈上宽下窄的椭圆形，由第1胸椎，第1对肋、肋弓及胸骨柄围成；胸后口大，向前下倾斜，由最后1块胸椎、最后1对肋及剑状软骨围成。胸廓前部狭而坚固，以保护心、肺并结连前肢；后部宽大，具有较大的活动性，以适应呼吸运动。

2. 躯干骨的连结

躯干骨的连结包括脊柱连结和胸廓连结。

(1) 脊柱连结　可分为椎体间连结、椎弓间连结和脊柱总韧带（图 2-14）。

椎体间连结是相邻两椎骨的椎头与椎窝，借椎间盘相连结。椎间的连结既牢固又允许有小范围的运动。家畜颈部、腰部和尾部的椎间盘较厚，因此这些部位的运动较灵活。

椎弓间连结是相邻椎骨的关节突构成的关节，有关节囊。颈部的关节突发达，关节囊宽松，活动性较大。

脊柱总韧带是贯穿脊柱，连结大部分椎骨的韧带，包括棘上韧带、背纵韧带和腹纵韧带。

棘上韧带：位于棘突顶端，由枕骨伸至荐骨。棘上韧带在颈部变得宽大，称为项韧带。项韧带分为背侧的索状部，呈圆索状；腹侧为板状部。它协助头颈的伸肌支持头颈。牛的项韧带很发达（图 2-15），猪的项韧带不发达。

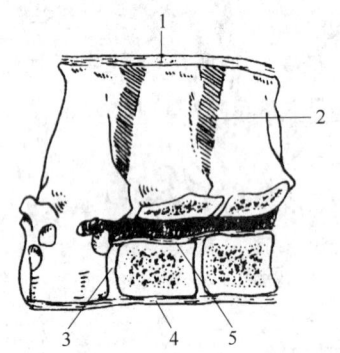

图 2-14　马胸椎的椎间关节
1—棘上韧带　2—棘间韧带　3—椎间盘
4—腹纵韧带　5—背纵韧带

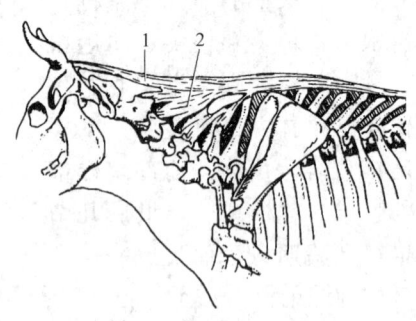

图 2-15　牛的项韧带
1—索状部　2—板状部

背纵韧带：位于椎体的背侧面，在椎管的底壁上，起于枢椎，止于荐骨。

腹纵韧带：位于椎体的腹侧面，由后部胸椎到荐骨。由于适应头部多方面的运动，脊柱前端与枕骨间形成寰枕关节和寰枢关节。

寰枕关节：由寰椎的前关节凹与枕髁形成的双轴关节，可作屈伸运动和小范围的侧运动。

寰枢关节：由寰椎的后关节面与枢椎的齿突构成，可沿枢椎的纵轴作旋转运动。

(2) 胸廓连结　包括肋椎关节和肋胸关节。

肋椎关节：是肋上端与胸椎椎体的横突连结成的关节。

肋胸关节：是真肋的肋软骨与胸骨两侧的肋窝间构成的关节。

四、四肢骨及其连结

四肢骨包括前肢骨和后肢骨。四肢骨分带部骨和游离部骨。带部骨是指肢体与躯干相连接的骨，其余的部分为游离部骨。由于适应前进运动，四肢各骨间形成活动的关节。

1. 前肢骨

家畜的前肢骨包括肩胛骨、臂骨、前臂骨、腕骨、掌骨、指骨、籽骨（图 2-16）。禽类的前肢骨特点是带部骨除肩胛骨外，还具有乌喙骨和锁骨（图 2-3），游离部骨的尺骨较发达，前脚骨退化程度较大。

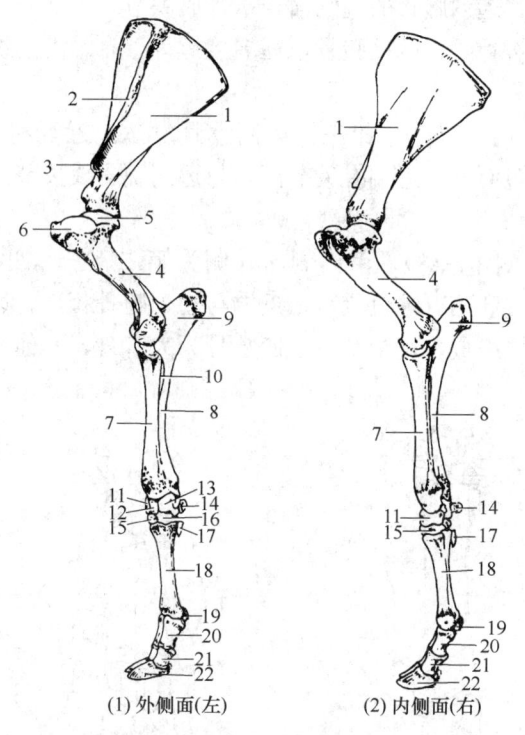

(1) 外侧面(左)   (2) 内侧面(右)

图 2-16 牛的前肢骨

1—肩胛骨 2—肩胛冈 3—肩峰 4—肱骨 5—肱骨头 6—外侧结节 7—桡骨 8—尺骨
9—鹰嘴 10—前臂骨间隙 11—桡腕骨 12—中间腕骨 13—尺腕骨 14—副腕骨
15—第二、三腕骨 16—第四腕骨 17—第五掌骨 18—大掌骨
19—近籽骨 20—系骨 21—冠骨 22—蹄骨

（1）肩胛骨　为三角形扁骨，斜位于胸廓两侧的前上部。近端有一半圆形的肩胛软骨。远端较粗，腹侧有一浅的关节窝为肩臼。外侧面有一纵行的脊为肩胛冈，冈的末端形成长而尖的突起，称为肩峰。肩胛冈将肩胛骨外侧面分为前方较小的冈上窝，后方较大的冈下窝。肩胛骨内侧面的浅窝为肩胛下窝。

（2）臂骨　臂骨也称肱骨，属管状长骨，由前上方斜向后下方。近端前方内外侧有臂骨结节，结节间是臂二头肌沟。后方有球形的臂骨头，和肩臼成关节。骨体上部外侧有三角肌结节。远端有与桡骨成关节的关节面，后上方有一深的窝为肘窝。

（3）前臂骨　包括桡骨和尺骨。

桡骨位于前内侧，大而粗，近端有对臂骨的关节面，远端有对腕骨的关节面。

尺骨发达，位于后外侧，与桡骨相愈合，二骨间的缝隙为前臂间隙。近端粗大称为鹰嘴，鹰嘴前缘中部有一钩状的肘突，伸入肘窝中。远端尖，突出于桡骨的下方。

（4）腕骨 位于前臂骨和掌骨之间，由两列短骨组成。近列腕骨和远列腕骨一般各为4块。近列腕骨与桡骨远端成关节。近、远列腕骨与各腕骨之间均有关节面，彼此成关节。远列腕骨的远侧面与掌骨成关节。

（5）掌骨 为长骨，近端接腕骨，远端接指骨。有蹄类动物的掌骨有不同程度的退化。

牛有3块掌骨（图2-17）。第三、第四掌骨发达，近端和骨干愈合在一起，称为大掌骨。骨干短而宽。近端有关节面，与远列腕骨成关节。远端较宽，形成两个滑车关节面。

猪有4块掌骨（图2-18），由内侧向外侧为第二、三、四、五掌骨。第三、第四掌骨发达，第二和第五掌骨较小。近端与远列腕骨相连，远端各连一指骨。

狗的掌骨由5块组成，其中第三、四掌骨为大掌骨，其他为小掌骨。

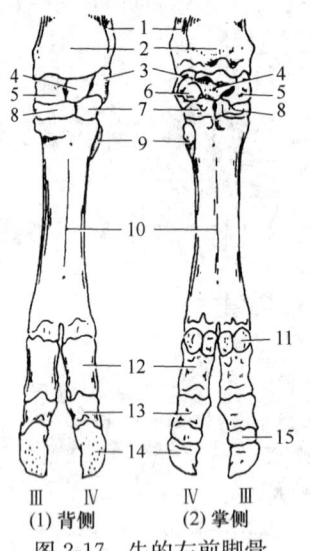

图2-17 牛的左前脚骨

1—尺骨 2—桡骨 3—尺腕骨 4—中间腕骨 5—桡腕骨 6—副腕骨 7—第四腕骨 8—第二、三腕骨 9—第五掌骨 10—大掌骨 11—近籽骨 12—系骨 13—冠骨 14—蹄骨 15—远籽骨 Ⅲ—第三指 Ⅳ—第四指

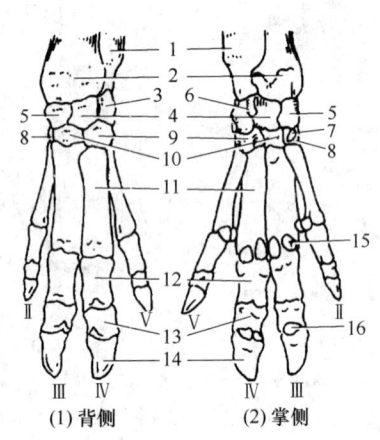

图2-18 猪的左前脚骨

1—尺骨 2—桡骨 3—尺腕骨 4—中间腕骨 5—桡腕骨 6—副腕骨 7—第一腕骨 8—第二腕骨 9—第四腕骨 10—第三腕骨 11—掌骨 12—系骨 13—冠骨 14—蹄骨 15—近籽骨 16—远籽骨 Ⅱ—第二指 Ⅲ—第三指 Ⅳ—第四指 Ⅴ—第五指

（6）指骨和籽骨 各种家畜指的数目不同，一般每一指都具有三节：系骨、冠骨和蹄骨。此外，每一指还有2块近籽骨和1块远籽骨，它们是肌肉的辅助器官。

牛有4个指，其中第三和第四指发达，称为主指。系骨呈圆柱状，冠骨与系骨的形状相似，但较短，蹄骨近似三棱锥形，位于蹄匣内。第二和第五指，又称为悬指。

猪有4指，每指都具有3个指节骨。第三和第四指发达，指骨的形态与牛相似。第二和第五指较短而细。第三、四指各有1对近籽骨和1块远籽骨，第二、五指仅各有1对近籽骨。

狗有5个指，除第一指仅有2节指节骨外，其他指均有3节指节骨。籽骨有掌侧籽骨9个，背侧籽骨4~5个。

2. 前肢关节

前肢和躯干间不形成关节，靠强大的肩带肌连接起来，前肢各骨之间以关节的形式相连。前肢关节自上而下依次为：

肩关节：由肩胛骨的肩臼和臂骨头构成，角顶向前，属多轴关节。

肘关节：由臂骨远端与前臂骨近端构成，角顶向后，属单轴关节。

腕关节：为复关节，由前臂骨远端，腕骨及掌骨近端构成，角顶向前。

指关节：包括系关节、冠关节、蹄关节。系关节由掌骨远端、近籽骨与系骨近端构成；冠关节由系骨远端、冠骨近端构成；蹄关节由冠骨远端、远籽骨及蹄骨近端构成。

家禽的肩胛骨与锁骨之间、锁骨与乌喙骨之间虽为关节，但几乎不能活动。锁骨与胸骨之间有胸锁韧带相连。

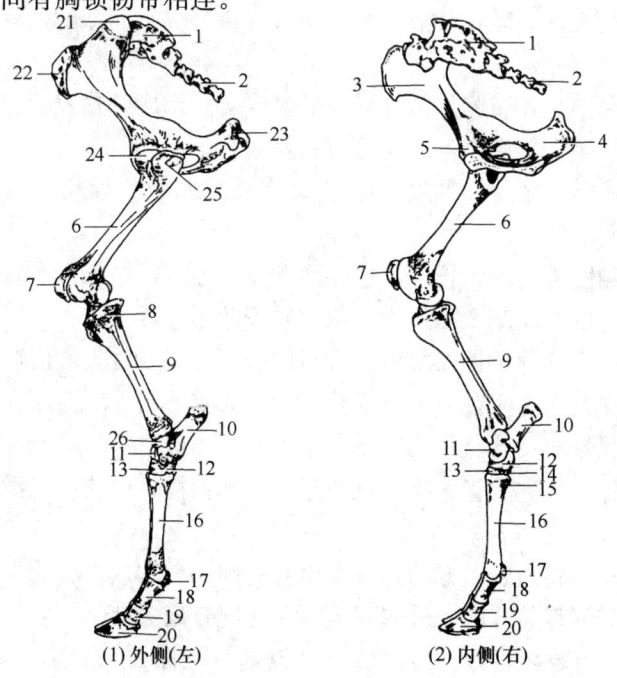

图 2-19 水牛的后肢骨

1—荐骨 2—尾椎 3—髂骨 4—坐骨 5—耻骨 6—股骨 7—髌骨 8—腓骨 9—胫骨 10—腓跗骨
11—距骨 12—中央、第四跗骨 13—第二、三跗骨 14—第一跗骨 15—第二跖骨 16—大跖骨
17—近籽骨 18—系骨 19—冠骨 20—蹄骨 21—荐结节 22—髋结节
23—坐骨结节 24—股骨头 25—大转子 26—踝骨

3. 后肢骨

后肢骨包括髋骨、股骨、膝盖骨（膑骨）、小腿骨、跗骨、跖骨、趾骨、籽骨（图 2-19）。

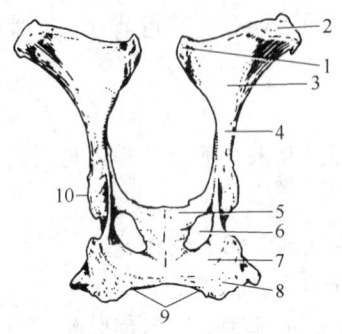

图 2-20 髋骨的背侧面
1—荐结节　2—髋结节　3—髂骨翼
4—髂骨体　5—耻骨　6—闭孔
7—坐骨　8—坐骨结节
9—坐骨弓　10—髋臼

（1）髋骨　为体内最大的骨，形成骨盆和臀部的骨质基础，由髂骨、耻骨和坐骨组成（图 2-20）。

① 髂骨：为三角形扁骨，分为前宽的髂骨翼和后窄的髂骨体两部分。翼的背外侧面为臀肌面，腹侧面为骨盆面，骨盆面上有一粗糙的耳状关节面，与荐骨的耳状关节面成关节。翼的前外侧角为髋结节，内侧角为荐结节。髂骨体呈三棱柱形，向后下与耻骨、坐骨共同构成的杯状关节窝为髋臼，与股骨头成关节。

② 耻骨：较小，构成骨盆底壁的前部，前外侧参与构成髋臼。

③ 坐骨：在耻骨的后方，形成骨盆底壁后部，后外侧角粗大称为坐骨结节，左右坐骨后缘形成窄而深的坐骨弓。前外侧参与构成髋臼。

家畜的两侧髋骨在腹侧相结合形成骨盆联合，构成骨盆腔的底壁。但是禽类的两侧髋骨在腹侧不相结合，因而没有骨盆联合。

④ 骨盆：由左右髋骨，两侧的荐坐韧带及背侧的荐骨及前几块尾椎共同围成的一个前宽后窄的腔。

家禽的两侧髋骨与综荐骨广泛连接而形成骨盆，但由于没有骨盆联合，所以属开放性骨盆，以适应产大而且为石灰质硬壳的蛋。

（2）股骨　为管状长骨，由后上方斜向前下方，股骨近端内侧有球形的股骨头，外侧粗大的突起为大转子。远端粗大，前形成滑车状关节面，后为股骨髁，分别与膑骨、胫骨成关节。

（3）膝盖骨　又称髌骨。略呈三角形，背侧粗糙，内侧有光滑的关节面与股骨远端前方关节面成关节。

（4）小腿骨　斜向后下方的长骨，由胫骨和腓骨构成。胫骨发达，近端呈棱柱形，粗大，上部有关节面；远端有关节面与跗骨成关节。

（5）跗骨　由数块短骨构成，位于小腿骨与跖骨之间。各种家畜数目不同，一般分为 3 列。近列有 2 块，内侧的为距骨，外侧的为跟骨。距骨有滑车状关节面，与胫骨远端成关节。跟骨有向后上方突出的跟结节。中列只有 1 块中央跗骨。远列由内侧向外侧为第一、二、三、四跗骨。

家禽的跗骨已分别与胫骨、跖骨愈合。

（6）跖骨、趾骨、籽骨　分别与前肢的掌骨、指骨、籽骨对应相似，但跖骨、趾骨较细长些。

4. 后肢关节

家畜的后肢在推动身体前进方面起主要作用。后肢游离部的关节有髋关节、膝关节、跗关节和趾关节。后肢各关节与前肢各关节相对应，除趾关节外，各关节角的方向相反，这种结构适应支持，当家畜站立时保持姿势的稳定。后肢各关节除髋关节外，均有侧副韧带。

（1）荐髂关节　由荐骨翼与髂骨的耳状关节面构成，关节面不平整，周围有短而强的关节囊，并有一层短的韧带加固。因此，家畜的荐髂关节几乎不能活动。

在荐骨和髂骨之间还有荐髂背侧韧带、荐髂外侧韧带和荐结节阔韧带。其中荐结节阔韧带最大，为一四边形的宽广韧带，构成骨盆的侧壁。

（2）髋关节　由髋臼和股骨头构成，为多轴关节，关节囊宽松。在股骨头与髋臼之间，有一条短而强的圆韧带连结。马、骡、驴还有一条副韧带。髋关节能进行多方面运动。

（3）膝关节　为复关节，包括股胫关节和股髌关节。为单轴关节。

股胫关节是由股骨远端的一对髁和胫骨近端以及插入其间的两个半月板构成的复关节。除有一对侧副韧带外，关节中央还有交叉的十字韧带，连结股骨与胫骨。此外，半月板还有一些短韧带，与股骨和胫骨相连。半月板一方面使关节面相吻合，此外还可减轻震动。

股髌关节由髌骨和股骨远端滑车关节面构成。关节囊宽松。髌骨除以股髌内外侧韧带连于股骨远端外，在其前方还有三条强大的髌直韧带，连于胫骨近端的胫骨隆起上。

（4）跗关节　又称飞节，是由小腿骨远端、跗骨和跖骨近端构成的复关节。为单轴关节，仅能作屈伸运动。跗关节包括胫跗关节、跗间关节和跗跖关节。

（5）趾关节　包括系关节、冠关节和蹄关节。其构造与前肢指关节相同。

第二节　骨　骼　肌

一、概　述

1. 肌肉的构造

全身的每一块肌肉就是一个肌器官，均由肌腹和肌腱构成。

（1）肌腹　是有舒缩能力的部分，由横纹肌纤维借结缔组织结合而成。肌纤维是肌肉的实质部分，结缔组织则为间质成分。由结缔组织把肌纤维先集合成小肌束，再集合成大的肌束，然后集合成肌肉块。包于肌肉块外的结缔组织称为肌外膜，包在肌束外的称为肌束膜，包在肌纤维外的称为肌内膜（图2-21、图

2-22)。间质内有血管、神经、脂肪，对肌肉起联系、支持和营养作用。

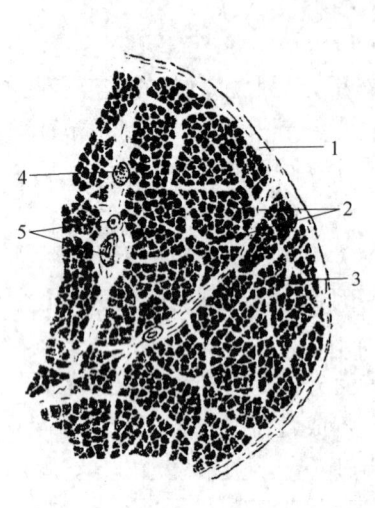 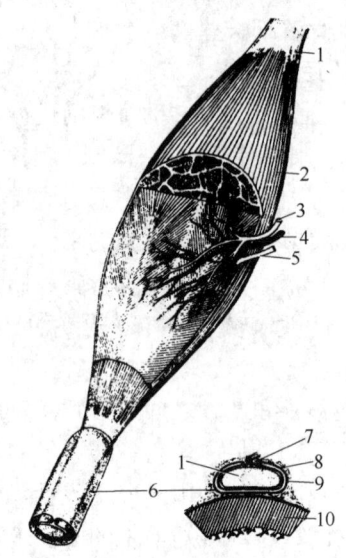

图 2-21　肌器官构造模式图　　　　图 2-22　肌腱和腱鞘结构示意图
1—肌外膜　2—肌束膜　3—肌内膜　　1—肌腱　2—肌腹　3—动脉　4—静脉　5—神经
　　4—神经　5—血管　　　　　　　6—腱鞘　7—腱鞘系膜　8—滑膜层
　　　　　　　　　　　　　　　　　　9—纤维层　10—骨的断面

（2）肌腱　由致密结缔组织构成，它借肌内膜连接在肌纤维的端部或肌腹中，故有的肌肉块的肌腱位于两端，有的位于中间或某一部位。纺锤形或长肌的肌腱多呈圆索状，阔肌的腱多呈薄膜状。

2. 肌肉的形态

肌肉因功能和位置的不同而呈不同的形态。骨骼肌的形态主要有阔肌、长肌、短肌、纺锤形肌、环形肌 5 种。

3. 肌肉的起止点

每块肌肉一般都附着在 2 块以上的骨上，跨越一个或两个以上的关节，肌肉多附着于软骨、筋膜、韧带或皮肤上。肌肉收缩时，不动的一端为起点，动的一端为止点，但这不是固定的，当活动改变时，起止点也相应地改变。

4. 肌肉的种类及命名

肌肉一般按作用、形态、位置、结构、起止点及肌纤维方向等特征命名。有的以单一特征命名，如按起止点命名的臂头肌、胸头肌；有的以几个特征综合命名，如腕桡侧伸肌，腹外斜肌等。肌肉按其收缩时所产生的结果不同分为伸肌、屈肌、内收肌、外展肌、旋肌、张肌、括约肌等几种。

5. 肌肉的辅助结构

肌肉的辅助结构包括筋膜、黏液囊、腱鞘等。

（1）筋膜　为包在肌肉块或肌群外面的结缔组织膜，分为浅筋膜和深筋膜。浅筋膜位于皮下，由疏松结缔组织构成，覆盖在肌肉的表面。浅筋膜内有血管、神经、脂肪或皮肌分布，浅筋膜有联系深部组织、储存营养、保护及参与体温调节等作用；深筋膜由致密结缔组织构成，位于浅筋膜深面。

（2）黏液囊　黏液囊是结缔组织囊，囊壁薄，内衬滑膜，囊内有少量黏液。黏液囊位于肌腱、韧带、皮肤等与骨突起之间，分别称为肌下、腱下、韧带下和皮下黏液囊。关节附近的黏液囊常与关节腔相通，称为滑膜囊。

（3）腱鞘　呈长筒状，有内外两层结构：外层为纤维层，厚而坚固，由深筋膜增厚而形成的纤维管道；内层为滑膜层，分壁层和脏层，壁层紧贴在纤维层的内面，脏层紧包在腱上，由壁层折转而来，壁、脏两层间有少量的滑液，可减少腱活动时的摩擦。

二、家畜全身主要肌肉的分布

1. 皮肌

皮肌是位于浅筋膜内的薄层骨骼肌。因其紧贴皮肤，故该肌舒缩时可使皮肤颤动，以此驱逐蚊蝇，抖掉灰尘和水滴等。

2. 头部肌肉

头部肌肉主要分为面部肌和咀嚼肌（图2-23、图2-24）。

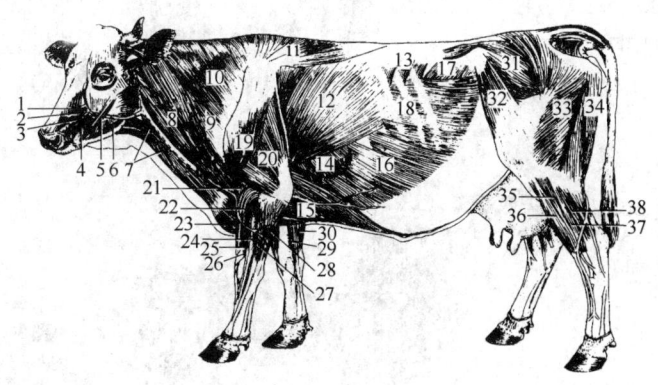

图2-23　牛的全身浅层肌

1—鼻唇提肌　2—上唇固有提肌　3—鼻外侧开肌　4—上唇降肌　5—颧肌　6—下唇降肌　7—胸头肌
8—臂头肌　9—肩胛横突肌　10—颈斜方肌　11—胸斜方肌　12—背阔肌　13—后上锯肌
14—胸下锯肌　15—胸深后肌　16—腹外斜肌　17—腹内斜肌　18—肋间外肌　19—三角肌
20—臂三头肌　21—臂肌　22—腕桡侧伸肌　23—胸浅肌　24—指总伸肌　25—指内侧伸肌
26—腕斜伸肌　27—指外侧伸肌　28—腕外侧屈肌　29—腕桡侧屈肌　30—腕尺侧屈肌　31—臀中肌
32—阔筋膜张肌　33—臀股二头肌　34—半腱肌　35—腓肠长肌　36—第三腓骨肌
37—趾外侧伸肌　38—趾深屈肌

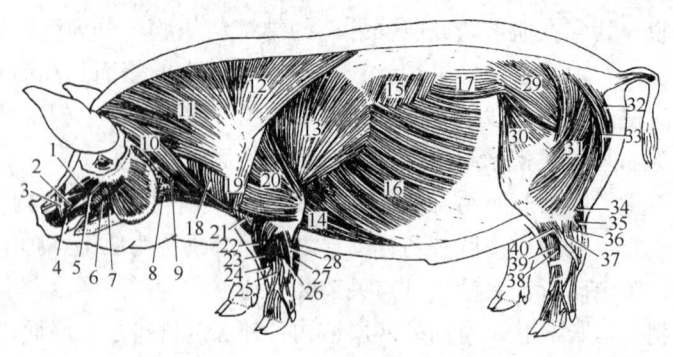

图 2-24 猪的全身浅层肌

1—上唇固有提肌 2—鼻孔外侧开肌 3—鼻唇提肌 4—口轮匝肌 5—吻降肌 6—颧肌 7—下唇降肌 8—胸骨舌骨肌 9—胸头肌 10—臂头肌 11—颈斜方肌 12—胸斜方肌 13—背阔肌 14—胸深后肌 15—后上锯肌 16—腹外斜肌 17—腰髂肋肌 18—冈上肌 19—三角肌 20—臂三头肌 21—臂肌 22、23—腕桡侧伸肌 24—腕斜伸肌 25—指总伸肌 26—第五指伸肌 27—指浅屈肌 28—腕外侧屈肌 29—臀中肌 30—阔肌膜张肌 31—臀股二头肌 32—半膜肌 33—半腱肌 34—腓肠肌 35—趾深屈肌 36—第五趾伸肌 37—第四趾伸肌 38—趾长伸肌 39—第三腓骨肌 40—腓骨长肌

（1）面部肌 位于面部，作用于口裂、鼻孔、眼等天然孔处，分为开张天然孔的开肌和关闭天然孔的环形肌。

（2）咀嚼肌 起于颅骨，止于下颌骨的肌肉，当收缩时可使下颌骨运动，出现口腔的开张、关闭、咀嚼及吸吮动作。

3. 躯干肌肉

躯干肌肉包括脊柱肌、颈腹侧肌、胸壁肌和腹壁肌（图 2-25）。

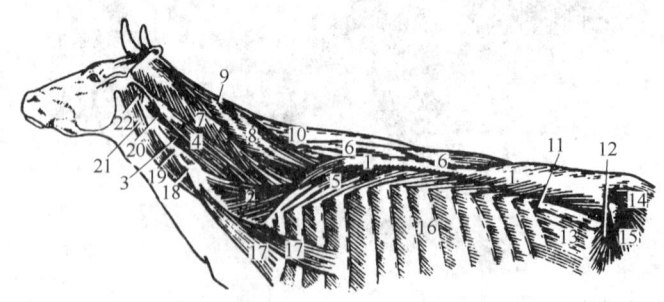

图 2-25 牛的躯干深层肌

1—背腰最长肌 2—颈最长肌 3—寰最长肌 4—头最长肌 5—髂肋肌 6—背颈棘肌 7、8—头半棘肌 9、10—项韧带索状部 11—肋缩部 12—腹内斜肌 13—腹外斜肌 14—臀中肌 15—阔筋膜张肌 16—肋间外肌 17—斜角肌 18、19—颈横突间肌 20—头后斜肌 21—头长肌 22—头前斜肌

（1）脊柱肌 分为脊柱背侧肌群和脊柱腹侧肌群。脊柱肌的作用强大而复杂，当两背侧肌群同时收缩时可伸脊柱并提举头颈和尾；一侧收缩时可使脊柱向

左或向右侧屈。两腹侧肌群同时收缩时可屈头、颈、腰尾部，一侧收缩时可使头颈尾偏向一侧。

① 脊柱背侧肌群：很发达，位于脊柱的背外侧。最主要的肌肉是背腰最长肌和髂肋肌。

背腰最长肌：是体内最大的肌肉，呈三棱形，位于胸腰椎棘突与肋的椎骨端、腰椎横突所形成的三棱形沟内。起于髂骨前缘及腰荐椎，向前止于最后颈椎及前部肋骨近端。

髂肋肌：位于背腰最长肌腹外侧，狭长分节，由一系列斜向前下方的肌束组成。起于腰椎横突末端及后8个肋的前缘，向前止于所有肋的后上缘。

② 脊柱腹侧肌群：不发达，仅存于颈部和腰部。位于颈部有颈长肌，位于腰部的有腰小肌和腰大肌。腰小肌狭长，位于腰椎腹面的两侧；腰大肌较大，位于腰椎横突的腹外侧。

(2) 颈腹侧肌 位于颈部气管、食管的腹外侧，为长带状肌，主要有胸头肌、胸骨甲状舌骨肌、肩胛舌骨肌。其胸头肌位于颈部腹外侧皮下，背侧缘形成颈静脉沟的下界。

(3) 胸壁肌 分布于胸腔的侧、后壁上，参与构成胸腔，它的舒缩可改变胸腔的容积，产生呼吸运动，故此部肌肉亦称为呼吸肌。可分为吸气肌组和呼气肌组。

吸气肌组主要有肋间外肌、膈肌等。

肋间外肌：位于肋间隙浅层，起于肋骨后缘，止于后一肋骨前缘，肌纤维向后下方，其收缩时可向前外牵引肋，使胸腔横径扩大，以利吸气。

膈：为一宽大的圆形肌，位于胸腹腔之间，又称横膈膜。它分为中央的腱质部和周围的肉质部。腱质部由强韧发亮的腱膜构成，凸向胸腔，称中心腱。肉质部附着于剑状软骨背侧面、肋的内侧面及前四腰椎的腹面。

膈上有3个孔，自上而下为：主动脉裂孔位于左右膈脚间，供主动脉等通过；食管裂孔位于右膈脚中，供食管通过；腔静脉孔位于中心腱处，供后腔静脉通过。

膈收缩时，其凸度变小，胸腔纵径扩大，利于吸气。舒张时，腹壁肌回缩，腹腔内的器官向前压迫膈肌，使膈凸度增大，胸腔纵径变小，胸内压增高，利于呼气。

呼气肌组主要有肋间内肌，肋间内肌位于肋间外肌的深面，肌纤维斜向前下，起于后一肋前缘，止于前一肋后缘，它收缩时牵引肋向后，使胸廓横径变小，以利呼气。

(4) 腹壁肌 构成腹腔侧底壁的薄板状肌，因肌纤维的走向不同分为：腹外斜肌、腹内斜肌、腹直肌和腹横肌。除腹直肌外其余三层肌的上部均为肌腹，下部变为腱膜，两侧腹壁肌的腱膜在腹底壁正中线处相互交织增厚形成腹白线。腹壁肌肌纤维走向交错，浅层又被覆坚固的腹黄膜，使腹壁既坚固又富有柔韧性和弹性，能承受腹腔脏器的巨大重量。

腹外斜肌：为腹壁肌的最外层，肌纤维走向后下方，起于第 5 至最后肋的外面，起始部为肌质，至肋弓下一掌宽处以后变为腱膜，以腱膜止于腹白线。

腹内斜肌：为腹壁肌的第二层，在腹外斜肌深层，肌纤维从后上方斜向前下方，起自髋结节及腰椎横突，向前下至腹侧壁中部转为腱膜，止于最后肋后缘和腹白线上。

腹直肌：为腹壁肌的第三层，呈宽带状，位于腹白线两侧的腹底壁内，起于胸骨和后部肋软骨，止于耻骨前缘。

腹横肌：为腹壁肌的最内层薄，以肉质起于腰椎横突及肋弓内侧，以腱膜止于腹白线，肌纤维上下走行。

腹股沟管：位于腹股沟部，是腹外斜肌、腹内斜肌之间的楔形裂隙。是胎儿时期睾丸及副睾从腹腔下降到阴囊的通道。有内外两个口，内口通腹腔，称为腹股沟管腹环；外口称为腹股沟管浅环或皮下环，是腹外斜肌腱膜上的卵圆形裂孔。母牛的腹股沟管仅供血管、神经通过。

4. 前肢肌肉

前肢肌肉包括前肢与躯干连接的肩带肌和作用于前肢各部的肌肉（图 2-26、图 2-27）。

（1）肩带肌　该部肌肉多呈板状。起于躯干骨，止于肩胛骨、臂骨及前臂骨，它们收缩时能使肩胛骨、臂骨前后摆动，以此扩大前肢的运动范围，并可提举躯干。根据其所在位置分为背侧肌群和腹侧肌群。

背侧肌群：主要有斜方肌、菱形肌、臂头肌、背阔肌。

斜方肌：为扁平的三角形肌，起于项韧带索状部、棘上韧带，止于肩胛冈。分为颈胸两部，颈斜方肌肌纤维由前上方斜向后下方，胸斜方肌肌纤维由后上方斜向前下方。

菱形肌：在斜方肌和肩胛软骨深面，起自第 2 颈椎至第 5 胸椎之间的项韧带索状部、棘上韧带及胸椎棘突，止于肩胛软骨内侧面，分为颈胸两部。

臂头肌：带状肌，前宽后窄，在颈侧部皮下浅层，构成颈静脉沟上界。起于枕骨、颞骨、下颌骨，止于臂骨。该肌可牵引前肢向前，伸肩关节；提举或侧偏头颈。

背阔肌：位于胸侧壁上部的扇形板状肌，肌纤维由后上方斜向前下方。以宽阔的腱膜起于腰背筋膜，向下止于臂骨内侧的圆肌结节。该肌可向后上方提举前肢，屈肩关节。

（2）肩部肌　分布于肩胛骨的外侧面及内侧面，可分为外侧肌和内侧肌。

① 外侧肌：包括冈上肌、冈下肌、三角肌。

冈上肌：位于冈上窝内，全为肌质，起于冈上窝和肩胛软骨，止于臂骨的内外侧结节。该肌可伸张及固定肩关节。

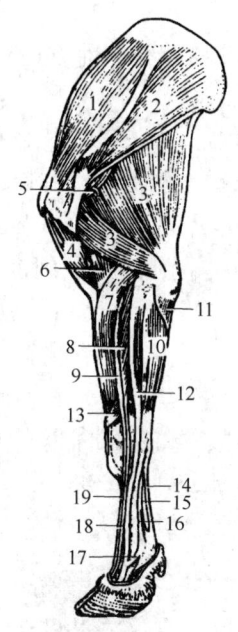
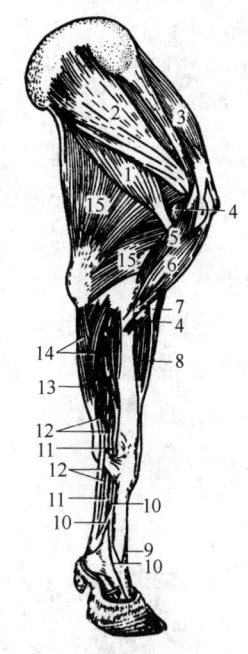

图 2-26 牛前肢肌（外侧观）
1—冈上肌 2—冈下肌 3—臂三头肌 4—臂二头肌
5—小圆肌 6—臂肌 7—腕桡侧伸肌 8—指总伸肌
9—指内侧伸肌 10—腕尺侧伸肌 11—指深屈肌尺骨头
12—指外侧伸肌 13—拇长外展肌 14—指浅屈肌腱
15—指深屈肌腱 16—悬韧带 17—悬韧带的分支
18—指总伸肌腱 19—指内侧伸肌腱

图 2-27 牛前肢肌（内侧观）
1—大圆肌 2—肩胛下肌 3—冈上肌
4—臂肌 5—喙臂肌 6—臂二头肌
7—臂二头肌纤维索 8—腕桡侧伸肌
9—指内侧伸肌腱 10—悬韧带及其分支
11—指深屈肌腱 12—指浅屈肌腱
13—腕桡侧屈肌 14—腕尺侧屈肌
15—臂三头肌

冈下肌：位于冈下窝内，大部被三角肌覆盖。可屈肩关节并外展前肢。

三角肌：位于冈下肌浅层，呈三角形，以腱膜起于肩胛冈、肩胛骨后角及肩峰，止于臂骨外侧的三角肌结节。作用为屈肩关节。

② 内侧肌：包括肩胛下肌、大圆肌。

肩胛下肌：位于肩胛骨内侧的肩胛下窝内，可内收前肢。

大圆肌：带状，位于肩胛下肌后缘，起于肩胛骨后角，止于臂骨内侧。可屈肩关节。

（3）臂部肌 分为背侧肌群和掌侧肌群。

① 掌侧肌群：有臂三头肌、前臂筋膜张肌，可伸张肘关节。

臂三头肌：发达，位于肩胛骨与臂骨间的夹角内。它以长头和内、外侧头分别起于肩胛骨后缘及臂骨的内外侧，共同止于尺骨的鹰嘴。

前臂筋膜张肌：位于臂三头肌内后缘，形成一狭长肌，起自肩胛骨后角，止于鹰嘴。

② 背侧肌群：有臂二头肌、臂肌，位于臂骨和肘关节前方，有屈肘关节的作用。

臂二头肌：呈纺锤形，起于肩白前的肩胛结节，止于桡骨近端的前内侧。

臂肌：位于臂骨前内侧，起于臂骨后上部，止于桡骨近端内侧。

（4）前臂及前脚部肌　为作用于腕关节、指关节的肌肉，分为背外侧肌群和掌侧肌群，此部肌的肌腹部分多在前臂部，至腕关节附近则移为肌腱。

背外侧肌群：肌腹位于前臂骨上部的背外侧，是腕、指关节的伸肌。由前向后依次为腕桡侧伸肌、指内侧伸肌、指总伸肌、指外侧伸肌和腕斜伸肌5块。

5. 后肢肌肉

后肢与躯干借荐髂关节相连，但活动性小，故荐臀部肌肉也属于后肢游离肌肉。后肢肌肉分为臀股部、小腿部及后脚部几个部分（图2-28、图2-29）。

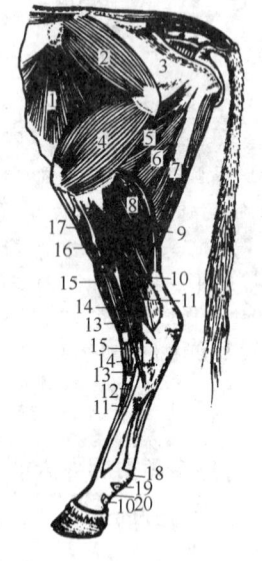

图 2-28　牛后肢肌（外侧观）
（阔筋膜张肌和臀股二头肌已切除）
1—腹内斜肌　2—臀中肌　3—荐结节阔韧带
4—股外侧肌　5—内收肌　6—半膜肌　7—半腱肌
8—腓肠肌　9—比目鱼肌　10—趾深屈肌及其腱
　11—趾外侧伸肌及其腱　12—趾短伸肌
　　13—趾长伸肌　14—趾内侧伸肌及其腱
　　15—腓骨第3肌及其腱　16—腓骨长肌
　17—胫骨前肌　18—跖趾关节掌侧环状韧带
　　19—趾浅屈肌腱　20—趾近侧环状韧带

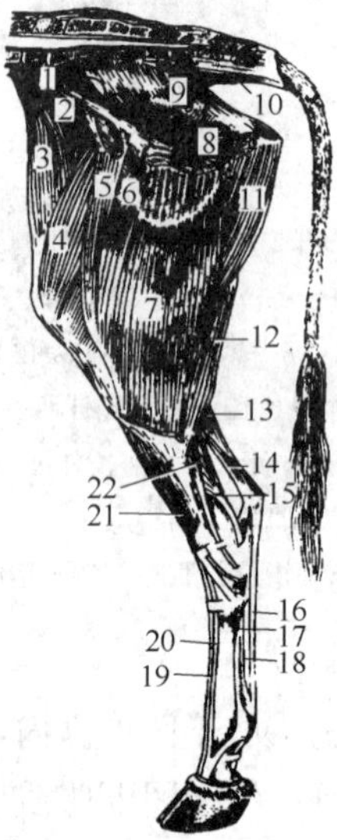

图 2-29　牛后肢肌（内侧观）
1—腰小肌　2—髂腰肌　3—阔筋膜张肌　4—股直肌
5—缝匠肌　6—耻骨肌　7—股薄肌　8—闭孔内肌
9—尾骨肌　10—荐尾腹侧肌　11—半膜肌
12—半腱肌　13—腓肠肌　14—趾浅屈肌
15—趾深屈肌　16—趾浅屈肌腱　17—悬韧带
18—趾深屈肌腱　19—趾长伸肌腱
20—趾内侧伸肌腱
21—腓骨第3肌　22—趾长屈肌

（1）臀股部肌　最发达，主要在臀部和股部。起于荐骨、髂骨，止于股骨、小腿骨和跗骨。主要作用于髋关节、膝关节，对跗关节也有作用。

臀肌：起于髂骨翼和荐坐韧带，前与背最长肌筋膜相连，止于股骨大转子。臀肌有伸髋关节作用，并参与竖立、踢蹴及推进躯干的作用。

股二头肌：长而宽大，位于臀肌之后，起点有两个肌头。分别起自荐骨及坐骨结节，向下以腱膜止于膝部、胫部及跟结节。该肌有伸髋关节、膝关节及跗关节的作用，亦可推进躯干，参与竖立与踢蹴活动。

半腱肌：位于股二头肌之后，起自坐骨结节，以腱膜止于胫骨脊和跟结节。

半膜肌：位于半腱肌后内侧，起自坐骨结节，止于股骨远端、胫骨近端内侧。

半腱肌、半膜肌的作用与股二头肌相似。

股阔筋膜张肌：位于股部前方浅层，起于髋结节，向下呈扇形展开，上部较厚属肌质部，上 2/3 以下则变为腱膜，止于髌骨和胫骨近端。它有屈髋关节伸膝关节的作用。

股四头肌：很强大，在股骨的前方和两侧，起点有四个肌头，分别起于髂骨体两侧，股骨近端内、外侧及前方，向下共同止于髌骨和胫骨近端。股四头肌富含肌质，是膝关节的强有力的伸肌。

（2）小腿及后脚部肌　多为纺锤形肌，起自股骨、小腿骨，止于跗骨、跖骨和趾骨。肌腹在小腿上部，近跗关节处变为肌腱，有伸曲跗、趾关节的作用。分为背外侧肌群和跖侧肌群。

背外侧肌群：包括屈跗关节和伸趾关节的肌肉，肌腹位于小腿上部的背外侧。主要有：第3腓骨肌、胫前肌、腓骨长肌，三块肌肉收缩时可屈跗关节；趾内侧伸肌（第3趾固有肌）、趾长伸肌、趾外侧伸肌（第4趾固有肌），它们均起于股骨远端，止于趾骨，收缩时可伸趾关节。

跖侧肌群：肌腹位于小腿的跖侧。主要有腓肠肌，发达，肌腹呈纺锤形，有内、外两个肌头分别起于股骨远端后面的两侧，在小腿中部合为一强腱，止于跟结节，为跗关节的伸肌。

跟腱：为圆形强腱，由附着于或通过跟结节的跖侧肌群的腱构成。对跗关节有伸张作用。

三、肌　沟

肌肉之间或肌肉与骨之间的间隙，有血管神经通过或在畜医临床上有重要意义。

颈静脉沟：臂头肌与胸头肌之间的沟。

髂肋肌沟：背最长肌与髂肋肌之间的沟。

前臂正中沟：桡骨内后缘与腕桡侧屈肌之间的沟。

股二头肌沟：股二头肌与半腱肌之间的沟。

四、禽类骨骼肌的主要特点

禽类骨骼肌的肌纤维较细，肌肉内没有脂肪沉积。禽类全身肌肉的分布和发达程度因部位而有不同（图 2-30），与各部位活动的复杂性及运动力量大小有关。

1. 皮肌

皮肌薄而分布广泛。一类为平滑肌，终止于羽毛的羽囊，控制羽毛活动。另一类为翼膜肌，有 4 块作用于前翼膜（翼部皮肤形成的皮肤褶称为翼膜）。当翼伸展时，翼膜肌使前翼膜张开；当翼收拢时，前翼膜因所含弹性组织而自行回缩。此外，颈部皮肌向腹侧分出一束，形成嗉囊的肌性悬带，收缩时协助嗉囊周期性排空。

2. 头部肌

禽面部肌不发达，而开闭上下颌的肌肉则比较发达。此外，还有作用于方骨的方骨前引肌。

3. 颈部肌

颈部肌为使头颈运动灵活，颈肌大多分化多节肌及其复合体。

4. 躯干肌

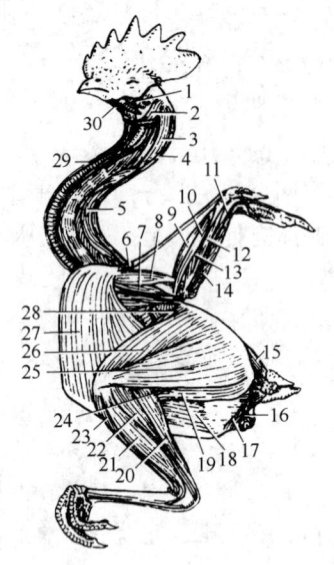

图 2-30 鸡的全身骨骼肌
1—下颌内收外肌 2—下颌降肌 3—复肌
4—颈二腹肌 5—颈升肌 6—翼膜长肌
7—臂三头肌 8—臂二头肌 9—掌桡侧伸肌
10—旋前浅肌 11—指浅屈肌 12—指深屈肌
13—旋前深肌 14—腕尺侧屈肌 15—尾提肌
16—肛提肌 17—尾降肌 18—腹外斜肌
19—小腿外侧屈肌 20—腓肠肌 21—腓骨长肌
22—第 2 趾穿孔和被穿屈肌 23—胫骨前肌
24—髂腓肌 25、26—髂胫外侧肌 27—胸肌
28—髂胫前肌 29—胸骨舌骨肌 30—颌舌骨肌

背部和综荐部因椎骨大多愈合，肌肉较退化。尾部肌肉较发达，有尾提肌、尾降肌等，借以运动尾羽。胸廓肌有肋间肌、肋提肌、斜角肌和肋胸骨肌等，但无膈肌。腹壁肌虽分为四层，但肌肉很薄弱。

5. 肩带肌和翼肌

肩带肌中最发达的是胸肌（又称胸浅肌、胸大肌）和乌喙上肌（又称胸深肌、胸小肌）2 块胸部肌。在善飞的禽类这两块胸部肌可占全身肌肉总重的一半以上。它们起始于胸骨、锁骨、乌喙骨等部位，以腱终止于肱骨近端，其中乌喙上肌腱通过三骨孔。胸肌的作用是将翼向下扑动；乌喙上肌则是将翼向上举。位于臂部和前臂部的翼部肌肉，主要起着展翼和收翼的作用。

6. 盆带肌和腿肌

盆带肌不发达。腿部肌肉则很发达，是禽体内第 2 群最发达的肌肉。它们大部分位于股部，作用于髋关节和膝关节。小腿部肌肉作用于跗关节和趾关节；趾屈肌腱在跖部常骨化。由于趾屈肌及其腱的经路，屈曲膝关节时跗关节和趾关节同时被屈曲。当禽下蹲栖息时，由于体重将髋关节、膝关节屈曲，趾关节也同时屈曲而牢固地攀持栖木。参与此作用的还有小的耻骨肌，起始于耻骨突，沿股部内侧向下行，细长的腱由膝关节内侧面经前面绕至外侧面，再转到小腿后方，加入趾浅屈肌腱，称为迂回肌或栖肌。这是禽类和两栖类动物特有的肌肉。

技能训练

一、畜、禽全身主要骨和关节的识别

目的与要求

能在畜、禽整体骨骼标本上识别主要骨和关节的名称与位置关系。

材料与设备

牛、猪、犬、鸡的整体骨骼标本。

步骤与方法

首先分别在牛、猪、犬、鸡的整体骨骼标本上识别主要骨和关节的名称和位置关系，然后比较这几种动物骨骼的主要特征。

技能考核

在牛、猪、犬、鸡的整体骨骼标本上识别主要骨和关节的名称与位置关系。

二、畜体全身主要骨性和肌性标志及主要部位名称的识别

目的与要求

能在牛、猪、犬活体上识别主要骨性和肌性标志，并能在活体表面上指出主要的部位名称。

材料与设备

牛、猪、犬活体。

步骤与方法

首先分别在牛、猪、犬的活体上识别主要骨性和肌性标志，然后分别在其体表指出主要的部位名称。

技能考核

在牛、猪、犬的活体上识别主要骨性和肌性标志，并指出主要的部位名称。

复习思考题

1. 简述骨的化学成分和物理特性。
2. 简述骨的构造。
3. 关节由哪几部分构成？
4. 指出牛各段椎骨的数目和结构特点。
5. 牛的前肢从上而下依次有哪些主要骨和关节？
6. 牛的后肢从上而下依次有哪些主要骨和关节？
7. 胸廓和骨盆分别是如何组成的？
8. 与家畜相比，禽类骨骼的主要特征有哪些？
9. 牛的肩带部肌肉主要有哪些？
10. 构成猪臂部的肌肉主要有哪些？
11. 犬的后肢肌肉主要有哪些？
12. 与家畜相比，禽类骨骼肌的主要特征有哪些？

第三章 被皮系统

知识目标：
- 应知皮肤、皮肤腺和蹄的构造与机能；
- 应知初乳和常乳的主要成分；
- 应知乳腺发育的调节与排乳反射。

技能目标：
- 应能在皮肤的标本上识别皮肤的主要结构；
- 应能识别牛、马、猪、羊和鹿等动物蹄的主要形态结构。

被皮系统由皮肤及其衍生物构成。在身体的某些特殊部位，皮肤演变成特殊的器官，如家畜的蹄、枕、角、毛、乳腺、皮脂腺、汗腺以及禽类的羽毛、冠、喙和爪等，称为皮肤的衍生物，其中乳腺、皮脂腺和汗腺称为皮肤腺。

第一节 皮 肤

皮肤被覆于动物的体表，直接与外界接触，是一个天然屏障。具有保护内部器官，防止异物侵害和机械损伤的作用。在皮肤中还含有感受各种刺激的感受器、毛、皮脂腺和汗腺。因此，皮肤又具有感觉、调节体温、分泌、排泄废物以及贮藏营养物质的作用。此外，皮肤还具有吸收功能。

皮肤由表皮和真皮组成，借皮下组织与深层组织相连。虽然皮肤的厚薄不同，但其基本结构相似，均由表皮、真皮和皮下组织三层构成（图3-1）。

一、表 皮

表皮为皮肤的最表层，由复层扁平上皮构成。表皮的厚薄因部位不同而有差异，长期受摩擦和压力的部位表皮较厚，角化明显。表皮结构由内向外依次为生发层、颗粒层、透明层和角质层。

表皮层没有血管和淋巴管分布，但有丰富的神经末梢，表皮细胞所需营养物质从真皮获取。表皮层含有黑色素细胞，所产生的黑色素与皮肤的颜色有关，并能吸收日光中的紫外线，从而保护深部组织不受紫外线的损伤。

虽然表皮的最外层是由死亡的细胞构成的，但皮肤内的多数细胞还是非常活跃的，并能反映总体健康状况。临床上，肤色的变化、皮肤的质地以及应激性都

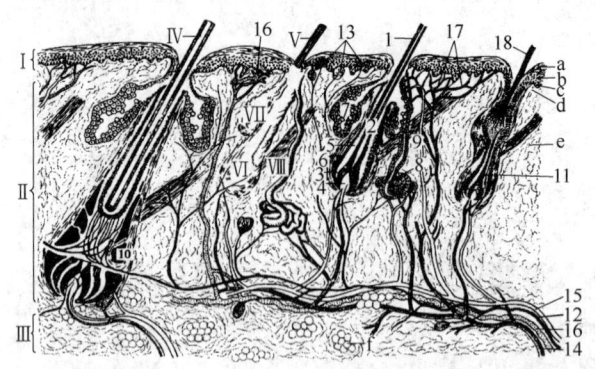

图 3-1 皮肤结构的半模式图

Ⅰ—表皮 Ⅱ—真皮 Ⅲ—皮下组织 Ⅳ—触毛 Ⅴ—被毛 Ⅵ—毛囊 Ⅶ—皮脂腺 Ⅷ—汗腺
1—毛干 2—毛根 3—毛球 4—毛乳头 5—毛囊 6—根鞘 7—皮脂腺断面 8—汗腺的断甲
9—竖毛肌 10—毛囊内的血窦 11—新毛 12—神经 13—皮肤的各种感受器
14—动脉 15—静脉 16—淋巴管 17—血管丛 18—脱落的毛
a—表皮角质层 b—颗粒层 c—生发层 d—真皮乳头层 e—网状层 f—皮下组织层内的脂肪组织

能为兽医诊断提供重要依据。

二、真　皮

真皮位于表皮层下面,是皮肤中最主要、最厚的一层,由致密结缔组织构成,坚韧而有弹性。皮革就是真皮鞣制而成,所以皮革的理化特性都是由该层构造决定的,其重量和厚度占皮张的 90% 以上。真皮内分布有毛、汗腺、皮脂腺、竖毛肌及丰富的血管、神经、淋巴管,能营养皮肤并感受外界刺激。临床上的皮内注射,就是把药物注入皮肤真皮层内。真皮又分为乳头层和网状层,两层相互移行,无明显界限。

三、皮下组织

皮下组织又称浅筋膜,位于真皮之下,主要由疏松结缔组织构成。皮肤借皮下组织与深部的肌肉或骨相连。

第二节　皮肤的衍生物

一、毛

毛由表皮衍生而来,坚韧而有弹性,是温度的不良导体,具有保温作用。

1. 毛的形态和分布

兽类的被毛主要分为被毛和长毛。被毛又可分为粗毛、细毛和绒毛。牛、猪的被毛多为短而直的粗毛;绵羊被毛多为细毛。公山羊颏部的髯、猪颈背部的鬃、尾毛等均为长毛。

粗毛：也称锋毛，是被毛中最粗、最长、最直的毛，占被毛总量的0.1%～0.5%。其弹性好，它与神经触觉小体密接，故在畜体上起着传导感觉和定向的作用。

细毛：也称针毛，比绒毛长，比锋毛短、细，弹性好，颜色光泽明显，占被毛总量的2%～4%。针毛起着防湿和使绒毛不易黏结的作用，它关系到被毛的美观及耐磨性。

绒毛：是被毛中最短、最细、最柔软、数量最多的毛，占被毛总量的95%～98%。它分为直形、弯曲形、卷曲形、螺旋形等形态。它在被毛中形成一个空气不易流通的保温层，以减少动物的热量散失。人们据此将其制裘御寒。

兽类的被毛有的均匀分布，如牛、马的被毛；有的成组分布，如猪的被毛多为三根集合成一组，其中有一根主毛；绵羊则以10～12根形成一簇分布。

草兔、麝鼠等少数动物以锋毛、针毛、绒毛组成被毛；水貂、家兔、家猫、狗、水獭等动物毛的分布多以针毛、绒毛混合分布；纯种细毛羊、力克斯兔等少数动物只有绒毛；狍子、獐、麂等少数动物只有针毛。

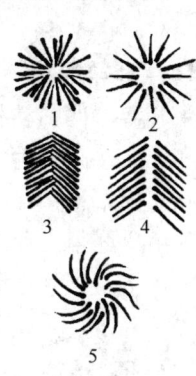

毛在兽体上按一定方向排列为毛流。毛的尖端向一点集合的为点状集合性毛流；尖端从一点向周围分散为点状分散性毛流；尖端从两侧集中为一条线的为线状集合性毛流；如线状向两侧分散的为线状分散性毛流；毛干围绕一个中心点成旋转方式向四周放射状排列的为旋毛。毛流排列形式因兽体部位不同而异（图3-2），一般地说，它与外界气流和雨水在体表流动的方向相适应。

图3-2　毛流的模式图
1—点状集合性毛流
2—点状分散性毛流
3—线状集合性毛流
4—线状分散性毛流
5—旋毛

2. 毛的结构

毛分毛干和毛根两部分，毛干露于皮肤外，毛根则埋于真皮或皮下组织内。毛根基部膨大为毛球。包围毛根的上皮组织和结缔组织为毛囊。

（1）毛干和毛根　毛的构造由外向内为毛小皮、皮质和髓质三部分。

（2）毛球和毛囊

① 毛球：由低柱状和多面形细胞构成，此处细胞分裂繁殖快，为毛的生长点。毛球下面凹陷处有结缔组织伸入为毛乳头，富含血管和神经，以供给毛的营养。

② 毛囊：毛根周围包有由上皮组织和结缔组织形成的鞘状结构，称为毛囊。在毛囊的一侧有束状的平滑肌为竖毛肌，自毛囊的下1/3处斜伸至表皮，当其收缩时使毛竖立并能压迫皮脂腺，以协助分泌物排出。

3. 换毛

毛有一定的寿命，到一定时期，老毛脱掉，新毛长出，这个过程称换毛。

换毛的方式有两种，一种为持续性换毛，换毛不受时间和季节的限制，如牛马的尾毛，猪鬃，绵羊的细毛等。另一种是季节性换毛，每年春秋两季各进行一次换毛，如兔。大部分家畜既有持续性换毛，又有季节性换毛，因而是一种混合方式的换毛。

换毛的机制：不论什么类型的换毛，其过程和毛的形态变化都是相同的。当毛长到一定时期，毛乳头的血管萎缩，血流停止，毛球的细胞停止增生，并逐渐角化和萎缩，最后与毛乳头分离，毛根逐渐脱离毛囊向皮肤表面移动。由于紧靠毛乳头周围的细胞增殖形成新毛。最后旧毛被新毛推出而脱落。

二、蹄

1. 牛和羊的蹄

牛和羊属偶蹄动物，每肢有4个蹄，其前2个为主蹄，主蹄后上方有2个不直接和地面接触的蹄为悬蹄。主蹄位于3、4指（趾）的远端，两蹄间的空隙为蹄间隙，前端稍接触（图3-3）。

蹄由皮肤衍变而成。表皮角质化形成了坚硬的蹄匣（角质蹄）；真皮形成了肉蹄；皮下组织只在蹄球处分布。

（1）蹄匣　由高度角质化的复层扁平上皮衍化形成，呈三角形，分为蹄壁、蹄底和蹄球。

（2）肉蹄　由结缔组织构成，呈鲜红色，富有血管、神经，以供给表皮营养并有感觉作用。

（3）悬蹄　呈短圆锥形，内有真皮，无指（趾）骨，不负重。

2. 猪蹄

猪也属于偶蹄动物，肢端有2个主蹄，2个副蹄，主蹄与牛相似。指（趾）枕很发达，蹄底较小，各蹄内均有数目完整的指（趾）节骨（图3-4）。

3. 马蹄

马的每指（趾）只有一个蹄，蹄的构成与牛相同，形态呈不全的环形。蹄匣分为蹄壁、蹄底和蹄叉；肉蹄相应地分为肉壁、肉底和肉叉（图3-5）。

4. 犬、兔、水貂的脚

犬、兔、水貂等动物的指（趾）骨末端附有爪，具有防御、捕食、挖掘等功能，由皮肤的表皮层衍化形成，相当坚硬。真皮层较薄，只起连接爪和骨的作用，皮下组织在爪的后部与真皮共同形成垫（相当于家畜的蹄球）（图3-6）。

三、角

反刍动物额骨两侧有角突，其表面覆盖的皮肤衍生物，称为角。

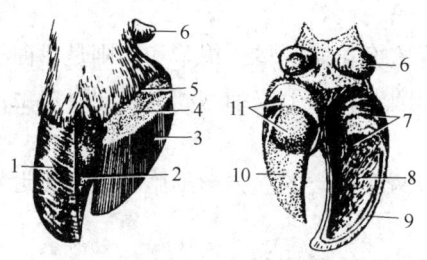

图 3-3 牛蹄（一侧的蹄匣除去）
1—蹄的远轴面 2—蹄壁的轴面 3—肉壁
4—肉冠 5—肉缘 6—悬蹄 7—蹄球
8—蹄底 9—白线 10—肉底 11—肉球

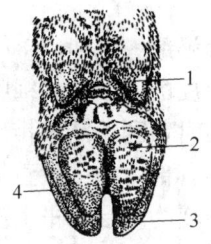

图 3-4 猪蹄的底面
1—副蹄 2—蹄球
3—蹄底 4—蹄壁

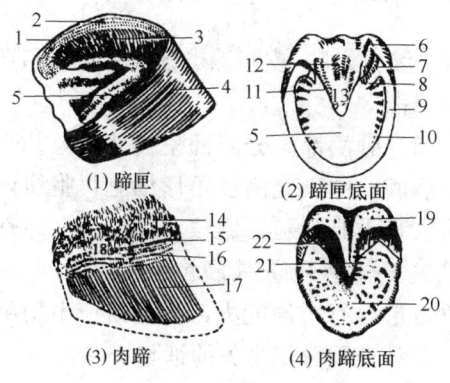

图 3-5 马蹄
1—蹄缘 2—蹄冠沟 3—蹄壁小叶层 4—蹄壁
5—蹄底 6—蹄球 7—蹄踵角 8—蹄支 9—底缘
10—白线 11—蹄叉侧沟 12—蹄叉中沟 13—蹄叉
14—皮肤 15—肉缘 16—肉冠 17—肉壁
18—蹄软骨的位置 19—肉球 20—肉底
21—肉枕 22—肉支

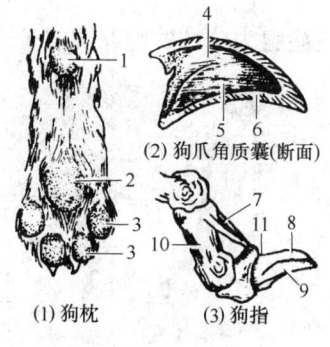

图 3-6 犬的指、枕和爪
1—腕枕 2—掌枕 3—指枕 4—爪壁的角质冠
5—爪的角质壁 6—爪的角质底 7—远指节骨韧带
8—爪冠的真皮 9—爪壁的真皮 10—中指节骨
11—轴形沟

角可分角根（基）、角体和角尖三部分。角的表面常有环状的角轮。牛的角轮仅见于角根部；羊的较明显，几乎遍及全角。

第三节 皮 肤 腺

皮肤腺包括汗腺、皮脂腺和乳腺等，位于真皮或皮下组织内。

一、汗 腺

汗腺为盘曲的单管状腺，排泄管开口于毛囊或皮肤表面。分为分泌部和导管部。

(1) 分泌部　牛和山羊的分泌部的腺管蜿蜒卷曲；猪、绵羊和马则是盘曲呈球状。腺上皮由一层柱状细胞构成。胞核椭圆形。在上皮细胞和基膜间有肌上皮细胞，收缩时，利于汗液排出。

(2) 导管部　为一较直的管道，管壁由两层低矮的立方形细胞构成，接近导管开口处转变为复层扁平上皮。

汗腺分布特点：汗腺能分泌汗液，有排泄废物和调节体温的作用。

家畜中马和绵羊的汗腺最发达，几乎全身皮肤均有分布；猪的较发达，但以蹄间最发达；牛的汗腺以面颈部明显，其他部位不发达。犬的汗腺不发达，只在鼻和指的掌侧有较大的汗腺，所以散热量很少。

二、皮 脂 腺

皮脂腺为分枝的泡状腺，位于真皮内，近毛囊处。皮脂腺也分为分泌部和导管部（图3-7）。

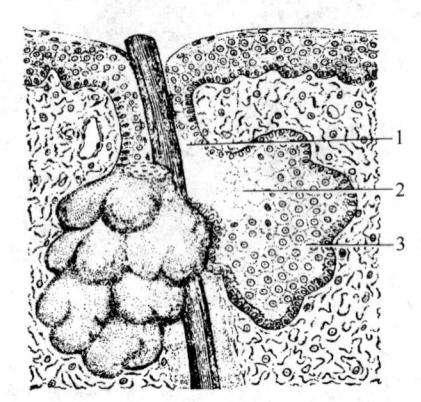

图3-7　皮脂腺
1—排泄管　2—分泌物　3—新形成的分泌细胞

(1) 分泌部　分泌部呈囊状，但几乎没有腺腔。中央充满多角形细胞，胞质内含有大量类脂颗粒，胞核固缩，浓染并逐渐消失。分泌部周围靠近基膜的细胞小，呈立方形，有增殖能力，能不断产生新细胞，以补充因分泌丧失的细胞。

(2) 导管部　导管部短，管壁由复层扁平上皮构成。导管开口于毛囊，极少数开口于皮肤表面。

皮脂腺的分布及作用：家畜皮肤除角、蹄、乳头、鼻镜等处外均有皮脂腺分布。猪的皮脂腺不发达，绵羊和马的发达。犬皮脂腺最发达，其中唇部、肛门部、躯干背侧和胸骨部分泌油脂最多。大多数适应水中生活的畜类都有一身油性皮毛，在水中游泳时，能保持皮毛的干燥。皮脂腺分泌皮脂，可润滑皮肤和被毛，以使皮肤和被毛保持柔韧，并防止干燥和水分的渗入。绵羊的皮脂腺和汗腺混合形成脂汗，对羊毛的质量影响很大。

三、乳　腺

乳腺与生殖系统有着密切的联系。乳腺为复管泡状腺，是构成乳房的实质成分。公、母畜都具有乳腺，但只有母畜的乳腺能够最终发育完全并能泌乳，而公畜的乳腺仅保留遗迹，不具备泌乳功能。不同的畜类乳腺大小、形状、数量及位置都有所不同。

1. 各种家畜乳房的形态位置

(1) 牛的乳房　在两股间，吊于耻骨部的腹下壁。母牛的乳房呈倒圆锥形，有圆形乳房、山羊型乳房、发育不均衡的乳房和扁平形乳房几种形态。母牛有 4 个乳房紧密结合在一起，左右以纵沟分开，前后以横沟为界。每个乳房均分为基部、体部和乳头部。基部紧接腹壁。乳头多呈圆柱形或圆锥形，前部乳头比后部乳头长。乳头顶端有一个乳头孔为乳头管的开口。牛乳房的皮肤薄而柔软，长有稀疏的细毛（图 3-8）。乳房后部至阴门裂之间，有明显的带有线状毛流的皮肤纵褶，称为乳镜。乳镜愈大，乳房愈能舒展，含乳量就愈多。因此，乳镜在鉴定产乳能力的方面有重要作用。

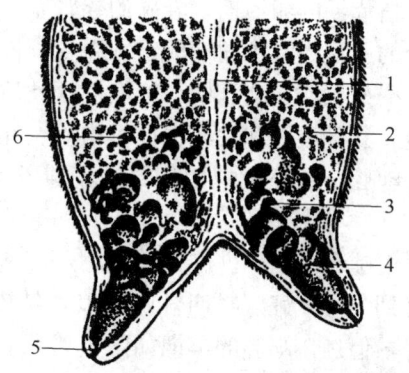

图 3-8　牛乳房的构造（纵切面）
1—乳房中隔　2—腺小叶　3—乳池腺部
4—乳头乳池部　5—乳头管　6—乳道

(2) 羊的乳房　呈圆锥形，有一对圆锥形乳头。乳头基部有较大的乳池。每个乳头上有一个乳头管的开口。

(3) 猪的乳房　位于胸部和腹部正中线的两侧，其数目依品种不同而异，一般 5~8 对，有的 10 对。乳池小，每个乳头上有 2~3 个乳头管的开口。

(4) 犬、猫的乳房特征　犬有 4~5 对乳房，对称排列于胸、腹部正中线两侧。乳头短，每个乳头有 2~4 个乳头管口，每个乳头管口有 6~12 个小排泄孔。猫有 5 对乳头，前 2 对位于胸部，后 3 对位于腹部。

2. 乳房的构造

乳房由皮肤、筋膜和实质构成。皮肤深层为浅筋膜和深筋膜，浅筋膜由腹壁浅筋膜延伸而来。深筋膜含有丰富的弹性纤维，在两侧乳房中间形成乳腺间隔（乳房悬韧带），将其固定在腹底壁的两侧。筋膜内为实质。筋膜的结缔组织伸入到实质中，形成小叶间结缔组织，把乳房实质分成很多腺小叶，小叶由腺泡构成。腺泡分泌乳汁，经输乳管、乳道进入乳池。每个乳头上有一个乳头管与乳池相通，其开口处有括约肌控制。乳汁经乳池、乳头管排出。

3. 乳腺的发育

幼畜的乳腺尚未充分的发育，雌、雄二性的乳腺也没有什么明显的差异，但是随机体的逐步发育，雌性的乳腺开始发育。主要表现在腺泡和导管系统的形成和增生；间质组织和血管神经的增加，体积加大而且富有弹性。

乳腺的发育通常经历以下几个阶段。

出生后至初情期前：乳腺只有很小的乳腺池和不发达的导管系统，但纤维结缔组织发育良好，此阶段乳腺的发育与生长速度大致相等。乳腺的增大主要是由纤维结缔组织和脂肪组织增生引起。

性成熟期：乳腺在这个阶段随发情周期的变化而经历周期性的发育。在每次发情周期的卵泡期，乳腺的导管系统迅速生长，并在黄体期开始形成少量发育不全的腺泡。但到间情期，乳腺生长停止，导管系统又重新缩小。

妊娠期至哺乳期：妊娠期开始后，在这阶段乳腺开始充分发育，开始形成腺泡，并且血管和神经也同时增生，在妊娠的前半期，虽然腺泡已经发育，但缺乏腺泡腔，到妊娠中期，腺泡渐渐出现分泌腔。到动物分娩时，腺泡开始分泌乳汁。

哺乳后期：乳腺开始回缩，腺泡萎缩，最后崩解。逐步失去泌乳功能。但等直到下一个妊娠时期乳腺可以继续发育并产乳。通常在泌乳后期出现渐进性过程，但是在泌乳的早期如停止哺乳或挤乳也可导致乳腺回缩。乳腺的回缩具有重要的生理意义，能够使乳腺的功能进行重建，以便在下一个哺乳期充分的完成泌乳功能。

乳腺的发育持续于母畜的整个繁殖年限，当母牛在第6~8次泌乳期，乳腺达到最大发育度和产乳的最高峰。随着母牛年龄的增长，每次分娩后的产乳量逐渐减少，乳腺的发育程度逐渐减退。当超过繁殖年限后，乳腺不再经历周期性发育，并逐步退化萎缩。即乳腺生理性萎缩，最终丧失泌乳机能。

在奶牛饲养中，为了达到最佳生产量，母牛两次泌乳期之间必需一段时间的干乳期，母牛需要40~60d的干乳期。在干乳期间，乳腺逐步萎缩后再进一步发育。合适的干乳期有助于乳腺的重建，并有利于提高乳腺的抗病力。

4. 泌乳

乳腺的分泌细胞从血液中摄取营养物质，合成乳汁后再分泌到腺泡腔内，并排出体外的整个过程称泌乳。

乳是乳腺生理活动的产物，乳中包含着家畜和人生长发育所必需的主要养分。是幼畜天然的最佳食物。乳的化学成分很复杂，品种、饲养管理条件等多个方面都对乳汁成分有一定的影响。

母畜分娩后最初几天所产的乳称为初乳，初乳期后至整个泌乳期所产的乳则称为常乳。初乳与常乳在性状、成分和机能方面有很大的差别。

（1）初乳　初乳数量不多，色黄而浓稠，略带咸味和特殊腥味，煮沸后易凝结。初乳内各种成分的含量与常乳相差悬殊。

初乳成分和机能的主要特点：干物质含量很高，初乳中的蛋白质在牛达17%，绵羊和猪达20%左右，都超出常乳数倍；初乳还富含脂肪、矿物质、维生素等，特别是含丰富的免疫球蛋白。幼畜摄食后免疫球蛋白能够直接透过其肠壁而吸收入血，有利于幼畜获得被动免疫，增强疾病的抵抗力，并能迅速增加幼畜的血浆蛋白；初乳中的维生素A和维生素C的含量比常乳多6~10倍，维生素D约多3倍。初乳中还含有较高的无机质，特别是富含镁盐，具有缓泻作用，能促使仔畜排出胎粪和促进消化道的蠕动。

（2）常乳　常乳色白，较初乳稍稀，略带香甜，其性状受畜种、品种、饲料成分、饲养管理条件、季节、气候、泌乳期、年龄、个体生理状况和挤奶次数的影响，各种畜类的常乳都含有水、蛋白质、脂肪、糖、无机盐、维生素和酶等。当乳变酸性时，酪蛋白与钙离子结合沉淀而使乳汁凝固。

（3）泌乳量　母畜泌乳量在此专指日产乳量，它受泌乳期的不同时期、畜种、品种、哺乳（挤乳）次数、环境温度和泌乳期怀孕等多个因素的影响。

泌乳期中，乳的分泌是一个连续的过程，但泌乳速率并不恒定。开始时，产量不多，以后便逐日增多。猪在分娩后2周时达到泌乳量的高峰，乳牛在产后4～6周时达到泌乳高峰。峰后泌乳量又逐渐下降。直至泌乳结束。

每一次哺乳或挤乳时段间的泌乳速度也有不同，哺乳或挤乳后，腺腔和乳腺导管内的压力最低，哺乳或挤乳后几小时内，乳分泌速度最快，以后由于乳腺内乳汁蓄积致使压力增高，乳分泌速度就逐渐降低。

乳牛挤乳（或哺乳）的间隔时间有规律和挤奶措施适当，则能获得最大日产乳量，采用无规律的挤乳措施或挤奶不完全则泌乳量减少。饲养和管理条件也对母畜泌乳量有重要影响。良好的饲养管理水平，营养全面的饲料，适宜的气温等均能提高泌乳量，反之则会降低泌乳量。

（4）泌乳期　母畜在泌乳启动后，乳腺能在相当长一段时间内持续进行泌乳活动。母畜的泌乳期，指泌乳启动到泌乳结束的一段时间。严格来讲母畜的哺乳期受到人为的控制（人工断乳），因为一旦哺乳停止，数日内乳腺的泌乳活动也就停止了。为了提高动物的繁殖效率或产奶量，在乳牛饲养中，一般在泌乳期300d左右终止挤乳，从而结束泌乳期；在养猪业中，通过在30d左右隔离母猪和仔猪的方式来终止泌乳，从而使母猪更早的发情，提高繁殖效率。通常在自然状态下的泌乳期要长得多。但是时间越长，其日产乳量会逐步减少，最终停止。

5. 排乳

哺乳或挤乳可反射性的引起乳腺容纳系统紧张性改变，使贮积在腺泡和乳导管系统的乳迅速流向乳池并排出，这一过程称为排乳。

排乳是一个复杂的反射性过程。哺乳或挤乳时刺激母畜乳头的感受器，反射性引起腺泡和细小乳导管壁外的肌上皮收缩，于是腺泡乳就流入导管系统，进入池乳后使乳池乳压迅速升高，乳头括约肌开放，于是乳汁排出体外。

最先排出的乳是乳池内的乳，之后排出的是由排乳反射引起的从乳腺泡及乳导管中排出的乳，称为反射乳。乳牛乳池乳约占30%，反射乳约占70%。牛哺乳或挤乳不到1min即可引起排乳反射；猪排乳反射需要较长时间的乳房刺激，仔猪用鼻吻冲撞母猪乳房2～5min后，才产生排乳。持续时间为1～3min，然后排乳停止。母猪排乳的突然开始和停止，主要原因是猪没有乳池，乳汁全部存与腺泡腔和导管内。也就是说母猪只存在反射乳而没有乳池乳。

排乳反射能建立条件反射。挤乳的时间、地点、各种挤乳设备、操作以及挤乳员的出现等待都可成为条件刺激而用来建立条件反射。在固定的时间、地点、挤乳设备和熟悉的挤乳人员以及按操作规程进行挤乳,可提高产乳量。反之,无规律地挤乳、不断地更换挤乳人员、嘈杂的挤乳环境等均可抑制排乳,使产乳量下降。因此,在畜牧业生产中必须根据生理学原理,进行合理的挤乳才能获得高产效益。

技能训练

家畜皮肤和蹄的形态构造识别

目的与要求

掌握家畜皮肤和蹄的形态和构造。

材料与设备

牛、猪的皮肤和蹄的标本或模型。

步骤与方法

首先在皮肤模型上,识别表皮、真皮、皮下组织、毛和皮肤腺。然后在牛或猪蹄的标本或模型上,识别蹄的蹄壁、蹄冠、蹄缘、蹄球、蹄小叶、蹄白线等。

技能考核

在牛或猪的皮肤、蹄的标本或模型上识别上述构造。

复习思考题

1. 简述皮肤的构造和机能。
2. 牛、马、猪的蹄各有哪些主要的结构特征?
3. 简述犬枕和爪的结构特点。
4. 简述畜类毛的种类、分布、结构及换毛的机制。
5. 家畜的皮肤腺包括哪些?在它们的分布和形态结构上各有哪些特征?
6. 简述牛、羊、猪的乳房形态、位置和结构特征。
7. 初乳与常乳有哪些区别?为什么说初乳是幼畜不可替代的食物?
8. 排乳反射生理在畜牧业生产中有何指导意义?

第四章 消化系统

知识目标：
- 应知畜、禽消化系统的器官组成及其功能关系；
- 应知畜、禽消化系统各器官的形态、位置、构造和生理特征；
- 应知物理消化、化学消化和微生物消化的概念与特征；
- 应知家畜的胃壁、肠壁和肝脏的组织构造和生理机能；
- 应知畜、禽消化系统吸收的部位及各种营养物质的吸收。

技能目标：
- 应能在牛、猪、犬和鸡的新鲜标本上识别主要消化器官的形态结构；
- 应能在牛、猪、犬活体上识别胃、肠的体表投影；
- 应能在显微镜下识别胃、肠、肝的组织构造。

第一节 概　述

一、消化与吸收的概念

　　动物在生命活动中，必须经常从外界环境中摄取营养物质，作为机体活动和组织生长的物质和能量来源。畜、禽所食的饲料中含有蛋白质、脂肪、水、无机盐和维生素等各种营养物质，其中蛋白质、糖和脂肪都是大分子物质，不能直接被畜、禽机体吸收利用，必须经过消化管的加工，使之转变成氨基酸、葡萄糖、甘油、脂肪酸、挥发性脂肪酸和小肽等小分子物质，才能被吸收利用。
　　畜、禽机体将食物中的各种营养物质转变为可吸收和利用状态的过程称为消化。
　　吸收是指各种食物的消化产物以及水分、盐类等通过畜、禽的消化道上皮细胞进入血液和淋巴的过程。

二、消化方式

饲料在消化管内的消化方式主要包括以下三种。
　（1）机械性消化　饲料在经过咀嚼、吞咽、反刍、胃肠运动后，饲料结构由大变小，并沿消化管向后移动。在消化管内移动的同时，与消化液充分混合，使食糜与消化管壁充分接触，以利于消化吸收。这过程并不改变饲料的化学性质，但为饲料的进一步消化（化学性和微生物消化）创造了有利条件。
　（2）化学性消化　是指消化腺所分泌的消化液中的酶和植物性饲料本身的酶

对饲料的消化。消化液中主要有能水解蛋白质、糖类、脂肪等的各种酶,它与植物性饲料本身的酶共同促进饲料分解,将结构复杂的饲料分解为简单物质以便吸收,如将蛋白质分解为氨基酸,多糖分解为单糖,脂肪分解为脂肪酸和甘油等。

(3)微生物消化 是指消化管内的微生物所参与的消化过程。它的作用是:既能撕碎饲料,又能使饲料发酵。这种消化在草食动物消化中特别重要。畜禽消化道内栖居了大量的微生物,它们所产生的酶,对纤维素类的分解起着非常重要作用。

上述的三种消化方式在消化过程中是相互联系同时进行的,但不同消化管部位,其消化方式各有侧重。例如,在口腔消化中以物理消化为主;在胃和小肠中则以消化腺酶对淀粉、蛋白质、脂肪的化学消化为主;而在瘤胃及大肠中微生物的发酵作用非常重要。

同时,不同动物的消化管各有其结构特点,其消化方式也各有侧重。在草食动物中,马等单胃动物的饲料消化依赖于盲肠和大结肠内微生物的发酵作用。牛、羊等复胃动物的饲料消化则以瘤胃内微生物的发酵为主。犬、猫等肉食动物的饲料消化主要依赖消化液中的酶进行化学性消化,而微生物的作用则不多。猪等杂食动物的饲料消化除消化酶的作用外,大肠内微生物的作用也较重要。鸡等家禽的盲肠是微生物消化粗纤维的主要场所。

三、消化系统的组成

消化系统包括消化管和消化腺两部分。消化管为食物通过的管道,起于口腔,经咽、食管、胃、小肠、大肠,止于肛门。消化腺为分泌消化液的腺体,包括壁内腺和壁外腺。胃腺和肠腺是壁内腺;唾液腺、肝和胰是壁外腺(图4-1、图4-2)。

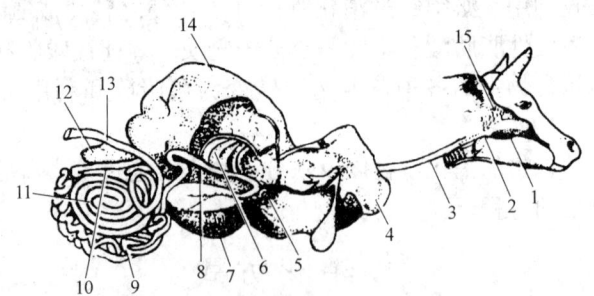

图4-1 牛的消化器官示意图

1—口腔 2—咽 3—食管 4—肝 5—网胃 6—瓣胃 7—皱胃 8—十二指肠
9—空肠 10—回肠 11—结肠 12—盲肠 13—直肠 14—瘤胃 15—腮腺

四、消化管的一般构造

消化管各段虽然在形态和机能上各有特点,但其管壁的基本构造是相同的,

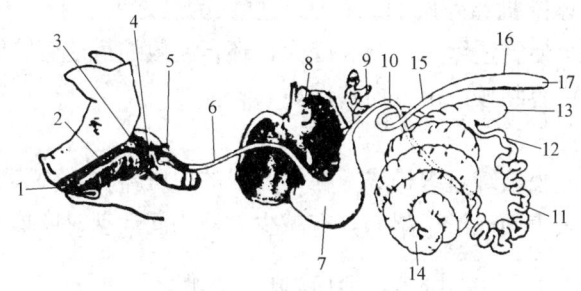

图 4-2 猪的消化器官示意图

1—舌尖 2—口腔 3—咽 4—喉 5—咽憩室 6—食管 7—胃 8—肝 9—胰 10—十二指肠 11—空肠 12—回肠 13—盲肠 14—结肠旋袢 15—结肠终袢 16—直肠 17—肛门

一般由4层构成,由内向外依次为黏膜、黏膜下层、肌层和外膜(图4-3)。

1. 黏膜

黏膜为管壁的最内层,正常黏膜呈淡红色,柔软湿润,其表面经常覆盖有分泌的黏液。黏膜由内向外依次又分为黏膜上皮、固有层及黏膜肌层。

(1)黏膜上皮 由不同的上皮组织构成,其种类因所在部位和功能而异。口腔、食管、肛门和阴道等处的上皮为复层扁平上皮,有保护作用;胃、肠等处的上皮为单层柱状上皮,有分泌、吸收等作用;呼吸道上皮为假复层柱状纤毛上皮,有运动和保护作用;输尿管、膀胱和尿道上皮为变移上皮,有适应器官扩张和收缩的作用。

(2)固有层 由结缔组织构成,含有小血管、淋巴管和神经纤维等。有些器官的黏膜固有层内还含有淋巴组织、淋巴小结和腺体。起支持和营养上皮的作用。

(3)黏膜肌层 为薄层平滑肌,收缩时可使黏膜形成皱褶,有利于血液循环、物质吸收和腺体分泌物的排出。

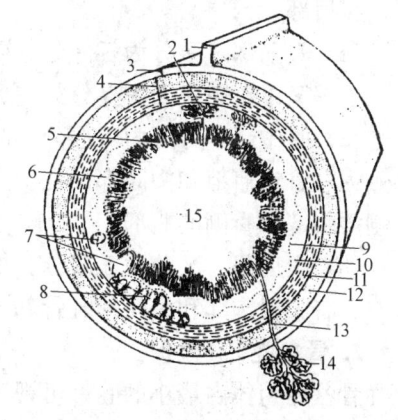

图 4-3 消化管构造模式图

1—肠系膜 2—十二指肠腺 3—浆膜 4—肌层 5—黏膜上皮 6—固有膜 7—淋巴孤结 8—淋巴集结 9—黏膜肌层 10—黏膜下组织 11—内环行肌 12—外纵行肌 13—腺管 14—壁外腺 15—肠腔

2. 黏膜下层

黏膜下层由疏松结缔组织构成,有连接黏膜和肌膜的作用,并使黏膜有一定的活动性,在富有伸展性的器官(如胃、膀胱等)特别发达。黏膜下层内有较大的血管、淋巴管和神经丛,有些器官的黏膜下层内分布有腺体(食管腺、十二指肠腺)。

3. 肌层

除口腔、咽、食管和肛门的管壁为横纹肌外,其余各段均为平滑肌构成,一般可分为内层的环行肌和外层的纵行肌两层。两层之间有肌间神经丛和结缔组织。纵行肌收缩可使管道缩短、管腔变大,环行肌收缩可使管腔缩小,两肌层交替收缩时,可使内容物按一定方向移动。

4. 外膜

外膜由薄层疏松结缔组织构成,在体腔内的内脏器官,外膜表面被覆一层间皮,称为浆膜,其表面光滑、湿润,有减少脏器之间运动时摩擦的作用。

五、腹腔和骨盆腔

1. 腹腔

腹腔为体内最大的腔,呈卵圆形,前壁为膈,后端与骨盆腔相通。腹腔内容纳大部分消化器官、脾、一部分泌尿生殖器官和大血管等。为了准确地表明腹腔内各器官的位置,可将腹腔划分为10个部分(图4-4)。其划分方法是通过最后肋骨的最突出点和髋结节前缘各做一个横断面,将腹腔首先划分为腹前部、腹中部、腹后部。

(1) 腹前部 又分为三部分。以肋弓为界,上部称季肋部,下部称剑突软骨部;上部又以正中矢面为界分为左、右季肋部。

(2) 腹中部 又分为四部分。沿腰椎横突两侧顶点各做一个侧矢面,将腹中部分为左、右髂部和中间部;在中间部沿第1肋骨的中点做额面,使中间部分为背侧的腰部和腹侧的脐部。

(3) 腹后部 又分为三部分。把腹中部的两个侧矢面平行后移,使腹后部分为左、右腹股沟部和中间的耻骨部。

2. 骨盆腔

骨盆腔为体内最小的腔,可视为腹腔向后的延续,前口呈卵圆形,后口借会

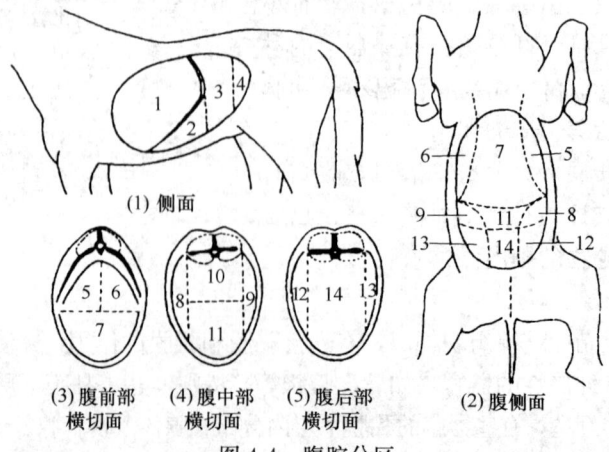

图4-4 腹腔分区

1—季肋部 2、7—剑突软骨部 3—腹中部 4—腹后部 5—左季肋部 6—右季肋部 8—左髂部 9—右髂部 10—腰部 11—脐部 12—左腹股沟部 13—右腹股沟部 14—耻骨部

阴筋膜封闭。骨盆腔内有直肠和大部分泌尿、生殖器官。

六、腹　　膜

腹腔和骨盆腔内的浆膜称为腹膜。贴于腹腔和骨盆腔壁内表面的部分为腹膜壁层；壁层从腔壁折转而覆盖于内脏器官外表面的为腹膜脏层。壁层与脏层之间的腔隙称为腹膜腔。腔内的液体为腹液（浆液），具有润滑作用，能减少脏器运动时的摩擦。腹膜从腹腔、骨盆腔移到肠管上的为肠系膜；包裹胃肠的称为大网膜；固定肝脏的称为肝韧带。

第二节　家畜消化系统

一、口　　腔

1. 口腔的构造

口腔是由唇、颊、硬腭、软腭、口腔底、舌、齿、齿龈及唾液腺所组成的。口腔的前壁为唇，侧壁为颊，顶壁为硬腭，底壁为口腔底和舌。口腔前由口裂与外界相通，后以咽峡与咽腔相通。唇、颊与齿弓之间的腔隙为口腔前庭；齿弓以内部分为固有口腔（图4-5）。

口腔黏膜呈粉红色，常有色素沉着。黏膜上皮为复层扁平上皮。

（1）唇　构成了口腔最前壁，分上唇和下唇。唇主要以口轮匝肌为基础，内衬黏膜，外被皮肤。唇黏膜具有唇腺。

牛的口唇短而厚，坚实而不灵活。上唇中部和两鼻孔之间的无毛区，称为鼻唇镜，表面有鼻唇腺分泌的液体。故健康牛的鼻唇镜常湿润而温度较低。

羊的口唇薄而灵活，上唇正中有明显的纵沟，在鼻孔间形成无毛的鼻镜。

猪的口裂大，口唇活动性小。上唇与鼻连在一起构成吻突，有掘地觅食的作用。下唇尖小，随下颌运动而活动。

犬唇薄，灵活，有许多触毛，口裂大。

（2）颊　以颊肌为基础，内衬黏膜、外覆皮肤。颊构成了口腔的侧壁。在颊黏膜上有颊腺的开口和腮腺管的开口。

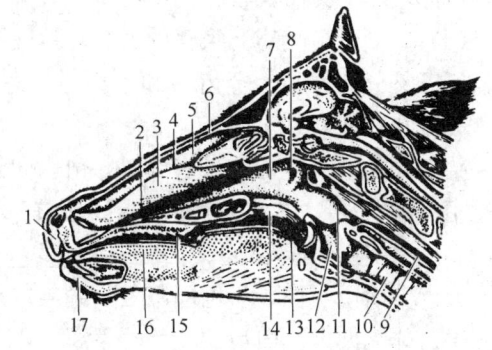

图4-5　牛头纵剖面

1—上唇　2—下鼻道　3—下鼻甲　4—中鼻道
5—上鼻甲　6—上鼻道　7—鼻咽部　8—咽鼓管咽口
9—食管　10—气管　11—喉咽部　12—喉
13—口咽部　14—软腭　15—硬腭　16—舌　17—下唇

（3）硬腭　硬腭构成了固有口腔的顶壁。硬腭黏膜厚而坚实，上皮高度角质化。牛、羊的硬腭前端无切齿，由该处黏膜形成厚而致密的角质层，称为齿垫。在硬腭的正中矢面处，有一纵行的腭缝，腭缝的两侧各有一些横行的腭褶。马、羊、猪腭褶的游离缘光滑，牛的呈锯齿状。在腭缝的前端有一突起，称为切齿乳头。牛、羊、猪的切齿乳头两侧有切齿管的开口，管的另一端通鼻腔。

（4）软腭　硬腭向后连接软腭。软腭构成了口腔的后壁。以横纹肌构成的腭肌为基础，表面被覆黏膜，从软腭游离缘与舌根之间的空隙为咽峡。

（5）舌　舌附着在舌骨上，占据固有口腔的大部分。舌运动灵活，在咀嚼、吞咽动作中起搅拌和推送食物的作用；舌又是味觉器官，可辨别食物的味道；在吮乳的幼畜，舌还可起活塞作用。

舌分舌尖、舌体和舌根。舌尖为前端的游离部分，向后延续为舌体。在舌尖与舌体交界处的腹侧，有黏膜褶与口腔底相连，称为舌系带。舌根为舌体后部附着于舌骨上的部分，其背侧的黏膜内含有淋巴器官，称为舌扁桃体。舌主要由舌肌及其表面的黏膜所构成。舌肌为骨骼肌。在舌背表面的黏膜形成乳头状隆起，称为舌乳头。舌乳头可分为四种：丝状乳头、菌状乳头、轮廓乳头和叶状乳头。其中，丝状乳头没有味蕾，后三种乳头的黏膜上皮中存在有许多圆形小体，称为味蕾。味蕾主要由味细胞和支持细胞构成，主要感觉滋味。

牛舌的舌体和舌根较宽厚，舌尖灵活，是采食的主要器官，舌背后部有一椭圆形隆起，称为舌圆枕。猪舌窄而长，舌尖薄，舌乳头与马相似。犬舌前部宽而薄，后部较厚，灵活，舌背正中沟明显。

（6）齿　齿是咀嚼和采食的器官，镶嵌于上下颌骨的齿槽内，因其排列成弓形，所以又分别称之为上齿弓和下齿弓。每一侧的齿弓由前向后顺序排列为切齿、犬齿和臼齿。

猪和犬的上、下切齿各有3对，由内向外分别称为门齿、中间齿和隅齿（图4-6、图4-7）。牛、羊无上切齿，下切齿有4对，由内向外分别称为门齿、内中间齿、外中间齿和隅齿（图4-8）。

犬齿尖而锐，位于齿槽间隙处，约与口角相对。猪和公马有上、下犬齿各1对。牛、羊无犬齿。臼齿位于齿弓后部，与颊相对，故又称为颊齿。马和牛上、下颌各有前臼齿3对，猪有4对。后臼齿都是3对。可分为前臼齿和后臼齿。

动物齿的排列方式称为齿式。根据上、下颌齿弓各种齿的数目，可写成下列齿式：

$$2\left[\frac{切齿(I)犬齿(C)前臼齿(P)后臼齿(M)}{切齿(I)犬齿(C)前臼齿(P)后臼齿(M)}\right]$$

齿在动物的一生中，一般都是在出生后逐个长出。除后臼齿外，其余齿到一定年龄时均按一定顺序进行脱换。脱换前的齿称为乳齿，一般个体较小、颜色乳白、磨损较快；而脱换后的齿相对较大、坚硬、颜色较白，称为恒齿。

牛的恒齿式：$2\left(\dfrac{0033}{4033}\right)=32$　　猪的恒齿式：$2\left(\dfrac{3142}{3143}\right)=42$

犬的恒齿式：$2\left(\dfrac{3142}{3143}\right)=42$

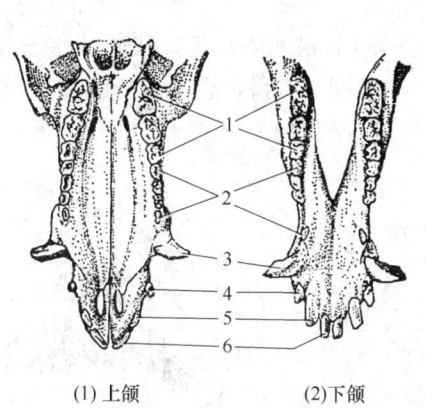

(1) 上颌　　(2) 下颌

图 4-6　猪的齿

1—后白齿　2—前白齿　3—犬齿

4—隅齿　5—中间齿　6—门齿

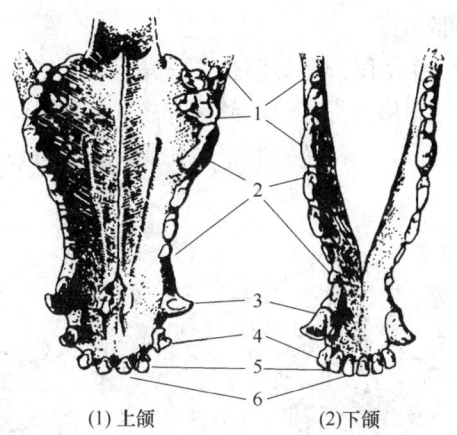

(1) 上颌　　(2) 下颌

图 4-7　犬的齿

1—后白齿　2—前白齿　3—犬齿

4—边齿　5—中间齿　6—门齿

齿在外形上可分为三部分，埋于齿槽内的部分称为齿根，露于齿龈外的称为齿冠，介于二者之间被齿龈覆盖的部分称为齿颈。上下齿冠相对的咬合面称为磨面。

齿壁由齿质、釉质和齿骨质构成。齿质位于内层，呈淡黄色，是构成齿的主体；在齿冠部齿质的外面包以光滑、坚硬、乳白色的釉质，它是体内最坚硬的组织；在齿根部齿质的外面则被有略黄色的齿骨质；齿的中心部为齿髓腔，腔内有富含血管和神经的齿髓，齿髓有生长齿质和营养齿组织的作用。

（7）齿龈　为被覆于齿颈及邻近骨表面的黏膜，与骨膜紧密相连，呈粉红色，有固定齿的作用，齿龈无黏膜下层。

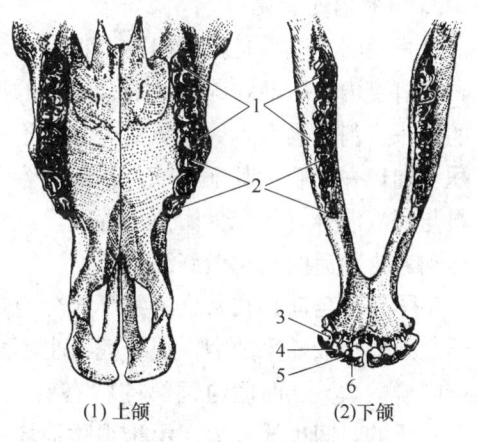

(1) 上颌　　(2) 下颌

图 4-8　牛的齿

1—后白齿　2—前白齿　3—隅齿

4—外中间齿　5—内中间齿　6—门齿

（8）唾液腺　唾液腺是导管开口于口腔能分泌唾液的腺体。主要有腮腺、颌下腺和舌下腺3对（图4-9）。其所分泌的液体进入口腔，统称为唾液。唾液有浸润饲料,利于咀嚼,便于吞咽,清洁口腔和参与消化等作用。

① 腮腺:位于耳根下方,下颌骨后缘,其腺管开口于颊黏膜上。

② 颌下腺:位于下颌骨内侧,后部被腮腺所覆盖。

③ 舌下腺:位于舌体和下颌骨之间的黏膜下,腺管很多,分别开口于口腔底部黏膜。

牛的腮腺略呈狭长的三角形,呈棕红色;颌下腺呈淡黄色。猪腮腺很发达,呈三角形,棕红色;颌下腺较小而致密,略呈扁圆形,淡红色。犬的腮腺小,呈三角形,淡红色;颌下腺比腮腺大,呈椭圆形,淡黄色。

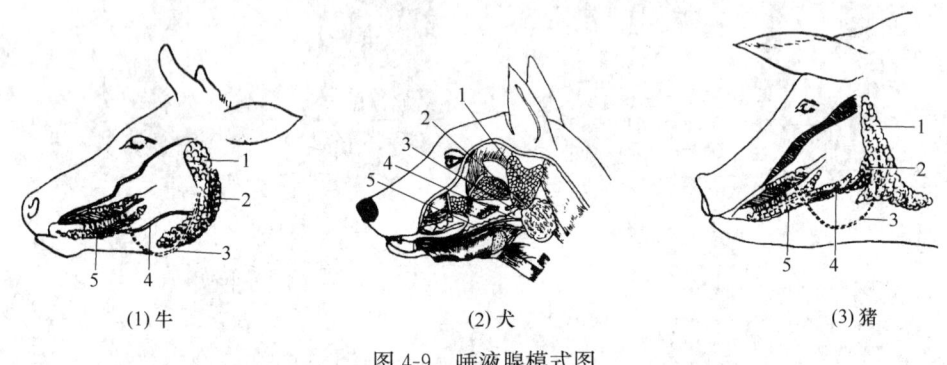

图 4-9 唾液腺模式图

1—腮腺 2—颌下腺 3—腮腺管 4—颌下腺管 5—舌下腺

2. 口腔内的消化

(1) 咀嚼 咀嚼是指口内的饲料,在牙、舌、咀嚼肌和颊部肌肉的配合运动下,在口腔内被压磨粉碎,并混合唾液的过程,它是消化的第一步。咀嚼对于食物的进一步消化具有重要的意义。咀嚼不仅能机械地将饲料粉碎,使饲料的消化面积增加,并可破坏其细胞壁,暴露内容物,有利于消化,而且还能使粉碎后的饲料与唾液混合,形成食团便于吞咽。此外,咀嚼能反射地引起消化腺分泌和胃肠运动,为随后的消化做好准备。

牛羊等反刍动物在采食时并不充分咀嚼,待反刍时再咀嚼;肉食动物除必须咀嚼之外,一般随采随咽,混合唾液也不多。

咀嚼的次数、时间与饲料的状态有关。一般湿的饲料比干的饲料咀嚼次数少,咀嚼的时间也比较短。由于咀嚼消耗动物大量能量,因此,对饲料进行加工如切短、磨碎等,可以减少咀嚼,节省能量,提高饲料效率。

(2) 吞咽 吞咽是指食团从口腔进入胃的过程,是一种复杂的反射性动作。

(3) 唾液 饲料在口腔内的化学性消化主要是唾液对饲料的消化。

① 唾液的性状与组成:唾液为无色透明的弱碱性、黏性液体,由 99.4% 的水分和 0.6% 的无机物及有机物组成。唾液的无机物中含有磷酸盐、碳酸氢盐及钾、钠、钙、镁的氯化物等;有机物主要是黏蛋白和其他蛋白质。

② 唾液的作用：a. 浸润饲料，利于咀嚼。唾液中的黏液能使嚼碎的饲料形成食团，并增加光滑度，便于吞咽。b. 溶解饲料中的可溶性物质，刺激舌的味觉感受器，引起食欲，促进各种消化液的分泌。c. 帮助清除一些饲料残渣和异物，清洁口腔。d. 唾液呈碱性，进入胃内可中和酸性，有利于微生物和酶对饲料的发酵作用。e. 唾液中含溶菌酶具有抗菌作用。像犬用舌头舔伤口，能起清洁消毒的作用。f. 唾液中有淀粉酶，猪等动物的唾液能将淀粉分解为糊精和麦芽糖。g. 水牛、犬等动物汗腺不发达，可借唾液中水分的蒸发来调节体温。h. 反刍动物唾液中含有相当量的尿素，可被瘤胃内细菌利用，合成菌体蛋白。

二、咽

咽位于口腔和鼻腔的后方、喉和气管的前上方，可分为鼻咽部、口咽部和喉咽部三部分。鼻咽部为鼻腔向后的延续，位于软腭的背侧，前方有两个鼻后孔通鼻腔，后方通喉咽部；两侧壁上各有一个咽鼓管咽口，经咽鼓管与中耳相通。口咽部又称咽峡，为口腔向后的延续，位于软腭与舌根之间，前方与口腔相通，后方通喉咽部；侧壁黏膜上有扁桃体窦，内有腭扁桃体，为淋巴器官。喉咽部为咽的后部，位于喉口的背侧，较狭窄，后上有食管口通食管，下有喉口通喉腔。

咽是消化道和呼吸道的共同通道。呼吸时，软腭下垂，空气经咽到喉或鼻腔；吞咽时，软腭提起，关闭鼻咽部，同时会厌翻转盖住喉口，食物由口腔经咽入食管。

三、食 管

食管是将食物由咽运送入胃的一肌质管道，可分为颈段、胸段和腹段三段。

颈段起始于喉和气管的背侧，至颈中部逐渐转向气管的左侧，经胸腔前口入胸腔；胸段又转向气管的背侧并继续向后延伸，经纵隔到达膈，经膈的食管裂孔进入腹腔后，直接与胃的贲门相连接。

食管管壁具有消化管壁的一般结构。分为黏膜层、黏膜下层、肌层和外膜层。黏膜上皮为复层扁平上皮。牛的食管肌层比较特殊，全由横纹肌构成。

咽和食管均是食物通过的管道。食物在此不进行消化，只是借肌肉的运动向后推移。

四、胃

1. 胃的构造

胃位于腹腔内，为消化管的膨大部分，前接食管，开口为贲门，后以幽门通十二指肠，主要作用是贮存食物。可分为单室胃和多室胃两种类型，猪和犬的胃属单室胃，牛和羊的胃属多室胃。

（1）多室胃　多室胃又称反刍胃，又可分为瘤胃、网胃、瓣胃和皱胃四个室

（图 4-10）。前三个室合称为前胃，黏膜内无腺体。皱胃又称真胃，黏膜内有腺体。

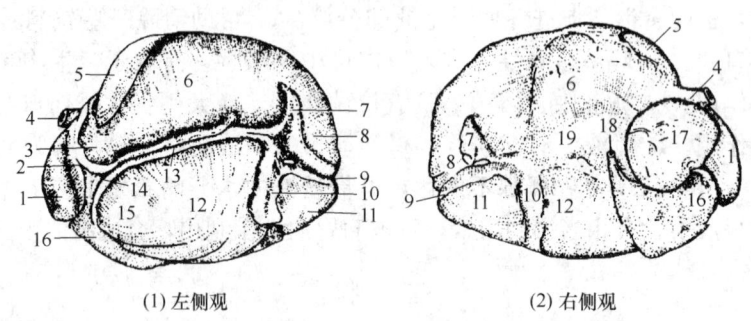

(1) 左侧观　　　　　　　　　(2) 右侧观

图 4-10　牛的胃
1—网胃　2—瘤网胃沟　3—瘤胃房　4—食管　5—脾　6—瘤胃背囊
7—背侧冠状沟　8—后背盲囊　9—后沟　10—腹侧冠状沟　11—后腹盲囊　12—瘤胃腹囊
13—左纵沟　14—前沟　15—瘤胃隐窝　16—皱胃　17—瓣胃　18—十二指肠　19—右纵沟

① 瘤胃：瘤胃最大，成年牛的瘤胃约占 4 个胃总容积的 80%，呈前后稍长、左右略扁的椭圆形，占据整个腹腔的左半部和右半部的一部分。其前端与第 7~8 肋间隙相对，后端达骨盆腔前口。左面与脾、膈和腹壁相邻，称为壁面；右面与瓣胃、皱胃、肠、肝、胰等器官相邻，称为脏面。

瘤胃的前、后两端各有一条左右伸延的沟，分别称为前沟和后沟。两条沟分别沿瘤胃的左、右侧伸延，形成了较浅的左纵沟和右纵沟。它们围成的环状沟，将瘤胃分为背囊和腹囊。较深的瘤胃前、后沟又把背囊和腹囊分为前背盲囊、后背盲囊、前腹盲囊、后腹盲囊。在与瘤胃各沟相对应的内侧面，有光滑的肉柱。

瘤胃壁的黏膜呈棕黑色或棕黄色，无腺体，表面有密集的乳头，内含丰富的血管。

② 网胃：容积最小，占 4 个胃总容积的 5%。网胃呈梨状，是瘤胃背囊向前下方的延续部分。位于季肋部的正中，紧靠膈的后面，与第 6~8 肋骨相对，后上方与瓣胃相连，左下方与膈相邻，右下方有网瓣口与瓣胃相通。网胃与心包之间仅以膈相隔，当牛吞食尖锐物体停留在网胃中时，常可穿通胃壁和膈而刺破心包，引起创伤性心包炎。

网胃黏膜也呈黑褐色，形成许多高低不等的薄板状皱褶，并连接成多边形小房，呈蜂巢状，故又称蜂巢胃（图 4-11）。在皱褶上密布角质乳头。

③ 食管沟：是由两片肥厚的肉唇构成的一个半关闭的沟，起于瘤胃贲门，沿瘤胃前庭和网胃右侧壁伸延到网瓣口，扭转成螺旋状。

牛犊和羊羔在吸吮乳汁时，能反射性地引起食管沟肉唇卷缩，闭合成管，使乳汁直接从食管沟到达网瓣孔，经瓣胃管进入皱胃，不落入前胃内。若用桶喂乳时，食管沟闭合不完全，一部分乳汁会流入发育不完善的网胃、瘤胃内，引起发酵而产生乳酸，造成腹泻。

食管沟随着动物年龄的增长而逐渐失去作用。

④ 瓣胃：牛的瓣胃占4个胃总容积的7%～8%。瓣胃呈两侧稍扁的椭圆形，位于右季肋部，与第7～11肋间隙相对，肩关节水平线通过瓣胃中线。

瓣胃黏膜表面由角质化的复层扁平上皮覆盖，并形成百余片大小、宽窄不同的叶片，可分为大、中、小和最小四级，并有规律地相间排列，故又称为百叶胃（图4-12）。在瓣胃底壁上有一瓣胃沟，前接网瓣孔与食管沟相连，使网瓣口与瓣皱口相通，一些小颗粒饲料和液体自网胃经瓣胃沟直接进入皱胃。

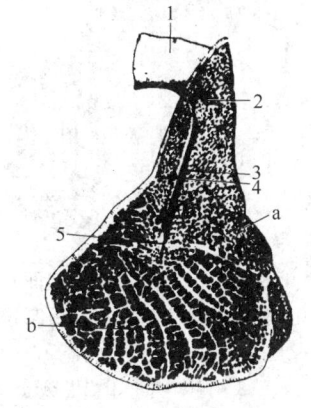

图4-11 牛的网胃
1—食管 2—贲门 3—食管沟右唇
4—食管沟左唇 5—网瓣口
a—瘤网褶 b—网胃

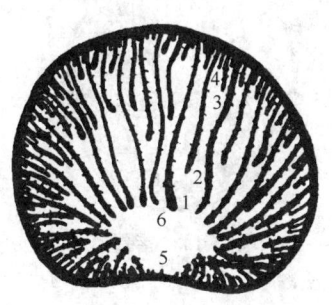

图4-12 牛瓣胃的横切面
1—大瓣叶 2—中瓣叶 3—小瓣叶
4—最小瓣叶 5—瓣胃沟 6—瓣胃管

⑤ 皱胃：牛的皱胃容积占4个胃总容积的7%～8%，前部粗大称为胃底部，与瓣胃相连；后部狭窄称为幽门部，与十二指肠相接。整个胃呈长囊状，位于剑突软骨部和右季肋部，与第8～12肋骨相对。

皱胃黏膜形成12～14条平滑而柔软的、纵行的黏膜褶，它们由瓣皱口呈螺旋状向幽门方向延伸。黏膜表面被覆单层柱状上皮，黏膜内有腺体，按其位置和颜色分为贲门腺区（色较淡）、胃底腺区（色深红）和幽门腺区（色黄），胃底腺区最大，位于胃底部，是分泌胃液的主要部位（图4-13）。

皱胃肌层是由内斜、中环和外纵三层平滑肌构成。在胃的入口部，斜行肌形成贲门括约肌。环肌层在幽门部特别发达，形成强大的幽门括约肌。

(2) 单室胃

① 猪胃：猪胃为单室混合胃，容积为5～

图4-13 牛皱胃的黏膜

8L，呈弯曲的囊状。胃的凸缘称为胃大弯，凹缘称为胃小弯。胃的近贲门处有一盲突，称为胃憩室。猪胃位于季肋部和剑突软骨部。胃壁面朝前，与膈、肝接触；胃脏面朝后，与大网膜、肠、肠系膜及胰等接触（图4-14）。

②犬胃：犬胃属单室腺型胃（图4-15），呈梨状囊，左端膨大，位于左季肋部，幽门部在右季肋部。胃容量较大，中等体型的犬约为2.5L。胃内容物充满时，大弯接触腹壁，空虚时则隔以空肠。

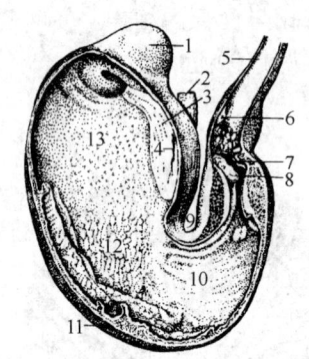 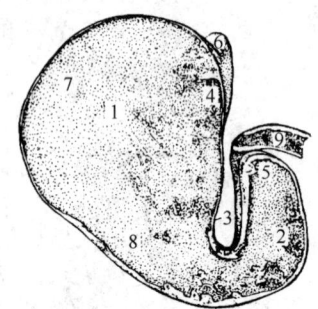

图4-14　猪胃

1—胃憩室　2—食管　3—无腺区　4—贲门
5—十二指肠　6—十二指肠憩室　7—幽门
8—幽门圆枕　9—胃小弯　10—幽门腺区
11—胃大弯　12—胃底腺区　13—贲门腺区

图4-15　犬的胃（额切面）

1—胃底腺　2—幽门部　3—胃小弯
4—贲门　5—幽门　6—食管　7—胃底
8—胃体　9—十二指肠

（3）网膜　是联系胃的双层的浆膜褶，分为大网膜和小网膜。大网膜发达，覆盖在肠管右侧面和瘤胃腹囊的表面，分为深、浅两层。浅层起自瘤胃右纵沟，向下绕过腹囊到腹腔右侧，继续沿右腹侧壁向上延伸，止于十二指肠和皱胃大弯。浅层由瘤胃后沟折转到右纵沟，转为深层。深层向下绕过肠管到肠管的右侧面，沿浅层向上止于十二指肠。小网膜比大网膜面积小，起于肝的表面，绕过瓣胃外侧，止于皱胃小弯和十二指肠起始部。

（4）单室胃和皱胃的组织构造　单室胃和皱胃的胃壁由黏膜层、黏膜下层、肌层和浆膜构成。黏膜上皮为单层柱状上皮，黏膜内含有大量腺体，因而黏膜层厚。

根据黏膜的位置、颜色和腺体的不同，可分为贲门腺区（靠近瓣皱胃口）、胃底腺区（位于胃底部）和幽门腺区（靠近幽门）。

胃底腺区：腺区最大，位于胃底部，是分泌胃液的主要部位。在其黏膜的固有层内有大量的胃腺（图4-16）。胃腺主要由3种腺细胞构成，即主细胞、壁细胞和颈黏液细胞。主细胞，呈矮柱状或锥体形，数量较多，个体较小，可分泌胃蛋白酶原和胃脂肪酶，犊牛还能分泌凝乳酶；壁细胞，呈圆形或钝三角形，数量较少，个体较大，能分泌盐酸；颈黏液细胞，成群分布在腺体的颈部，分泌黏液，保护胃黏膜。

贲门腺区和幽门腺区：较小，黏膜内的腺体主要由黏液细胞构成，能分泌碱性黏液，保护胃黏膜。

皱胃的肌层可分为内斜、中环、外纵三层，其中中层环形肌发达，在幽门部增厚，形成幽门括约肌。

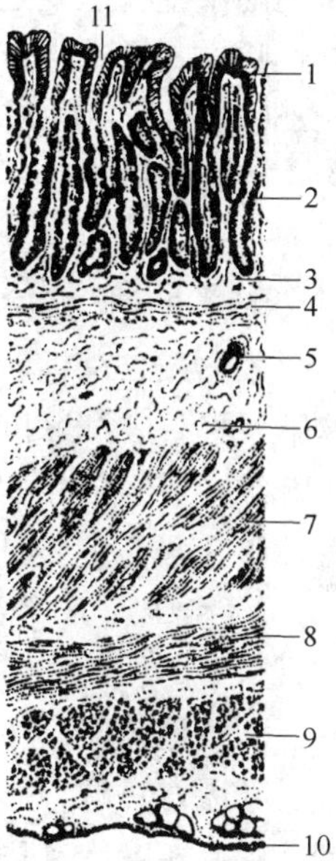

2. 单室胃内的消化

（1）胃液的性质与成分　纯净的胃液无色，pH为0.9～1.5。胃液的成分主要包括消化酶、黏蛋白、内因子及无机物如盐酸、钠和钾的氯化物等。

（2）胃液的作用　胃液的主要作用是进行化学性消化。

① 盐酸：由胃腺的壁细胞分泌，其作用是激活胃蛋白酶原，并提供胃蛋白酶所需的酸性环境；使蛋白质膨胀变性，便于胃蛋白酶的消化；杀死随食物进入胃内的细菌；进入小肠促进胰液、胆汁及肠液的分泌。

② 胃蛋白酶：初分泌入胃的胃蛋白酶以没有活性的胃蛋白酶原的形式存在，经胃酸激活成胃蛋白酶，已激活的胃蛋白酶又可激活其他的胃蛋白酶原。胃蛋白酶在酸性环境下将蛋白质水解为䏡和胨。

③ 黏液：黏液含有蛋白质、黏多糖等，呈弱碱性，覆盖在胃黏膜表面。其主要作用是润滑食物，保护胃黏膜免受机械损伤；还可防止胃酸和胃蛋白酶对黏膜的消化作用。

图4-16　胃底部横切
1—黏膜上皮　2—胃底腺
3—固有层　4—黏膜肌层
5—血管　6—黏膜下层
7—内斜行肌　8—中环行肌层
9—外纵行肌　10—浆膜
11—胃小凹

（3）单胃的运动　主要进行紧张性收缩和蠕动，有混合胃内容物、增加胃内压力和推动食糜后移的作用。其中，蠕动方向是从胃底部朝向幽门部，在幽门部特别明显，常出现强烈的收缩波。随着幽门部的蠕动，胃内食糜不断地排至十二指肠。

（4）胃排空　食物由胃排入十二指肠的过程称为胃排空。肉食动物的胃排空比较迅速，一般在两次喂食之间其内容物已达到完全排空；而猪的排空比较缓慢，通常在饲喂24h后其胃内还有残留的食物。

3. 多室胃内的消化

（1）前胃内的消化　前胃就像一个"发酵罐"，主要进行微生物消化。瘤胃是进行微生物消化的主要部位，饲料中70%～85%的可消化干物质、50%的粗纤维在瘤胃内被消化；网胃相当于一个"中转站"，一方面将粗硬的饲料返送回瘤胃，另一方面将较稀软的饲料运送到瓣胃；瓣胃相当于一个"加工与过滤器"，收缩时把饲料中较稀软的部分送到皱胃，而把粗糙部分留在叶片间揉搓研磨，以得下一步的继续消化。

① 瘤胃内的微生物消化：瘤胃内具有厌氧微生物生存并繁殖的良好条件。瘤胃内的微生物主要是厌气性纤毛虫、细菌及真菌，种类甚为复杂，并随饲料种类、饲喂方式及动物年龄等因素而变化。据测定，1g 瘤胃内容物中，含细菌 150 亿～250 亿和纤毛虫 60 万～180 万，其总体积约占瘤胃液的 3.6％，其中细菌和纤毛虫约各占一半。在这些微生物的作用下，瘤胃内的饲料可发生下列复杂的消化过程。

a. 糖类的消化与利用：饲料中的纤维素、果聚糖、戊聚糖、半纤维素、淀粉、果胶物质、蔗糖、葡萄糖以及其他多糖醛酸苷等糖类物质，均能被瘤胃内微生物群发酵。发酵速度以可溶性糖最快，淀粉次之，纤维素和半纤维素最慢。

纤维素主要依靠瘤胃微生物的纤维素分解酶作用，通过逐级分解，最终产生挥发性脂肪酸，主要是乙酸、丙酸、丁酸和少量的高级脂肪酸。

纤维素──→纤维二糖──→葡萄糖──→挥发性脂肪酸＋甲烷＋二氧化碳

饲料中的淀粉和可溶性糖，也由微生物分解和利用。瘤胃微生物分解淀粉、葡萄糖和其他糖类产生低级脂肪酸、CO_2 和 CH_4，同时，利用分解出的单糖和双糖合成糖原，并贮存于微生物体内。当微生物进入动物小肠后，被消化分解为葡萄糖，供反刍动物利用。

b. 蛋白质的分解与合成：瘤胃微生物对蛋白质有强烈的分解利用。饲料中 50％～70％的蛋白质被微生物蛋白酶分解为肽和氨基酸，大部分氨基酸在微生物脱氨基酶作用下脱去氨基而生成氨、二氧化碳和有机酸。近年来有人将饲料蛋白质应用甲醛溶液或加热法进行预处理后饲喂牛、羊，可保护蛋白质，避免瘤胃微生物的分解，从而提高日粮蛋白质的利用效率。

瘤胃微生物还可利用氨基酸、氨和其他非蛋白含氮物（如尿素、铵盐、酰胺等）合成微生物蛋白质。这些微生物进入动物小肠被消化吸收后，成为反刍动物体内蛋白质的重要来源。

瘤胃内的氨除了被微生物利用外，其余的被瘤胃壁迅速吸收入血，经血液送到肝脏，在肝脏内通过鸟氨酸循环变成尿素。尿素经血液循环一部分随唾液重新进入瘤胃，一部分通过瘤胃壁弥散到瘤胃内，剩下的就随尿排出。在低蛋白日粮情况下，反刍动物就依靠这种内源性的尿素再循环作用节约氮的消耗，维持瘤胃内适宜的氨浓度，以利微生物蛋白的合成。因此，在畜牧业生产中，可用尿素来代替日粮中约 30％的蛋白质。但因其在脲酶的作用下，尿素产氨的速度约为微生物利用氨速度的 4 倍，故必须通过抑制脲酶活性、制成胶凝淀粉尿素或尿素衍生物使其释放氨的速度延缓，并在日粮中供给易消化糖类，使微生物合成蛋白质时能获得充分能量，才能提高它的利用率和安全性。

c. 脂类的消化：饲料中的脂肪能被瘤胃中微生物水解，生成甘油和脂肪酸等物质，其中甘油多半转变成丙酸，而脂肪酸由不饱和脂肪酸变成饱和脂肪酸。

d. 维生素的合成：瘤胃微生物能合成 B 族维生素、维生素 K 和维生素 C，供动物机体利用。因此，一般日粮中缺乏这些维生素也不致影响成年反刍动物的健康。

② 前胃的运动：前胃的运动是互相密切配合的。

网胃最先收缩。网胃接连收缩两次，第一次只收缩一半即行舒张，接着就进行第二次几乎完全的收缩。

在网胃的第二次收缩之后，紧接着发生瘤胃的收缩。瘤胃收缩有两种波形，第一种为 A 波，先由瘤胃前庭开始，沿背囊由前向后，然后转入腹囊，接着又沿腹囊由后向前，同时食物在瘤胃内也顺着收缩的次序和方向移动和混合。在收缩之后，有时瘤胃还可发生一次单独的附加收缩波——B 波。B 波由瘤胃本身产生。起始于后腹盲囊，行进到后背囊及前背囊，最后到达主腹囊。它与嗳气有关，而与网胃收缩没有直接联系。

瘤胃运动比较缓慢而有力，其收缩与网胃相配合。当网胃收缩时，网瓣孔开放，瓣胃舒张，压力降低，于是一部分食糜由网胃移入瓣胃，其中液体部分可通过瓣胃管直接进入皱胃。

③ 反刍：反刍动物在摄食时，饲料不经充分咀嚼即吞入瘤胃，通常在休息时再返回到口腔仔细地咀嚼，这种独特的消化称做反刍。反刍包括逆呕、再咀嚼、再混合唾液和再吞咽四个阶段。

当反刍时，网胃在第一次收缩之前还有一次附加收缩，将胃内食物逆呕到口腔。反刍的生理意义在于把饲料嚼细，并混入适量的唾液，以便更好地消化。在每次反刍之间，有一暂短的间隙。

④ 嗳气：瘤胃内的饲料发酵和唾液流入产生的大量气体，主要是 CO_2 和 CH_4，间或有少量的 N_2、H_2、O_2 和 H_2S。这些气体中一部分通过瘤胃壁吸收，还有一小部分随同饲料残渣经胃肠道排出，但大部分必须通过食管排出体外。我们把通过食管排出气体的过程，称做嗳气。牛一般每小时嗳气 17～20 次。如果嗳气停止，则会引起瘤胃鼓气。

(2) 皱胃内的消化　皱胃内的消化及运动与单胃是相同的。

4. 胃内的吸收

胃的吸收非常有限，一般只能吸收少量水分和无机盐类。反刍动物的前胃可以吸收大量低级脂肪酸和肽。单胃内容物中的蛋白质、脂肪和糖的分解还很不完全，不易被吸收。

五、肝

1. 肝的形态和位置

(1) 牛肝　肝是牛体内最大的腺体，扁而厚，略呈长方形（图 4-17），淡褐色或深红褐色。大部分位于右季肋区。膈面凸，与膈的右侧部相贴；脏面凹，与网胃、瓣胃、皱胃、十二指肠和胰等接触，并形成相应器官的压迹。牛肝分叶不明显，但可通过圆韧带切迹和胆囊将肝分为左、中、右三叶。肝门为肝管、淋巴管、门静脉、肝动脉、神经出入肝的地方。肝门把中叶分为上方的尾叶和下方的方叶。胆囊位于肝脏面方叶上，呈梨形，以胆囊管与肝总管汇合形成胆总管开口于十二指肠。

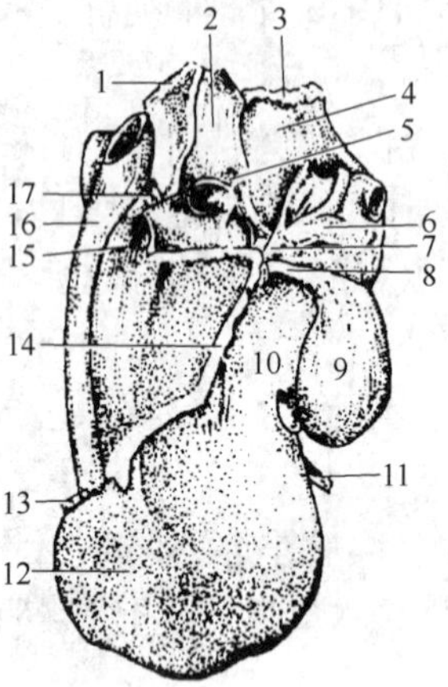

（2）猪肝　较发达，中央部厚，周围边缘薄，大部分位于腹前部的右侧。猪肝分叶明显，可分为左外叶、左内叶、右内叶和右外叶（图4-18）。胆囊位于右内叶的胆囊窝内。胆管开口于十二指肠憩室。

（3）犬肝　较大，约占体重的3%，呈棕红色，位于腹前部。脏面凹，与胃、十二指肠前部和胰右叶相接。背侧缘右侧部有深的肾压迹；左侧部的食管压迹较大。胆囊与圆韧带切迹之间的部分同样以肝门为界，腹侧者为方叶，背侧为尾叶（图4-19）。

2. 肝的组织构造与功能

（1）肝的组织结构　肝由被膜和实质构成。被膜表层为浆膜，深层为结缔组织，伸入实质形成支架，把实质分成许多小叶。肝实质由许多呈多角形的肝小叶组成。

图4-17　牛的肝脏
1—肝肾韧带　2—尾状突　3—右三角韧带
4—肝右叶　5—肝门淋巴结　6—十二指肠
7—胆管　8—胆囊管　9—胆囊　10—方叶
11—肝圆韧带　12—肝左叶　13—左三角韧带
14—小网膜　15—门静脉
16—后腔静脉　17—肝动脉

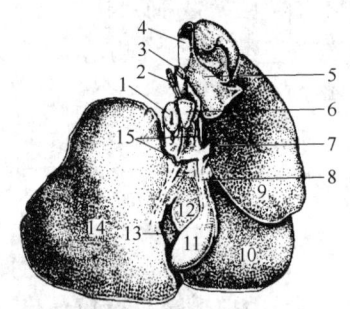

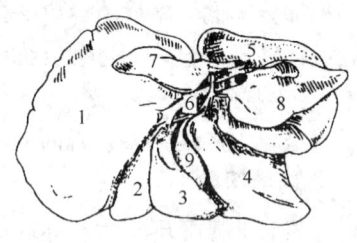

图4-18　猪的肝脏
1—食管　2—肝动脉　3—门静脉　4—后腔静脉
5—尾叶　6—肝门淋巴结　7—胆管　8—胆囊管
9—右外叶　10—右内叶　11—胆囊　12—方叶
13—左内叶　14—左外叶　15—小网膜附着线

图4-19　犬的肝脏
1—左外侧叶　2—左内侧叶　3—方叶
4—右内侧叶　5—右外侧叶　6—肝门
7—尾叶的乳头突　8—尾叶的尾状突
9—胆囊

猪肝小叶结缔组织多，肝小叶清晰（图4-20）。牛、羊、兔等小叶间结缔组织少，肝小叶分界不明显。相邻几个肝小叶之间结缔组织较多，内有小叶间动脉、小叶间静脉和小叶间胆管伴行，该区域称为门管区或汇管区。

肝小叶中央为中央静脉，肝细胞索（肝板）围绕中央静脉呈放射状排列。肝细胞索之间的腔隙为窦状隙（肝窦），是毛细血管的膨大部，内有枯否氏细胞。

肝细胞较大，呈多边形，细胞质呈细颗粒状，胞核大而圆，着色浅，偶见双核。

（2）肝的功能　肝的主要功能是分泌胆汁，同时具有解毒、防御、物质代谢、造血、贮血等作用。胆汁由肝细胞分泌，通过肝管输出，再经胆囊管贮存于胆囊，经胆管排至十二指肠。胆汁具有促进脂肪的消化、脂肪酸和脂溶性维生素的吸收等作用。胃肠道吸收的物质经门静脉进入肝内，其中的营养物质被肝细胞分解或合成为机体所需的多种重要物质，有的贮存于肝细胞内，有的释放入血液，供机体利用；有毒物质被肝细胞分解或结合转化为毒性较小或无毒物质，与代谢产物一起经血液转运至排泄器官排出体外；微生物和异物被肝的枯否氏细胞吞噬消化清除。另外，肝细胞能够产生血浆蛋白、凝血酶等，肝窦能贮存一定量的血液，因此肝也有造血、贮血功能。

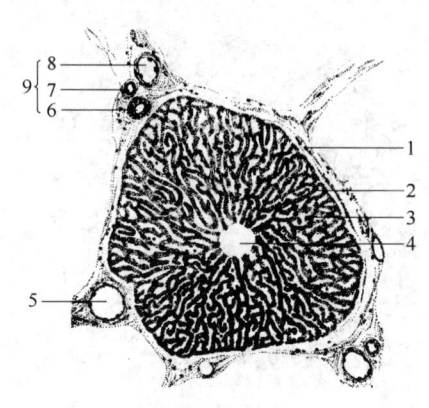

图 4-20　猪肝切片

1—小叶间结缔组织　2—肝细胞索　3—肝血窦
4—中央静脉　5—小叶下静脉　6—小叶间胆管
7—小叶间动脉　8—小叶间静脉　9—门管区

六、胰

1. 胰的形态结构与位置

（1）牛胰　牛胰为不正四边形（图 4-21），呈淡至深的黄褐色，柔软而分叶不明显，位于右季肋区和腰部。牛胰可分为胰右叶、胰体和胰左叶三部分。胰右叶发达较长，左叶较短宽，呈小四边形，胰体位于肝的脏面，其背侧面形成胰环，门静脉由此通过。胰管只有一条，自右叶末端通出，单独开口于十二指肠内。

（2）猪胰　猪胰由于脂肪含量较多，故呈灰黄色。胰头稍偏右侧，位于门右叶沿十二指肠向后方伸延到右肾的内侧缘；左叶位于左肾的下方和脾的后方，整个胰位于最后两胸椎和前两个腰椎的腹侧。胰管由右叶末端发出，开口于十二指肠内。

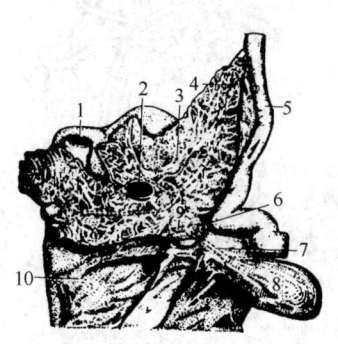

图 4-21　牛胰

1—后腔静脉　2—门静脉　3—胰
4—胰管　5—十二指肠　6—胆管
7—胆囊管　8—胆囊　9—肝管　10—肝

(3) 犬胰 呈V形，左、右叶均狭长，二叶在幽门后方呈锐角相连，连接处为胰体。胰管与胆总管一起或紧密相伴而行，开口于十二指肠。副胰管较粗，开口于胰管入口处后方。

2. 胰的组织构造与功能

胰腺可分为外分泌部和内分泌部两部分（图4-22）。外分泌部腺泡呈泡状和管状。每个腺泡由数个锥状的腺细胞围成，中央有狭窄的腺腔。在腺泡周围的结缔组织中，有闰管和小叶内导管。外分泌部占大部分，属消化腺，主要分泌胰液，含多种消化酶，由胰管输入十二指肠，对淀粉、脂肪和蛋白质有消化作用。内分泌部称为胰岛，由内分泌细胞团构成，其功能是分泌胰岛素，对糖代谢起主要作用。

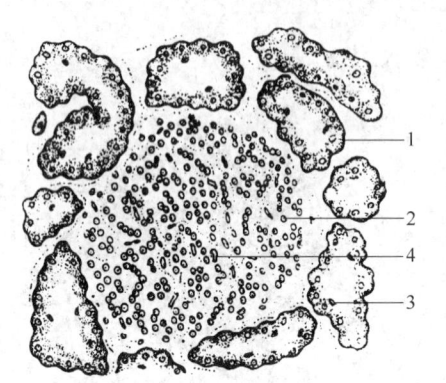

图4-22 胰腺结构图
1—胰腺外分泌部腺泡 2—胰岛
3—泡心细胞核 4—毛细血管

七、小 肠

1. 小肠的形态结构与位置

小肠为细长的管道，前端起于皱胃的幽门，后端止于盲肠，可分为十二指肠、空肠和回肠三部分（图4-23）。小肠是消化和吸收的主要部位。

(1) 牛的小肠 长约40m，直径5～6cm。位于腹腔右侧，以总肠系膜连接于腹腔顶壁。

① 十二指肠：长约1m，位于右季肋部和腰部，位置较固定。从胃的幽门起始后，向前上方伸延，在肝的脏面形成"乙"状弯曲。然后再向后上方伸延，到髋结节的前方，折转向左前方伸延，形成一弯曲，再向前方伸延，到右肾腹侧，移行为空肠。肝管由肝门通出后，与胆囊管汇合成一短的胆管，开口于十二指肠后曲上。

② 空肠：很长，位于腹腔右侧，在结肠圆盘周围形成许多迂曲的肠环，借助于空肠系膜悬吊在结肠圆盘周围。空肠的右侧和腹侧，隔着大网膜与腹壁相邻，左侧与瘤胃相邻，背侧为大肠，前部为瓣胃和皱胃。

③ 回肠：较短，长约0.5m，从空肠

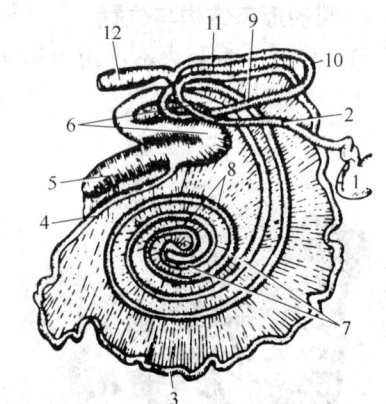

图4-23 牛肠结构模式图
1—胃 2—十二指肠 3—空肠 4—回肠
5—盲肠 6—结肠近袢 7—结肠旋袢向心回
8—结肠旋袢离心回 9—结肠远袢
10—横结肠 11—降结肠 12—直肠

最后卷曲起，直向前上方伸延至盲肠腹侧，开口于盲肠。回盲口位于盲肠与结肠交界处。在回肠进入盲肠的开口处，黏膜形成回盲瓣。盲肠与结肠相通的口，称为盲结口。

（2）猪的小肠　全长 1.5～2m。十二指肠的位置、形态和行程与牛的相似。空肠形成无数的肠圈，以较宽的空肠系膜与总肠系膜相连。空肠大部分位于腹腔右半部，在结肠圆锥的右侧，小部分位于腹腔左侧后部。回肠较短，开口于盲肠与结肠的交界处（图 4-24）。

（3）犬的小肠　较短，平均长 4m，位于肝、胃的后方，占据腹腔的大部分。十二指肠最短，自幽门起。前部在肝的脏面。空肠最长，由 6～8 个肠祥组成，位于肝、胃和骨盆前口之间。回肠在腰下沿盲肠内侧面向前以回肠口开口于结肠起始处（图 4-25）。

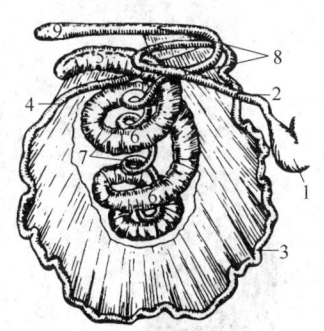

图 4-24　猪肠结构模式图
1—胃　2—十二指肠　3—空肠
4—回肠　5—盲肠　6—结肠圆锥向心回
7—结肠圆锥离心回　8—结肠终祥　9—直肠

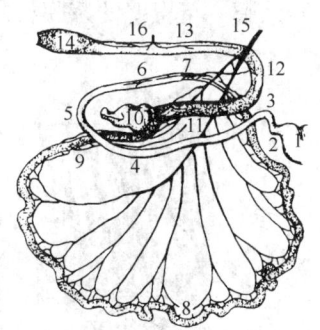

图 4-25　犬肠结构模式图
1—胃的幽门部　2—十二指肠前部　3—前曲
4—降部　5—后曲　6—升部　7—十二指肠空肠曲
8—空肠　9—回肠　10—盲肠　11—升结肠
12—横结肠　13—降结肠　14—直肠
15—肠系膜前动脉　16—肠系膜后动脉

2. 小肠的组织构造

小肠的构造与消化管一般构造相似，其管壁也分为黏膜、黏膜下层、肌层和浆膜四层（图 4-26）。

（1）黏膜　小肠黏膜形成许多环形皱褶和微细的肠绒毛，突入肠腔内，以增加与食物接触的面积。黏膜又分为上皮、固有层和黏膜肌层。

① 上皮：为单层柱状上皮。柱状细胞的游离面有明显的纹状缘，它是由细胞的微小突起（即微绒毛）密集排列形成，这种结构大大增加了每个细胞的吸收面积。

② 固有层：由疏松结缔组织构成，含有大量的肠腺。结缔组织突入肠绒毛内形成绒毛中心。在固有层内，常有淋巴组织构成的淋巴小结。

③ 黏膜肌层：由内环、外纵两层平滑肌构成。部分内层平滑肌纤维随同固

有层伸入肠绒毛和肠腺之间,收缩时有助于肠绒毛对营养物质的吸收和肠腺分泌物的排出。

④ 肠绒毛:由上皮和固有层组成,上皮覆盖在绒毛的表面,固有层构成绒毛的中轴。绒毛的中央有一条贯穿绒毛全长的毛细淋巴管,称为中央乳糜管,在管周围有毛细血管丛。固有层内还有分散的、与绒毛长轴平行的平滑肌。平滑肌收缩时,绒毛缩短,使绒毛内毛细血管和中央乳糜管中所吸收的营养物质随血液、淋巴进入较深层的血管和淋巴管。绒毛的这种不断延伸与收缩,促进了营养物质的吸收和运输。

(2) 黏膜下层 由疏松结缔组织构成。内有血管、淋巴管、神经丛以及淋巴小结等。

(3) 肌层 由内环、外纵两层平滑肌组成。

(4) 浆膜 与胃壁的浆膜相同。

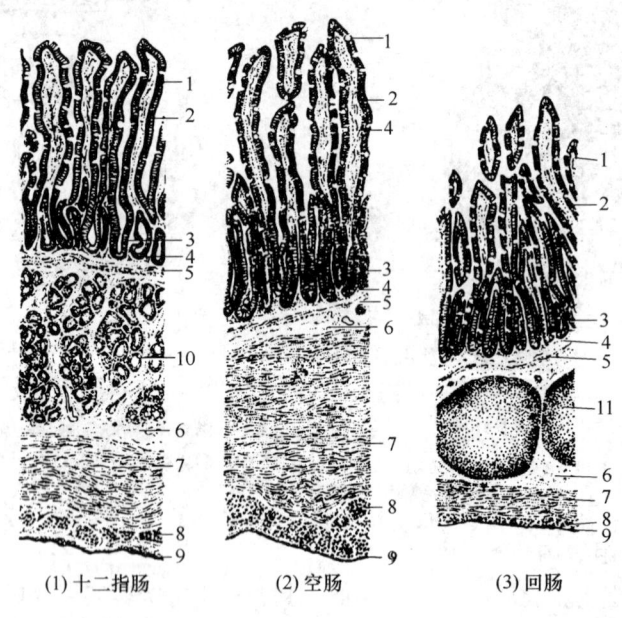

图 4-26 小肠横切

1—肠上皮 2—肠绒毛 3—肠腺 4—固有层 5—黏膜肌层 6—黏膜下层 7—内环行肌
8—外纵行肌 9—浆膜 10—十二指肠腺(十二指肠) 11—淋巴集结(回肠)

3. 小肠内的消化

经胃消化后的食糜进入小肠,经过小肠的机械性消化和胰液、胆汁、小肠液的化学性消化作用,大部分营养物质被消化分解,并在小肠内被吸收。因此说,小肠是重要的消化吸收部位。

(1) 小肠的运动 食糜进入小肠,刺激小肠壁的感受器,引起小肠运动。小肠运动是靠肠壁平滑肌的收缩和舒张来实现的,主要有蠕动、分节运动和钟摆运动三种运动形式。其生理作用是使食糜与消化液充分混合，以便于消化；使食糜紧贴肠黏膜，以便于吸收。此外，蠕动还有向后推进食糜的作用。为防止食糜过快地进入大肠，有时还出现逆蠕动。

（2）胰液的消化作用　胰液是胰脏腺泡分泌的无色透明的碱性液体，pH为7.8～8.4。由水、消化酶和少量无机盐组成。无机盐中最重要的是碳酸氢盐，它能中和进入十二指肠的胃酸，使肠黏膜免受胃酸的侵蚀，同时也为小肠内多种消化酶活动提供了最适pH环境。胰液中的消化酶主要包括胰蛋白分解酶、胰脂肪酶和胰淀粉酶。胰蛋白分解酶被激活后可将蛋白质分解为多肽和氨基酸；被胆酸盐激活后的胰脂肪酶可将脂肪分解为甘油和脂肪酸；胰淀粉酶可将淀粉和糖原分解为麦芽糖。此外，胰液中还有麦芽糖酶、蔗糖酶、乳糖酶等双糖酶，能将双糖分解为单糖。

（3）胆汁的消化作用　由肝细胞分泌的具有强烈苦味的碱性液体，呈暗绿色。胆汁分泌出来后贮存于胆囊中，需要时胆囊收缩，将胆汁经胆囊管排入十二指肠。胆汁由水、胆酸盐、胆色素、胆固醇、卵磷脂和无机盐等组成，其中起消化作用的是胆酸盐。

胆酸盐的主要作用是激活胰脂肪酶原，增强胰脂肪酶的活性；降低脂肪滴的表面张力，将脂肪乳化为微滴，有利于脂肪的消化；与脂肪酸结合成水溶性复合物，促进脂肪酸的吸收；促进脂溶性维生素A、维生素D、维生素E、维生素K的吸收。因此，胆汁能帮助脂肪的消化吸收，对脂肪的消化具有极其重要的意义。另外，胆汁还有中和胃酸的作用。

（4）小肠液的消化作用　小肠液是小肠黏膜内各种腺体的混合分泌物。一般呈无色或灰黄色，混浊，呈碱性反应。小肠液中含有各种消化酶，如肠激酶、肠肽酶、肠脂肪酶和双糖分解酶（包括蔗糖酶、麦芽糖酶和乳糖酶）。这些消化酶的主要作用是对前部消化器官初步分解过的营养物质进行彻底的消化。如肠肽酶能把多肽分解为氨基酸，肠脂肪酶能把脂肪分解为甘油和脂肪酸，肠双糖分解酶能将双糖分解为葡萄糖。

4. 小肠内的吸收

小肠黏膜具有环状皱褶，环状皱褶上拥有大量的绒毛，绒毛表面又有微绒毛，使吸收面积大幅度的增大，因而小肠黏膜善于吸收养分。同时，由于食物在小肠内停留时间较长，且已被消化到适于吸收的状态，而易被肠壁吸收，所以，小肠是吸收的主要部位。糖、蛋白质和脂肪的消化产物大部分是在十二指肠和空肠吸收，回肠主要吸收胆酸盐和维生素B_{12}（图4-27）。

八、大　　肠

1. 大肠的形态结构与位置

大肠包括盲肠、结肠和直肠三段，前接回肠，后通肛门。

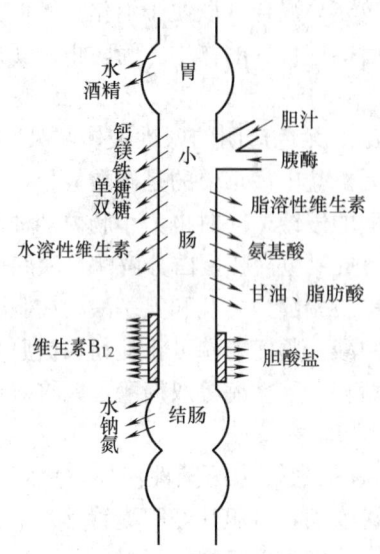

（1）牛的大肠　全长 6.4～10m，位于腹腔右侧和骨盆腔（图 4-28）。

① 盲肠：呈长圆筒状，管径较大，位于右髂部。起始于回盲口，沿右髂部的上部向后伸延，盲端可达骨盆腔入口处，前端移行为结肠，两者之间以回盲口为界。

② 结肠：是大肠最长的一段，借总肠系膜附着于腹腔顶壁。其起始部的管径与盲肠相似，以后逐渐变细。可分为初袢、旋袢和终袢三部分。初袢起自盲结口，整个初袢形成"乙"状弯曲，大部分位于右髂部。旋袢为结肠中段，位于瘤胃右侧，分为向心回和离心回。终袢为结肠后段，向后伸达到骨盆前口，移行为直肠。

③ 直肠：短而直，粗细较均匀，位于骨盆腔内，前连结肠，后端以肛门与外界相通。直肠以直肠系膜连于骨盆腔的顶壁。

图 4-27　各种物质的吸收部位

（2）猪的大肠　全长 4～4.5m，其基本结构与牛的大肠相似。盲肠呈短而粗的圆锥状盲囊，内有三条纵肌带和三列肠袋；结肠的向心回肠管较粗（见图 4-24、图 4-29），内有两条纵肌带和两列肠袋；直肠形成直肠壶腹。

（3）犬的大肠　肉食畜的大肠都很短（见图 4-25）。犬的大肠平均长 60～75cm，其管径与小肠相似，无纵肌带和肠袋。盲肠长较弯曲，直肠很短，后部形成直肠壶腹。

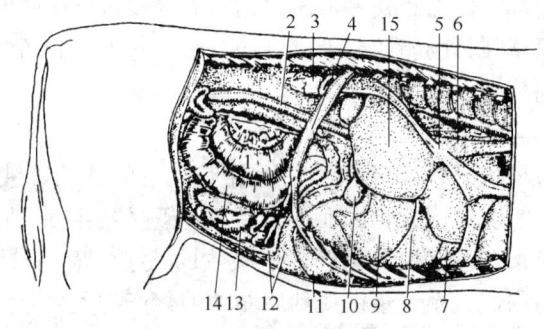

图 4-28　牛右侧内脏器官

1—结肠　2—十二指肠　3—右肾　4—第 13 肋骨　5—膈　6—食管　7—网胃　8—肝圆韧带　9—小网膜　10—胆囊　11—皱胃　12—大网膜　13—空肠　14—盲肠　15—肝

2. 大肠的组织构造

大肠壁也由四层构成，其组织构造与小肠基本相似，但是与小肠相比具有以下特点。

(1) 大肠黏膜没有环形皱襞，其黏膜表面也没有绒毛。

(2) 黏膜上皮没有纹状缘，但其杯状细胞较多。

(3) 大肠腺较发达，其分泌物中含有溶菌酶，但不含消化酶。

(4) 孤立淋巴小结较多，集合淋巴小结却很少。

(5) 肌层特别发达。

3. 大肠内的消化

大肠液中不含消化酶，富含黏液和碳酸氢盐。大肠内的化学性消化主

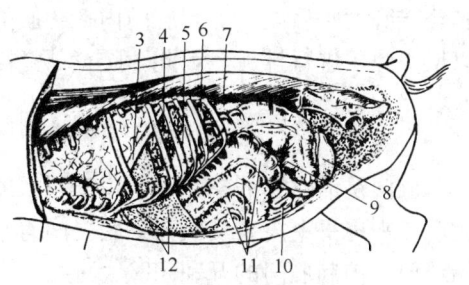

图 4-29　猪左侧内脏器官
1—心脏　2—肺　3—膈　4—大网膜及胃　5—脾
6—胰　7—左肾　8—膀胱　9—盲肠　10—空肠
11—结肠　12—肝

要是大肠微生物的作用，肉食、草食和杂食动物大肠内的消化过程不完全一样。

(1) 肉食动物　饲料中的营养物质在小肠内已基本被消化吸收，所以肉食动物大肠的主要功能是吸收水分和电解质以及小肠来不及吸收的物质，其余残渣形成粪便。

肉食动物大肠内的环境很适合大肠杆菌、葡萄球菌等多种细菌的繁殖。这些细菌总称为"肠道常居菌群"或"共生菌"，其所含的酶能使食物残渣与植物纤维素进行分解，对糖类和脂肪进行发酵式分解，对蛋白质进行腐败式的分解。大肠内细菌还能利用大肠的内容物、B族维生素和维生素K。

(2) 草食动物　草食动物大肠内消化特别重要，尤其是马和兔等单胃动物，饲料中的纤维素等多糖物质的消化和吸收，全靠大肠内微生物的作用。大肠的容积庞大，与反刍动物的瘤胃相似，具备微生物繁殖和发酵的条件。大肠内的微生物能合成B族维生素和维生素K，并被大肠黏膜吸收，供机体利用。

(3) 杂食动物　猪大肠内具备草食动物相似的微生物繁殖条件，猪在饲喂植物性饲料条件下，大肠内微生物的作用就很重要。

4. 大肠内的吸收

犬等肉食动物和反刍动物的大肠主要是吸收水分和盐类，吸收有机营养成分作用很有限。但在马和兔等单胃草食动物和猪等杂食动物的盲肠及结肠中，仍继续进行强烈的消化作用，吸收所消化的营养物质。

5. 粪便的形成和排粪

食糜经消化吸收后，其中的残余部分进入大肠后段，由于水分被大量吸收而逐渐浓缩，形成粪便。

排粪是一种复杂的反射活动。当直肠粪便不多时，肛门括约肌处于收缩状态，粪便停留在直肠内。当粪便积聚到一定数量时，引起肠壁感受器兴奋，经传

入神经（盆神经）传到腰荐部脊髓的低级排粪中枢，并由此继续上传至高级中枢（位于延髓和大脑皮层）。然后从高级中枢发出神经冲动到低级中枢，并继续沿盆神经传到大肠后段，引起肛门内括约肌舒张，直肠壁肌肉收缩，同时腹肌也收缩以增大腹压进行排粪。因此，腰荐部脊髓和脑部损伤，会导致排粪失禁。

九、肛　　门

肛门是消化管的末端，开口于尾根的下方。肛门外为皮肤，内为黏膜。黏膜衬以复平扁平上皮。皮肤与黏膜之间有平滑肌形成的内括约肌和骨骼肌形成的外括约肌，控制肛门的开和闭。

第三节　家禽消化系统

家禽的消化器官包括口咽、食管、嗉囊、腺胃、肌胃、小肠、大肠、泄殖腔以及胰腺和肝脏。与家畜相比，家禽消化系统的最主要特点是家禽没有牙齿，但具有喙；具有嗉囊；胃包括腺胃和肌胃；没有结肠，但具有一对盲肠（图4-30）。

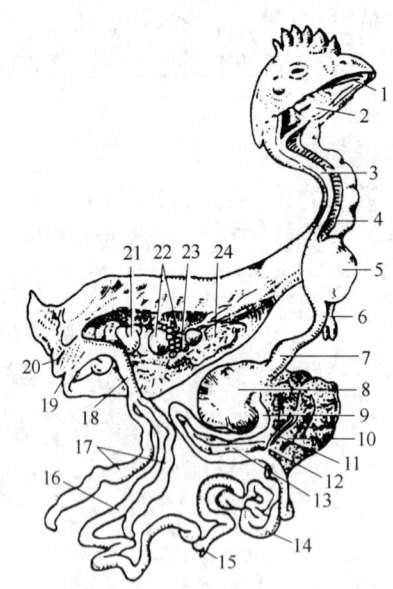

图4-30　鸡消化系统模式图
1—口腔　2—咽　3—食管　4—气管
5—嗉囊　6—鸣管　7—腺胃　8—肌胃
9—十二指肠　10—胆囊　11—肝管及胆管　12—胰管
13—胰　14—空肠　15—卵黄囊憩室　16—回肠
17—盲肠　18—直肠　19—泄殖腔　20—肛门
21—输卵管　22—卵巢　23—心　24—肺

一、口　　咽

禽没有唇、颊、齿。喙是采食器官。喙在鸡和鸽为尖锥形，被覆有坚硬的角质；鸭和鹅的喙长而扁，除上喙尖部外，大部分被覆以较柔软的蜡膜，边缘并形成横褶，在水中采食时能将水滤出。鸡、鸽的舌为锥形。舌体与舌根间有一列乳头；鸭、鹅的舌较长而厚，除舌体后部外，侧缘有角质和丝状乳头，但没有味觉乳头。禽没有软腭，咽与口腔没有明显分界，常合称为口咽。

唾液腺很发达，虽不大，但分布很广，在口腔和咽的黏膜下几乎连续成一片，其导管直接开口于黏膜表面，主要分泌黏液，润滑食物。

家禽主要靠视觉和触觉寻找食物，用角质喙采食。采食后不经咀嚼，借舌帮助很快咽下。吞食食物主要靠头部上举，在食物的重力和反射活动作用下，食管扩大，经食管的蠕动推动食物下移并进入嗉囊或食管的扩大部。

二、食　　管

食管分颈段和胸段。颈段与气管一同偏于颈的右侧，位于皮下。鸡、鸽的食管在胸廓前口处形成嗉囊；鸭、鹅没有真正的嗉囊，在食管颈段扩大成纺锤形，以贮存食料，有括约肌与胸段为界。食管末端略变狭而与腺胃相接。食管黏膜分布有食管腺，为黏液腺。鸭食管后端的淋巴滤泡较明显，称为食管扁桃体。

三、嗉　　囊

嗉囊位于皮下，叉骨之前，为食管的膨大部分。嗉囊的前、后两开口相距较近，有时食料可经此直接进入胃内。嗉囊的主要功能是贮存食物。鸡的嗉囊较发达，鸭、鹅没有真正的嗉囊，仅在食管颈段形成一纺锤形扩大部以储存食物。

嗉囊壁的构造与食管相似，黏膜内有丰富的黏液腺分泌黏液，使饲料润湿和软化，且黏液不含消化酶，但鸽的嗉囊能分泌一种含有大量蛋白质、脂肪、无机盐和淀粉酶的乳状物，称嗉囊乳，用以哺育幼鸽。

嗉囊为唾液淀粉酶和植物性饲料本身所含酶的作用提供了适宜的环境。嗉囊内的环境还适于乳酸菌等微生物的生长繁殖。它们对饲料中的糖类进行分解发酵，产生有机酸，这些有机酸在嗉囊内可被部分吸收。

四、胃

禽胃分为两部分，位置在前的为腺胃，位置在后的为肌胃，中间称为峡。

1. 腺胃

腺胃呈短纺锤形，位于腹腔左侧，在肝两叶之间的背侧。前以贲门与食管直接相通，仅黏膜具有较明显的分界；向后以峡与肌胃相接，两者间的黏膜形成胃中间区。腺胃壁较厚，内腔不大，食料通过的时间很短。黏膜表面分布有乳头。前胃浅腺为黏膜浅层形成的隐窝，分泌黏液。前胃深腺肉眼可见，以集合管开口于黏膜乳头上。深腺分泌盐酸和胃蛋白酶原，但胃液的消化作用并不在腺胃，而主要在肌胃内进行。

2. 肌胃

肌胃俗称为肫，为双面凸的圆盘形，壁很厚而较坚实，位于腹腔左侧，在肝后方两叶之间。肌胃壁为平滑肌。黏膜表面被覆有一层厚而坚韧的类角质膜，能保护黏膜，称为胃角质层，俗称肫皮、内金，由肌胃腺分泌物与脱落的上皮细胞在酸性环境下硬化而成。肌胃内常有吞食的沙砾，故又称砂囊。

家禽的肌胃不分泌消化液。它主要是依靠发达的胃壁肌肉强而有力的收缩磨碎来自嗉囊的粗硬食物。另外，其采食时所吞食的沙砾有助于磨碎较坚硬的食物。

肌胃内容物比较干燥，但呈酸性，适于胃蛋白酶的消化作用。

五、肠

1. 小肠

小肠也分为十二指肠、空肠和回肠。十二指肠位于腹腔右侧，形成"U"字形的长袢。空回肠形成袢，以肠系膜悬挂于腹腔右侧。空回肠中部的小突起，称卵黄囊憩室，是卵黄囊柄的遗迹。空回肠壁内含有淋巴组织。小肠黏膜表面形成绒毛，黏膜内有小肠腺，但无十二指肠腺。

禽类小肠内的消化和吸收与家畜相似。

2. 大肠

大肠分为盲肠和直肠。盲肠有两条，分为盲肠基、盲肠体和盲肠尖三部分。盲肠基较狭，以盲肠口通直肠。盲肠体较粗。盲肠尖为细的盲端。在盲肠基的壁内分布有丰富的淋巴组织，称为盲肠扁桃体，以鸡最明显。鸽的盲肠小如芽状。禽无明显的结肠，仅有一短的直肠。大肠肠壁具有较短的绒毛和较少的肠腺。

家禽大肠起消化作用的主要是盲肠。饲料中的粗纤维在盲肠内进行微生物的发酵分解，尤其是草食禽类。盲肠内有严格的厌氧条件，适于微生物的生长繁殖。肠内微生物将饲料中纤维分解为挥发性脂肪酸，将蛋白质和氨基酸分解为氨。并且利用非蛋白含氮物合成菌体蛋白质。还能合成 B 族维生素和维生素 K 等，供禽体利用。

禽类的直肠很短，食糜在其中停留时间也不长，因此消化作用不重要，主要是吸收一部分水和盐。

六、泄 殖 腔

泄殖腔是消化、泌尿和生殖的共同通道，位于盆腔后端，略呈球形。以黏膜褶分为粪道、泄殖道和肛道三部分（图 4-31）。粪道较膨大，前接直肠，黏膜上有较短的绒毛，以环形襞与泄殖道为界。泄殖道短，背侧面有 1 对输尿管开口。在输尿管开口的外侧略后方，雄禽有 1 对输精管乳头，雌禽则只在左侧有一输卵管开口。泄殖道以半月形或环形的黏膜襞与肛道为界。肛道背侧在幼禽有腔上囊的开口，向后以肛门开口于体外。肛道的背侧壁内有肛道背侧腺，侧壁内有分散的肛道侧腺。

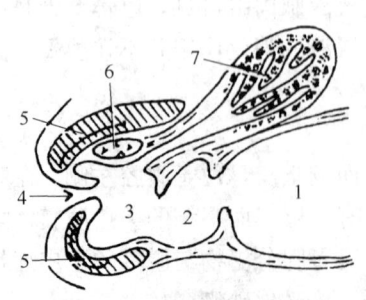

图 4-31 鸡的泄殖腔切面模式图
1—粪道 2—泄殖道 3—肛道 4—肛门
5—括约肌 6—肛道背侧线 7—腔上囊

禽类的粪便在大肠形成后，进入泄殖腔，与尿混合后再排出体外。

七、肝

禽肝较大，分为左、右两叶，位于腹腔前下部。成年禽的肝为暗褐色，肥育的禽，因肝内含有脂肪而为黄褐色或土黄色。两叶的脏面各有横沟，为肝门。除鸽外，家禽肝右叶都有胆囊，肝右叶肝管先到胆囊，由胆囊发出胆囊管。肝左叶的肝管不经胆囊，与胆囊管共同开口于十二指肠终部，但鸽左叶的肝管较粗，开口于十二指肠襻的降支。

八、胰

禽胰位于十二指肠袢内，呈淡黄或淡红色，长条形，分为背叶、腹叶和很小的脾叶。鸡有3条胰管；鸭、鹅有2条胰管，与胆管一起开口于十二指肠终部。

技能训练

一、家畜消化器官形态结构的识别

目的与要求

准确识别牛（或羊）、猪、犬消化器官的形态、大体结构和位置。

材料与设备

牛（或羊）、猪、犬消化器官标本或新鲜尸体，牛消化系统解剖录像资料，放映设备。

步骤与方法

先观看牛消化系统解剖录像，再观察牛（或羊）、猪、犬消化器官标本或其新鲜尸体标本，识别口腔、食管、多室胃（瘤胃、网胃、瓣胃、皱胃）、单室胃、小肠、大肠、肝、胰的形态、结构和位置。

技能考核

在牛（或羊）、猪、犬的标本或新鲜尸体上识别多室胃、单室胃、小肠、大肠、肝、胰的形态、结构和位置。

二、家禽消化器官形态结构的识别

目的与要求

准确识别鸡和鸽消化器官的形态、大体结构和位置。

材料与设备

鸡和鸽的消化器官标本或新鲜尸体，家禽消化系统解剖录像资料，放映设备。

步骤与方法

先观看家禽消化系统解剖录像，再观察鸡和鸽消化器官标本或其新鲜尸体标本，识别口咽、食管、腺胃、肌胃、小肠、大肠、肝、胰的形态、结构和位置。

技能考核

在鸡和鸽的标本或新鲜尸体上识别腺胃、肌胃、小肠、大肠、肝、胰的形态、结构和位置。

三、家畜胃、小肠、肝组织构造的识别

目的与要求

识别单室胃（或多室胃的真胃）、小肠和肝的组织构造。

材料与设备

显微镜、单室胃（或多室胃的真胃）的胃底部、十二指肠、空肠、肝的组织切片。

步骤与方法

在教师的指导下，观察单室胃（或多室胃的真胃）、小肠和肝的组织构造。

（1）单室胃（或多室胃的真胃）的组织构造　先用低倍镜观察胃壁的四层结构和胃小凹，再换高倍镜观察黏膜上皮和胃腺。

（2）小肠的组织构造　先用低倍镜观察小肠壁的四层结构和肠绒毛，再换高倍镜观察黏膜上皮、肠腺和肠绒毛的构造。

（3）肝的组织构造　先用低倍镜观察肝小叶的形态、结构，再换高倍镜观察肝细胞和枯否氏细胞。

技能考核

在显微镜下识别单室胃（或多室胃的真胃）、小肠、肝的组织构造，并能叙述其构造特点。

四、胃、肠体表投影位置识别及其蠕动音的听取

目的与要求

在牛（或羊）身上准确指出瘤胃、网胃、瓣胃、皱胃、小肠的体表投影，并

准确听取其蠕动音；在猪和犬的身上准确指出胃和小肠的体表投影，并准确听取其蠕动音。

材料与设备

牛（或羊）、猪、犬、听诊器、各种家畜相应的保定器械。

步骤与方法

（1）将牛（或羊）保定。
（2）在教师的指导下，识别瘤胃、网胃、瓣胃、皱胃、小肠的体表投影。
（3）准确听取瘤胃、瓣胃和小肠的蠕动音。
（4）将猪和犬保定。
（5）在教师的指导下，识别胃和小肠的体表投影。
（6）准确听取胃和小肠的蠕动音。

技能考核

在牛（或羊）体上，指出瘤胃、网胃、瓣胃、皱胃、小肠的体表投影，正确听取瘤胃、瓣胃、小肠的蠕动音；在猪和犬的身上准确指出胃和小肠的体表投影，并准确听取其蠕动音。

五、小肠吸收实验

目的与要求

理解压力、渗透压对吸收的影响，并理解小肠对物质吸收的选择性。

材料与设备

家兔、小动物手术台、乙醚、手术器械、生理盐水、注射用水、5％的葡萄糖、10％葡萄糖、10％盐水、25％硫酸镁各20mL。

步骤与方法

（1）将家兔固定，用乙醚麻醉，从腹中线处剖开腹腔，拉出肠管。
（2）将空肠分数段结扎，每段长5cm左右，在各段肠管中分别注入等量的生理盐水、注射用水、5％的葡萄糖、10％葡萄糖、10％盐水、25％硫酸镁溶液，在10～20min内观察其吸收状况，并做好记录，进行比较、分析。

技能考核

观察能力、记录与分析能力。

复习思考题

1. 简述牛、猪、犬消化系统的组成。
2. 简述鸡消化系统的解剖特征。
3. 消化管由哪几层构成？胃、肠腺主要位于消化管哪一层？
4. 指出下列消化器官的位置：瘤胃、网胃、瓣胃、皱胃、肝脏、胰脏、结肠盘。
5. 为什么牛易得创伤性网胃炎和创伤性心包炎？
6. 简述牛四个胃的黏膜特点。
7. 简述牛的四个胃在消化中的作用。
8. 简述肝脏的生理功能。
9. 简述鸡消化系统的生理特征。
10. 为什么说小肠是消化吸收的主要部位？

第五章 呼吸系统

知识目标：
- 应知家畜呼吸系统的组成；
- 应知喉、气管、肺的形态、位置和构造；
- 应知家禽呼吸系统的解剖生理特征；
- 应知呼吸运动、呼吸频率和气体运输等基本呼吸生理知识。

技能目标：
- 应能在牛、猪、犬体上找出肺的体表投影；
- 应能在显微镜下识别肺的组织构造。

呼吸系统由鼻、咽、喉、气管、支气管和肺等器官，以及胸膜和胸膜腔等辅助装置组成。鼻、咽、喉、气管和支气管是气体出入肺的通道，称为呼吸道。肺是呼吸的核心器官（图5-1）。

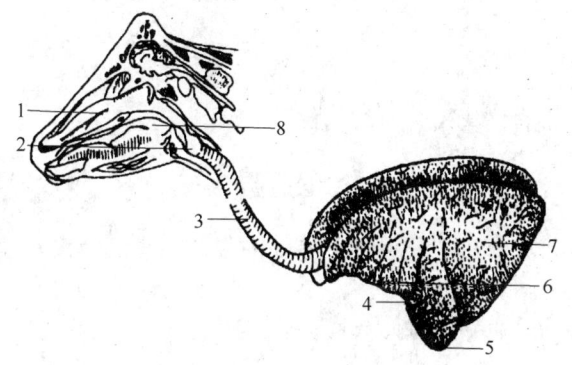

图5-1 牛呼吸系统模式图
1—鼻腔 2—喉 3—气管 4—心切迹 5—左肺中叶
6—左肺前叶前部 7—左肺后叶 8—咽

第一节 呼 吸 道

一、鼻

鼻包括鼻腔和鼻旁窦。

1. 鼻腔

鼻腔正中有鼻中隔，将鼻腔等分为左右互不相通的两半，每侧鼻腔又包括鼻孔、鼻前庭和固有鼻腔三部分。

(1) **鼻孔** 或称鼻前孔，是鼻腔的入口，由内外侧鼻翼围成，鼻翼为含软骨的皮肤皱褶。

(2) **鼻前庭** 为鼻腔前部衬着皮肤的部分，相当于鼻翼所围成的内腔。

(3) **固有鼻腔** 是鼻腔的主体部位，在每侧鼻腔侧壁上附有上、下两个纵行的鼻甲，将鼻腔分为上、中、下三个鼻道。上鼻道通嗅区，中鼻道通鼻旁窦，下鼻道经鼻后孔通咽。鼻中隔两侧沟通上、中、下鼻道的竖缝鼻旁窦总鼻道。

鼻黏膜被覆于固有鼻腔内面，可分呼吸区和嗅区两部分。呼吸区占鼻腔的大部分，上皮为假复层柱状纤毛上皮，纤毛细胞间夹有杯状细胞。固有膜含有丰富的毛细血管、静脉丛和腺体，可温暖吸入的空气，保持鼻黏膜湿润，并黏附空气中的灰尘和细菌。嗅区位于鼻腔的后上方，上皮细胞间有嗅细胞，具有嗅觉功能。

2. 鼻旁窦

鼻旁窦主要有上颌窦和额窦。它们均直接或间接与鼻腔相通。窦壁内面衬着窦黏膜，与鼻黏膜相连续。鼻旁窦有减轻头重、暖润吸入气及对发声起共鸣的作用。鼻黏膜发炎时可波及鼻旁窦，引起副鼻窦炎。

牛的额窦最发达，猪的额窦较小，犬的额窦不很显著。

二、咽

咽是呼吸道和消化管相交叉的部位。

三、喉

喉位于下颌间隙的后方，头颈交界处的腹侧，是气体出入肺的通道，也是发声的器官。

喉由喉软骨、喉肌和喉黏膜构成。

1. 喉软骨（图5-2）

喉软骨包括会厌软骨、勺状软骨、甲状软骨和环状软骨。它们借关节和韧带连接起来，共同构成喉的软骨基础。

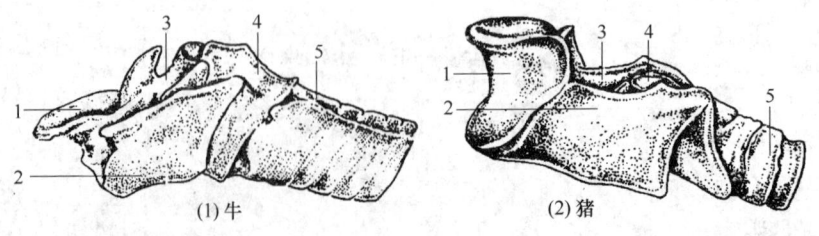

图5-2 喉软骨

1—会厌软骨 2—甲状软骨 3—勺状软骨 4—环状软骨 5—气管软骨

2. 喉肌

喉肌属横纹肌,它们的作用与吞咽、呼吸及发声等运动有关。

3. 喉腔和喉黏膜

(1) 喉腔　为由喉壁围成的管状腔,前端有喉口通咽,后端与气管连通。

(2) 喉黏膜　喉腔内壁面覆盖喉黏膜,由上皮和固有膜构成。在喉腔中部的侧壁上有一对明显的黏膜褶称为声带,是喉的发声器官。

喉黏膜丰富的感觉神经末梢,受到刺激会引起咳嗽,将异物咳出。

四、气管和主支气管

气管和主支气管为连接喉与肺之间的管道。气管由一连串的"C"形软骨环连接组成,借环韧带连在一起构成支架。气管呈圆筒状长管,由喉向后,沿颈腹侧正中线而进入胸腔,在心基上方分为右尖叶支气管,随后又分出左、右两条主支气管,分别进入左、右两肺。

气管壁由黏膜、黏膜下层和外膜构成。黏膜上皮为假复层柱状纤毛上皮,夹有杯状细胞。固有膜由疏松结缔组织构成,其中弹性纤维较多,还有弥散的淋巴组织和淋巴小结。黏膜下层含有丰富的血管、神经和气管腺。外膜由软骨和结缔组织构成。

第二节　肺

一、肺的形态和位置

肺位于胸腔,在纵隔两侧,左、右各一,右肺通常比左肺大。健康家畜的肺为粉红色,呈海绵状,质轻而柔软,富有弹性。

左、右肺略似锥体形,均具有三个面和三条缘。

牛肺分叶明显,左肺分为前、后两叶,前叶又分为前、后两部。右肺分为前叶、中叶、后叶和副叶,前叶又分为前、后两部;猪和犬的肺分叶情况与牛相似(图5-3)。

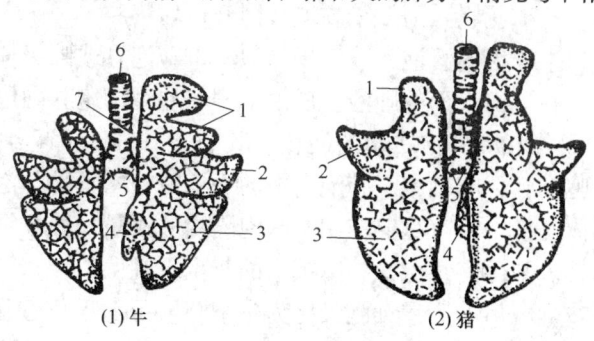

图 5-3　肺的分叶模式图

1—前叶　2—中叶　3—后叶　4—副叶(中间叶)
5—主支气管　6—气管　7—气管支气管

二、肺的组织构造

肺由被膜和实质构成。被膜为肺表面的一层浆膜，称为肺胸膜，其结缔组织伸入肺的实质内，将肺分为一些肺段和许多肺小叶。

主支气管经肺门入肺后，反复分支，呈树枝状，故称为支气管树（图5-4）。支气管分支进入每个肺叶，称为肺叶支气管，肺叶支气管进而分支进入每个肺段，称为肺段支气管。肺段支气管以下多次分支，统称为小支气管。其管径为1～0.5mm的称为细支气管，细支气管继续分支至直径为0.5～0.35mm的则称为终末细支气管。终末细支气管继续分支为呼吸性细支气管，管壁上出现散在的肺泡，呼吸性细支气管再分支为肺泡管，肺泡管再分支为肺泡囊。肺泡管和肺泡囊壁上有更多的肺泡。

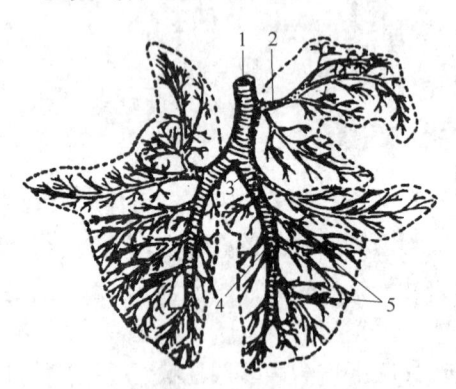

图5-4 牛肺的支气管树模式
1—气管 2—气管支气管 3—主支气管
4—后叶支气管 5—肺段支气管

终末细支气管以上的各级支气管是空气进出的通道，称为导管部。呼吸性细支气管以下的部分，进行气体交换，称为呼吸部。

肺导管部的组织构造与气管、主支气管基本相似，只是管径逐渐变小，管壁随之变薄，结构相继简化。

肺呼吸部包括呼吸性细支气管、肺泡管、肺泡囊和肺泡（图5-5）。

（1）呼吸性细支气管 开始具有气体交换作用，其上皮为单层立方上皮。固有层极薄，有弹性纤维和网状纤维，肌层为不完整的平滑肌束。

（2）肺泡管 管壁上有许多肺泡和肺泡囊的开口，在相邻肺泡开口之间，表面为单层立方或扁平上皮，上皮下有薄层结缔组织和少量环形平滑肌。

（3）肺泡囊 呈梅花状，为多个肺泡共同开口的管腔。

（4）肺泡 为半球形的囊泡，开口于肺泡囊、肺泡管或呼吸性细支气管，是气体交换的场所。肺泡内表面的肺泡上皮由Ⅰ型和Ⅱ型细胞共同组成。

① 肺泡隔：是指相邻肺泡之间的间质，其中含有丰富的毛细血管网、弹性纤维、成纤维细胞和肺巨噬细胞。肺泡隔中的毛细血管网紧贴肺泡上皮，两者在血液与肺泡内气体交换中具有重要作用。肺泡隔内的大量弹性纤维则与吸气后肺泡的弹性回缩有关。肺巨噬细胞能吞噬吸入的灰尘、细菌、异物及渗出的红细胞等。肺泡腔内吞噬尘粒后的巨噬细胞又称为尘细胞，可随呼吸道分泌物排出。

② 肺泡孔：相邻肺泡之间有小孔相通，称为肺泡孔，它是肺泡间气体通路。当细支气管阻塞时，可通过肺泡孔与邻近肺泡建立侧支通气，有利于气体交换。

肺小叶实际上是每个细支气管及其各级分支和所属肺泡构成。肺小叶的大小不等，一般呈锥体形，锥底朝向肺胸膜，锥顶对着肺门（图5-6）。

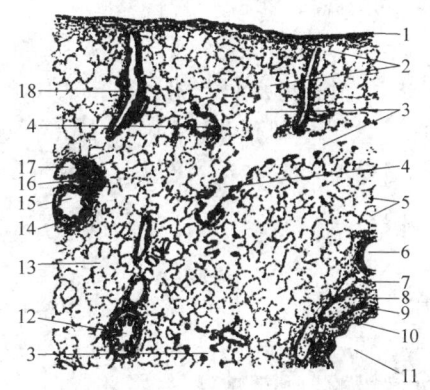

图5-5 肺的显微结构（低倍）

1—间皮 2—结缔组织 3—肺泡管 4—呼吸性细支气管
5—肺泡 6—肺动脉分支 7—小静脉 8—透明软骨
9—平滑肌 10—假复层柱状纤毛上皮 11—肺内支气管
12—细支气管 13—肺泡囊 14—平滑肌 15—终末细支气管
16—淋巴小结 17—小动脉 18—小叶间隔及血管

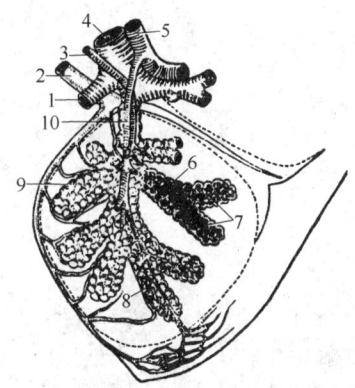

图5-6 牛肺小叶结构模式图

1—终末细支气管 2—肺静脉
3—支气管动脉 4—细支气管 5—肺动脉
6—肺泡管 7—肺泡囊 8—毛细血管网
9—肺泡 10—呼吸性细支气管

三、胸腔、胸膜和纵隔

1. 胸腔

胸腔是以胸廓为框架并附着胸壁肌和皮肤的截顶圆锥状体腔（图5-7）。胸腔在胸壁肌群的帮助下可以扩大和缩小。

2. 胸膜

胸腔内的浆膜称为胸膜。覆盖在肺表面的称为胸膜脏层，衬贴于胸腔壁的称为胸膜壁层后者按部位又分衬贴于胸壁内面的肋胸膜、贴于膈胸腔面的膈胸膜和参与构成纵隔的纵隔胸膜。胸膜壁层和脏层在肺根处互相移行，共同围成2个胸膜腔。腔内含有少量浆液。

3. 纵隔

纵隔位于左右胸膜腔之间，两侧面为纵隔胸膜，其中含有心脏、食管、气管、大血管和神经、胸导管和淋巴

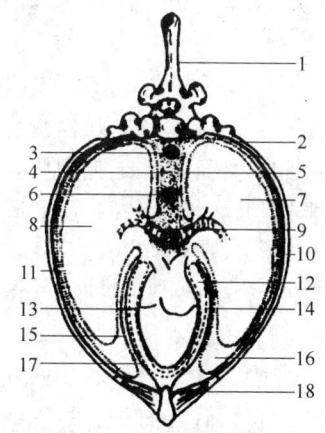

图5-7 胸腔横断面（示胸膜腔）

1—胸椎 2—肋胸膜 3—主动脉 4—纵隔
5—纵隔胸膜 6—食管 7—左肺 8—右肺
9—气管 10—肋骨 11—肺胸膜
12—心包腔 13—心包浆膜脏层 14—心包浆膜壁层
15—心包胸膜 16—胸膜腔
17—心包纤维层 18—胸骨心包韧带

结等。

第三节 呼吸生理

呼吸是指机体与外界环境之间气体交换的过程。动物有机体在新陈代谢过程中，只有不断地从外界吸入氧气，同时呼出二氧化碳，新陈代谢才能正常进行。呼吸的过程由外呼吸、气体在血液中的运输和内呼吸三个环节组成。

一、外 呼 吸

外呼吸又称肺呼吸，包括肺通气和肺换气。肺通气是指外界与肺泡之间的气体交换，参加肺通气的器官有呼吸道、肺泡和胸廓等。肺换气是指肺泡与肺泡周围毛细血管血液之间的气体交换，它是外呼吸的中心环节。

1. 肺通气

（1）呼吸运动　在肺通气过程中，通过呼吸肌（包括吸气肌群和呼气肌群）的节律性舒缩活动来实现呼吸运动。呼吸肌不断收缩、舒张相应地引起胸廓的扩大和缩小称为呼吸运动。呼吸运动包括吸气运动和呼气运动。

① 吸气运动过程：吸气肌群收缩产生吸气运动。平静呼吸时，肋间外肌和膈肌是主要的吸气肌。肋间外肌收缩时，牵引肋骨向前外方伸，胸腔横径增加；膈肌收缩时，胸腔的前后直径延长。从而使整个胸廓容积扩大，肺随之也被扩张，肺容积增大，大气压高于肺内压，外界气体则顺着压力梯度通过呼吸道进入肺内，整个过程就是吸气运动。

② 呼气运动过程：平静呼吸时，呼气运动则处于被动状态。肋间外肌和膈肌因舒张而自动恢复到原状，胸廓容积相应缩小，肺也因自身的弹性回缩而使容积变小，此时大气压低于肺内压，气体被排出体外，整个过程就是呼气运动。

家畜剧烈运动或不安时，肋间内肌和腹部肌群参加舒缩活动使胸廓和肺容积发生明显变化，肺内压升高更加明显，从而呼出更多的气体。

③ 呼吸运动型式：呼吸运动的型式按呼吸肌活动型式和胸腹部起伏变化的程度分为以下三种类型。

胸式呼吸：呼吸时主要靠肋间外肌的舒缩，胸廓起伏特别明显；

腹式呼吸：呼吸时主要靠膈肌的舒缩，腹部起伏特别明显；

胸腹式呼吸：肋间外肌和膈肌参与活动的程度一样，胸腹部都有明显的起伏运动。

一般情况下，健康动物属于胸腹式呼吸。呼吸运动型式对诊断动物疾病具有重要意义，如动物腹部有病时，以胸式呼吸明显。

（2）呼吸音　呼吸音是指呼吸运动时，气体通过呼吸道及出入肺泡时，与其摩擦产生的声音。在胸廓的表面和颈部气管附近，可以听到肺泡呼吸音和支气管呼吸音。

正常肺泡呼吸音在吸气时能够较清楚地听到类似于"V"的延长音。一般健康动物的肺部只能听到肺泡呼吸音。支气管呼吸音在喉头和气管常可听到类似于"Ch"的延长音（呼气比吸气更清楚）。

当动物发生病变时，会出现各种病理性呼吸音。

（3）呼吸频率 呼吸频率是指每分钟的呼吸次数。呼吸频率随动物品种、年龄、外界温度、生理状况及疾病等不同而变化。如乳牛在高产乳期的呼吸频率比平时要高，幼年动物呼吸频率比成年动物高等。部分动物的呼吸频率见表5-1。

表5-1　　　　　　　　　各种动物的呼吸频率　　　　　　　　单位：次/min

动物	频率	动物	频率	动物	频率
奶牛	18～28	猪	10～24	兔	36～60
水牛	9～18	山羊	12～20	猫	20～30
黄牛	10～30	绵羊	12～24	水貂	35～160
牦牛	14～48	马	8～16	银狐	12～60
骆驼	5～2	犬	10～30		

（4）胸内负压 胸内压是指胸膜腔内的压力，在吸气或呼气过程中，胸内压始终为负压。胸内负压是由肺的回缩力形成的。吸气时，肺的回缩力增大，胸膜腔负压也更负；呼气时，肺的回缩力减少，胸膜腔负压也相应减小。

胸内负压的存在有着重要的生理意义。胸膜腔负压一方面对肺有牵张作用，使肺内总是有一定量的气体，以便于不断地与周围血液进行气体交换，另一方面也有利于静脉血和淋巴液的回流。

2. 肺换气

气体分子可以透过由细胞膜、毛细血管壁等构成的呼吸膜，当膜两侧各种气体存在分压差时，气体分子按扩散运动规律，实现气体交换。

（1）肺换气的过程 气体在肺泡与血液间交换，是通过呼吸膜进行的。O_2和CO_2分子极易透过。呼吸膜两侧的氧分压值和二氧化碳分压值分别都存在压差，肺泡内的氧分压值高于血液内的，而血液内的二氧化碳分压值高于肺泡内的，结果，肺泡中的O_2进入肺泡周围毛细血管，肺泡周围毛细血管中的CO_2进入肺泡。肺换气的直接结果是血液中氧气及时得到补充，二氧化碳也得到及时排出，从而使血液中的气体成分发生改变。

（2）影响肺换气的主要因素

① 呼吸膜的厚度：呼吸膜的厚度影响气体扩散的距离和膜的通透性。正常情况下，O_2和CO_2分子很容易透过呼吸膜。但在动物病理情况下，如肺炎和肺水肿时，呼吸膜的厚度显著增厚，气体分子扩散速度降低，影响换气功能。

② 换气肺泡数量：平静呼吸时，参与换气的肺泡占总肺泡量的55%左右，剧烈运动时有更多的肺泡参与换气，增加了肺泡换气面积，从而使气体扩散速率

提高。但在肺气肿、肺不张和毛细血管栓塞等疾病时,呼吸膜面积减少,气体扩散速率相应地降低。

③ 肺血流量:体内的 O_2 和 CO_2 依靠血液循环进行运输,因此单位时间内肺血流量增多会影响呼吸膜两侧的氧分压值和二氧化碳分压值,从而影响换气功能。

二、气体在血液中的运输

1. 气体在血液中的存在方式

血液中的氧和二氧化碳都以化学结合方式和物理溶解方式进行运输。其中,以化学结合方式占大部分,物理溶解方式则很少。氧和二氧化碳在血液中的物理溶解量虽然很小,但很重要。物理溶解方式是实现气体交换的必经步骤和进行化学结合方式运输的中间阶段。从血液释放出气体时,首先从化学结合状态分解成溶解状态,气体才能离开血液进入肺泡或组织,实现气体交换;进入血液的气体也得先溶解在血浆中,然后再变为化学结合状态。

2. 氧的运输

氧(O_2)在血液中的运输,以物理溶解方式的氧大约占血液运输氧总量的1.5%,其余都是以化学结合方式进行运输。血液运输氧主要是与血红蛋白(Hb)结合,以氧合血红蛋白(HbO_2)的形式存在于红细胞内。氧合血红蛋白(HbO_2)是氧在血中化学结合的基本形式。血红蛋白由一个珠蛋白和四个血红素组成,每个血红素由4个中心含亚铁(Fe^{2+})的吡咯基组成。血红蛋白的主要功能是运输氧和二氧化碳。氧与血红蛋白结合具有一些特点:①血红蛋白的亚铁(Fe^{2+})与氧结合后还是二价铁,因而此反应是氧合反应;②一分子血红蛋白能结合四分子氧;③氧与血红蛋白结合反应快,结合与分离都很容易,不需要酶的参与,受氧分压(p_{O_2})影响。当血液经过 p_{O_2} 较高的肺毛细血管时,Hb 与 O_2 结合,形成 HbO_2;当血液流经 p_{O_2} 较低的体毛细血管和组织时,HbO_2 迅速分离,释放出 O_2,HbO_2 便解离为脱氧血红蛋白(HHb)。以上过程用公式表示为:

$$Hb + O_2 \underset{p_{O_2} 低(组织)}{\overset{p_{O_2} 高(肺)}{\rightleftharpoons}} HbO_2$$

3. 二氧化碳的运输

二氧化碳(CO_2)以物理溶解方式大约占血液总运输量的5%,化学结合方式约占95%(其中以碳酸氢盐形式的占88%,以氨基甲酸血红蛋白形式的占7%)。在血浆中溶解的 CO_2 主要是形成碳酸氢盐和氨基甲酸血红蛋白,溶解在红细胞中的 CO_2 几乎可以忽略不计。

(1)碳酸氢盐 经组织换气,CO_2 扩散进入血液后,极小部分溶解于血浆,并与水结合生成碳酸。因血浆中缺乏碳酸酐酶,此反应只能以极缓慢的速度进行。随着血浆中CO_2的增多，p_{CO_2}升高，CO_2扩散到红细胞内。因红细胞内含有碳酸酐酶（CA），在碳酸酐酶的催化下，很迅速地与水反应生成碳酸，碳酸进一步解离生成碳酸氢根（HCO_3^-）和氢（H^+）。可用以下公式表示：

$$CO_2 + H_2O \xrightleftharpoons{\text{碳酸酐酶}} H_2CO_3$$

$$H_2CO_3 \rightleftharpoons H^+ + HCO_3^-$$

当红细胞中生成的HCO_3^-含量大于血浆中的HCO_3^-含量时，HCO_3^-由红细胞向血浆扩散，以维持细胞内外正、负离子平衡，血浆中的Cl^-由膜外进入红细胞膜内，这过程称为氯转移。因此HCO_3^-不会在红细胞内积累，也有利于组织细胞中的CO_2不断进入血液。所生成的HCO_3^-，在红细胞内与K^+结合而产生$KHCO_3$，在血浆中与Na^+结合而产生$NaHCO_3$。血浆中的$NaHCO_3/KHCO_3$是重要的缓冲对，对机体的酸碱平衡起重要的缓冲作用。

以上各项反应均是可逆的，当碳酸氢盐随血液循环到肺毛细血管时，新解离出的CO_2经扩散被交换到肺泡中，随动物的呼气，将CO_2排出体外。

（2）氨基甲酸血红蛋白　进入红细胞中的部分CO_2可直接与Hb的氨基（NH_2）结合，生成氨基甲酸血红蛋白（HbNHCOOH）。此反应迅速，可逆，不需酶的催化。在体毛细血管处，CO_2容易结合成HbNHCOOH；在肺毛细血管处，HbNHCOOH被迫分离，释放出的CO_2扩散到肺泡中，最后排出体外。

三、内　呼　吸

内呼吸是指组织液与组织毛细血管血液之间的气体交换。组织细胞代谢中产生的二氧化碳先释放到组织液，然后再进入毛细血管血液中，而毛细血管血液中的氧也是先进入组织液后再被组织细胞摄取。因这个过程是在组织中进行的，所以平常又称为组织呼吸或组织换气（如图5-8）。

1. 组织换气的过程

气体在血液与组织细胞之间交换，是通过气体分子通透膜进行的，这种膜非常薄，O_2和CO_2分子也很容易透过。组织细胞在代谢中不断消耗O_2，同时产生CO_2，使组织中的p_{O_2}低于动脉血，而p_{CO_2}则高于动脉血。于是两种气体各自顺着压力梯度进行扩散：O_2进入组织，CO_2则进入动脉血。这样，流动组织的动脉血变为静脉血。

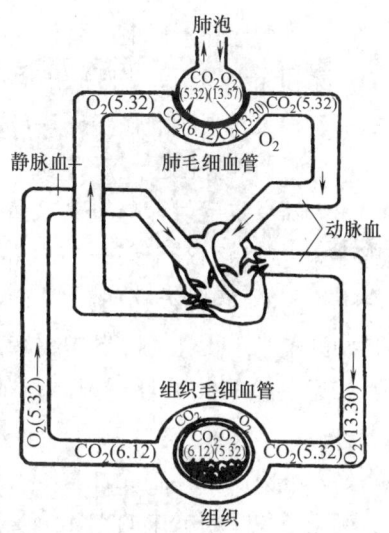

图5-8　气体交换示意图
(图中数字分别表示氧气分压值和二氧化碳分压值，单位：kPa)

2. 影响组织换气的因素

影响血液与组织液之间气体交换的因素除呼吸膜的厚度、换气肺泡数量、肺血流量外，还受以下因素的影响：

（1）组织细胞代谢水平和组织血流量　当血流量不变时，代谢增强，耗氧量大，组织液中的二氧化碳分压值高于正常值，氧分压值则在正常值以下。反之，如果代谢强度不变，血流量增大时，则二氧化碳分压值下降，氧分压值升高。这些气体分压值直接影响气体扩散速率和组织换气功能。

（2）通透性　正常情况下，气体分子通透膜具有极强的通透性，但在组织水肿等病理情况下，通透性会降低，直接影响组织换气。

（3）全身血液循环障碍　在心力衰竭、局部贫血等病理情况下，组织换气会受到影响，严重时引起局部缺氧。

四、呼吸的调节

1. 神经调节

中枢神经系统内调节呼吸运动的神经细胞群，称为呼吸中枢，包括大脑皮层、间脑、脑桥、延髓和脊髓，其中，延髓是最基本的呼吸中枢。

在正常情况下，引起呼吸运动改变的主要因素是来自呼吸器官和呼吸肌本体感受器的刺激。各种环境因素（如寒冷等）的刺激也能反射性地引起呼吸运动的变动。

（1）环境因素　外周的物理化学因素通过传入神经，作用于呼吸中枢，调节呼吸运动。

（2）防御性呼吸反射　防御性呼吸反射包括咳嗽反射和喷鼻反射，它们对机体起清除和保护作用。当呼吸道黏膜上的感受器受到化学、机械等刺激时，反射性地引起相关呼吸肌的强烈运动，形成高速气流喷出，从而将呼吸道和鼻腔内的异物、分泌物等排出。

（3）肺牵张反射　肺泡壁上存在有牵张感受器，当肺泡因吸气而扩张时，牵张感受器受刺激而产生兴奋，冲动沿迷走神经传入延髓的呼吸中枢，引起呼气中枢兴奋，同时抑制吸气中枢，从而停止吸气而产生呼气；呼气之后，肺泡缩小，不再刺激牵张感受器，呼气中枢转为抑制，于是又开始吸气。吸气运动之后，又是呼气运动，如此循环往复，形成了节律性呼吸运动。上述过程称为肺牵张反射。

（4）呼吸肌本体感受性反射　呼吸肌本体感受性反射是指当呼吸肌被牵拉时，刺激了位于肌梭中的本体感受器，反射性的引起呼吸肌收缩。此反射活动参与调节正常的呼吸运动。如吸气时气体阻力加大，吸气肌因增大收缩程度而使肌梭受到牵拉刺激，从而反射性引起呼吸肌收缩加强，以克服气道阻力。

2. 体液调节

调节呼吸运动的体液因素主要与动脉血液或脑脊髓液中的 O_2、CO_2 和酸碱度有关。

(1) 缺 O_2 对呼吸运动的影响　缺 O_2 对延髓呼吸中枢具有直接的抑制反应。缺 O_2 可刺激颈动脉体（主要调节呼吸）和主动脉体感受器（主要调节循环），反射性地引起呼吸运动增强。当严重缺 O_2 时颈动脉体和主动脉体感受器的兴奋呼吸作用不足以克服低 O_2 对中枢的抑制效应，将导致呼吸障碍，甚至是呼吸停止。

(2) CO_2 对呼吸运动的影响　正常血液中的 CO_2 能刺激呼吸中枢的兴奋。当 CO_2 升高时，呼吸运动增强，相反，呼吸运动减弱，甚至使呼吸暂时停止。

(3) H^+ 对呼吸运动的影响　H^+ 对呼吸的调节是通过外周化学感受器和中枢化学感受器实现的。当血液中酸度增高时，呼吸中枢兴奋性升高，呼吸运动增强；相反，血液中碱度增高时，抑制呼吸中枢，呼吸运动减弱。

第四节　家禽呼吸系统

家禽的呼吸系统由鼻、咽、喉、气管、支气管、肺和气囊等器官构成。

一、鼻　腔

禽鼻腔较狭。鼻孔位于上喙基部，鸡鼻孔上缘有膜性鼻盖，周围有小羽毛可防小虫、灰尘进入。鸭、鹅鼻孔四周为柔软的蜡膜。鸽的上喙基部在两鼻孔之间形成发达的蜡膜，此处的表皮层形成许多大的褶，深入真皮内。

鼻中隔大部分由软骨构成。每侧鼻腔有3个软骨性鼻甲。鼻甲之间为鼻道。

在眼眶顶壁和鼻腔侧壁有一特殊的鼻腺，有分泌氯化钠调节渗透压的作用，又称为盐腺。鸡的鼻腺狭长，不发达；鸭、鹅的鼻腺呈半月形，较发达。

二、喉、气管、鸣管、支气管

1. 喉

喉位于咽底壁舌根后方。喉口与鼻后孔相对，喉腔内无声带。喉软骨有4片环状软骨和2块勺状软骨，无甲状软骨和会厌软骨。喉软骨上分布有扩张和闭合喉口的肌肉。

2. 气管

家禽的气管较长、较粗，与食管同行，到颈的下半偏至右侧，入胸腔前又转至颈的腹侧。入胸腔后，在心基的背侧分为两条支气管，分叉处形成鸣管。气管的支架是一串"O"字形的气管环，相邻气管环互相套叠，便于伸缩（图5-9）。

3. 鸣管

鸣管是禽类的发音器官，其支架是气管、支气管的几个环和一块楔形的鸣骨。鸣骨位于气管杈的顶部，在鸣管腔分叉处。鸣管有2对弹性薄膜，分别称外侧鸣膜和内侧鸣膜，夹成1对狭缝，呼气时振动鸣膜而发声。鸭的鸣管主要由支气管构成；公鸭鸣管在左侧形成一个膨大的骨质鸣管泡（图5-9），无鸣膜，发声嘶哑。

4. 支气管

支气管经心基背侧进入两肺，其支架为"C"字形软骨环，缺口向内侧，缺口处形成膜壁。

图5-9 公鸭的气管和肺
1—气管 2—气管喉肌 3—鸣管泡
4—胸骨喉肌 5—支气管
6—肺（左肺为背侧面）

三、肺

禽肺呈鲜红色，位于第1～6肋之间；背侧面嵌入肋间，形成肋沟；腹侧面前部有肺的实质，由三级支气管和肺房、漏斗、肺毛细管组成。初级支气管为支气管的延续，纵贯全肺，后端出肺通腹气囊（图5-10）。初级支气管发出4群次级支气管，次级支气管分出的许多第3级支气管呈袢状，连接于两群次级支气管之间。

肺房从第3级支气管呈辐射状分出，肺房底部又分出若干漏斗，其后形成丰富的肺毛细管，相当于家畜的肺泡，是进行气体交换的地方。第3级支气管及其肺房、漏斗、肺毛细管构成一个呈六面棱柱体的肺小叶。

禽肺虽然不大，但肺毛细管所形成的气体交换面积，若以每克体重计，要比兽类大10倍，血液供应也很丰富。

四、气　囊

气囊有多种功能，容积比肺大5～7倍，是支气管的分支出肺后形成的黏膜囊。(图5-10)。多数禽类有9个气囊：颈气囊1对（鸡只有1个），位于胸腔前部背侧；锁骨气囊1个，位于胸腔前部腹侧；胸前气囊1对，位于两肺腹侧；胸后气囊1对，位于肺腹侧后部；腹气囊1对，最大，位于腹腔内脏两旁。气囊所形成的憩室可伸入许多骨的内部和脏器之间。

气囊在禽体内可能有多种功能，如减轻体重、调整重心位置、调节体温、共鸣作用等，而主要是作为空气的贮存器官参与肺的呼吸作用。当吸气时，新鲜空气一部分进入肺毛细管，大部分进入后气囊，而已通过气体交换的空气则由肺毛细管进入前气囊。当呼气时，前气囊的气体由气管排出，后气囊里的新鲜空气又送入肺毛细管（图5-11）。因此，不论吸气或呼气时，肺内均可进行气体交换。家禽每呼吸一次，在肺内进行两次气体交换，使肺换气效率增高，以适应禽体强烈的新陈代谢需要。

禽的某些呼吸系统疾病或传染病常在气囊发生病变；雄禽去势时易损伤气囊，而导致皮下气肿。腹腔注射时如注入气囊，则会导致异物性肺炎。

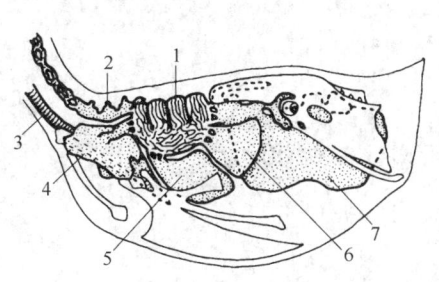

图 5-10　禽气囊分布模式图
1—肺　2—颈气囊　3—气管　4—锁骨气囊
5—胸前气囊　6—胸后气囊　7—腹气囊

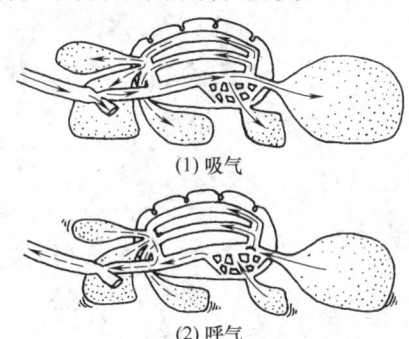

图 5-11　禽气囊作用模式图
（实线表示吸入的新鲜空气经路
虚线表示经气体交换后的空气经路）

五、呼 吸 运 动

家禽的膈为不发达的质膜，基本没有收缩机能。肺只能随着肋骨做相应的吸气和呼气运动。当吸气肌收缩时引起胸骨和肋骨向前下方移动，使体腔容积增大，气囊容积也随之增大，内压降低，空气经呼吸道进入肺，再进入气囊，产生吸气动作。呼气肌收缩时，胸骨和肋骨回位，体腔缩小，气囊、肺因受压容积缩小，压力增大，气体经呼吸道出体外，产生呼气动作。故家禽的呼吸运动主要靠胸骨、肋骨的运动来完成。

六、呼 吸 频 率

家禽的呼吸频率变化较大，可因种别、年龄、性别、环境、温度、生理状态的不同而发生变化。几种成年家禽的呼吸频率见表 5-2。

表 5-2	几种成年家禽的呼吸频率				单位：次/min
	鸡	鸭	鹅	鸽	火鸡
公	10～20	41	20	25～30	28
母	20～36	110	40	25～30	49

技能训练

一、呼吸器官形态构造的识别

目的与要求

识别呼吸器官的形态、位置和构造。

材料与设备

牛（或羊）、猪、犬、鸡的新鲜尸体或呼吸系统标本、解剖刀、剪、镊子。

步骤与方法

在牛（或羊）、猪、犬、鸡的新鲜尸体或标本上识别下列器官：喉、气管、支气管和肺，重点识别肺的形状、位置、颜色、质地和分叶。

技能考核

在牛（或羊）、猪、犬、鸡的新鲜器官或标本上识别上述呼吸器官。

二、肺组织构造的识别

目的与要求

识别肺的组织构造。

材料与设备

显微镜、牛（羊）或猪的肺组织切片。

步骤与方法

教师先利用投影、幻灯，向学生讲解肺的组织结构。学生在教师的指导下，利用显微镜观察、识别肺的组织构造，重点识别肺内的各级支气管、肺泡管、肺泡囊和肺泡。

技能考核

能利用显微镜识别肺的组织构造。

复习思考题

1. 简述家畜呼吸系统的组成。
2. 简述气管、肺的组织构造。
3. 呼吸由哪几个环节组成？
4. 家畜呼吸运动型式有哪几种？其中哪一种为正常的呼吸型式？
5. 牛的呼吸音有哪几种？其中哪一种不是正常呼吸音？
6. 何为胸内负压？胸内负压的存在有何生理意义？
7. 肺换气和组织换气发生在何处？气体进行了怎样的交换？
8. 氧气和二氧化碳在血液中是如何运输的？
9. 哪些因素会影响肺换气？
10. 简述家禽呼吸系统的解剖和生理特征。

第六章 泌尿系统

知识目标：
- 应知畜、禽泌尿系统的组成；
- 应知肾和膀胱的位置、形态、构造和机能；
- 应知尿生成的机理和影响尿生成的因素。

技能目标：
- 应能识别牛、羊、猪、犬、鸡的肾的形态、位置和构造；
- 应能在显微镜下识别肾的组织构造。

动物在新陈代谢过程中产生的各种代谢产物和多余的水分必须及时排出体外，才能维持正常的生命活动。这些代谢产物主要由皮肤、呼吸器官、消化器官和泌尿器官排出体外，其中，泌尿器官是机体最主要的排泄途径。

第一节 家畜泌尿系统

家畜的泌尿系统是由肾、输尿管、膀胱和尿道组成的，其中，肾是核心器官，主要作用是滤过血液、生成尿液和保持畜体内环境相对恒定；输尿管、膀胱和尿道则分别是输尿、贮尿和排尿的器官。

一、肾

1. 肾的一般构造

肾的表面覆盖被膜，正常情况下此膜容易剥离。肾被膜在肾门处增厚，并且与血管和神经一起进入肾实质，从而形成肾内部的间质。

肾的内侧缘中部凹陷，称为肾门。肾门向内的空隙，称为肾窦。窦内有肾盏、肾盂、肾动脉、肾静脉及其分支，还有输尿管的起始端（图6-1）。

肾实质可分为外周的皮质和深部的髓质。肾皮质位于浅部，呈棕红色。肾髓质位于深部，一般有多个圆锥状结构，称为肾锥体。每个肾锥体的锥底朝外，与皮质相接，锥尖圆钝，称为肾乳头。肾乳头和相应的肾小盏相连，数个肾小盏的基部集成肾大盏，数个肾大盏又在肾窦中汇成了漏斗状的肾盂，肾盂在肾门处与输尿管的肾端连接（图6-2）。肾皮质与肾髓质互有穿插，皮质伸入髓质内的部分称为肾柱；髓质伸入皮质的部分称为髓放线。髓放线之间的皮质称为皮质迷路。每个髓放线及其周围的皮质迷路构成肾小叶，小叶间有小叶间动脉和静脉。

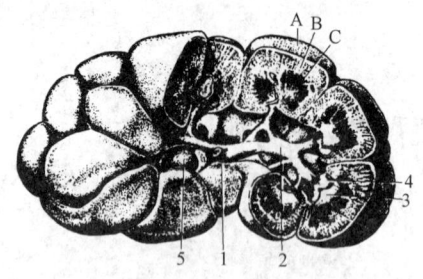

图 6-1　牛右肾的构造（部分切开）
A—纤维囊　B—皮质　C—髓质
1—输尿管　2—集收管　3—肾乳头
4—肾小盏　5—肾窦

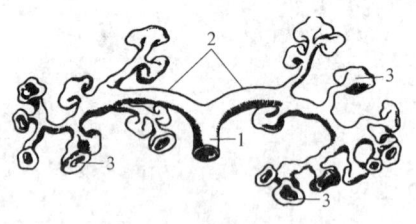

图 6-2　牛右肾输尿管及肾盏铸型
1—输尿管　2—集收管　3—肾小盏

肾小叶由许多泌尿小管和少量的间质组成。泌尿小管包括肾单位和集合管系。

(1) 肾单位　肾单位是肾的结构和功能的基本单位，由肾小体（图 6-3）和肾小管组成。肾单位按其所在部位不同，可分为皮质肾单位和近髓肾单位（即髓旁肾单位）。皮质肾单位主要分布于皮质浅层和中部，它占肾单位总数的绝大多数。这类肾单位的肾单位袢甚短，只达髓质外带。近髓肾单位分布于靠近髓质的内皮质层，这类肾单位的肾单位袢很长，可深入到髓质内带（图 6-4），有的甚至到达乳头部，长肾单位袢对尿的浓缩具有重要的生理意义。

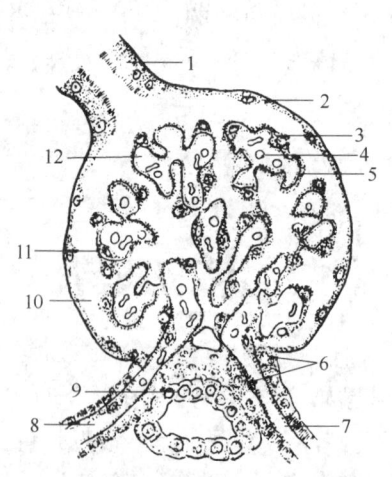

图 6-3　肾小体半模式图
1—近端小管起始部（肾小体尿极）　2—肾小囊外层
3—肾小囊内层（足细胞）　4—毛细血管内的红细胞
5—基膜　6—肾小球旁细胞　7—入球小动脉
8—出球小动脉　9—远端小管上的致密斑　10—肾小囊腔
11—毛细血管内皮　12—血管球毛细血管

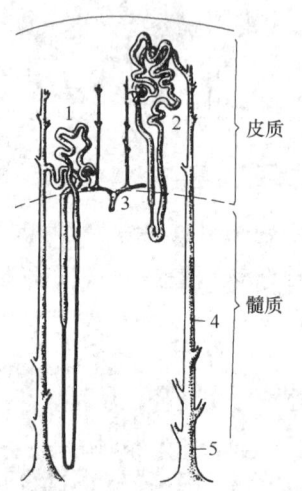

图 6-4　肾单位在肾叶内的分布示意图
1—髓旁肾单位　2—皮质肾单位
3—弓形动脉及小叶间动脉
4—集合小管　5—乳头管

(2) 集合管系　集合管系包括弓形集合小管、直集合小管和乳头管三段。弓形集合小管与远曲小管末端相连的部分，位于皮质迷路内，呈弓形，进入髓放线后与直集合小管相连接。几个弓形集合小管汇合成直集合小管，直集合小管与肾单位袢并行，经过肾髓质汇合成较大的乳头管，开口于髓质的肾乳头。

(3) 肾小球旁器　主要分布在皮质肾单位，由球旁细胞和致密斑组成。

球旁细胞：是由位于入球小动脉中膜平滑肌细胞特化而成的上皮样细胞构成，细胞呈立方形或多角形，内有分泌颗粒，颗粒内含肾素。

致密斑：在靠近肾小体入球小动脉和出球小动脉交叉处的内侧面，远曲小管上皮细胞变为高柱状细胞，呈现斑状隆起，故称为致密斑。致密斑可感受小管液中 Na^+ 浓度的变化，并将信息传递至球旁细胞，调节肾素的释放。

2. 兽类肾的主要类型

根据肾叶的联合程度，可将兽类的肾划分为4种主要类型（图6-5）。

(1) 复肾　肾由许多独立的肾叶构成，每个肾叶又称为一个小肾，如水獭肾。

(2) 有沟多乳头肾　这种肾仅肾叶中间部合并，肾表面有沟，内部有分离的乳头，如牛肾。

(3) 平滑多乳头肾　肾叶的皮质部完全合并，但内部仍有单独存在的乳头，如猪肾。

(4) 平滑单乳头肾　肾叶的皮质部和髓质部完全合并，肾乳头连成嵴状，如羊肾和狗肾。

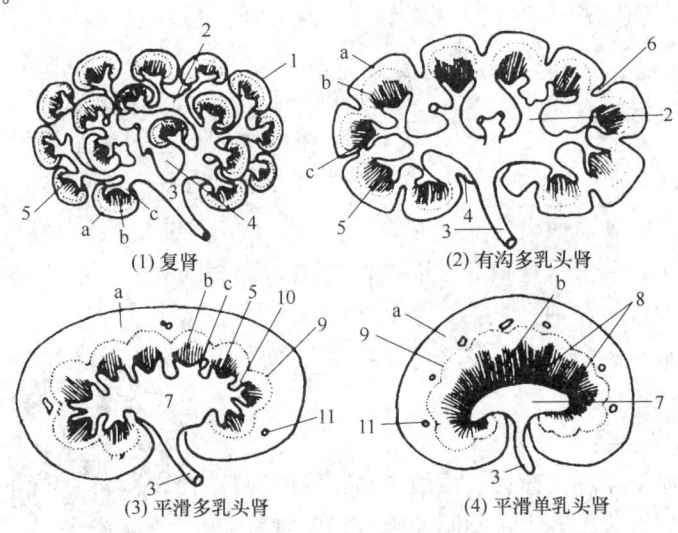

图6-5　兽类肾各型半模式图

1—小肾（肾小叶）　2—肾盏管　3—输尿管　4—肾窦　5—肾乳头
6—肾沟　7—肾盂　8—肾总乳头　9—交界线　10—肾柱
11—弓状血管　a—泌尿区　b—导管区　c—肾盏

3. 几种家畜肾的形态结构

（1）牛肾 属于有沟多乳头肾（图6-1）。右肾呈长椭圆形，上下稍扁，位于第12肋间隙至第2或第3腰椎横突的腹侧。肾门位于肾腹侧面的前部，接近内侧缘。左肾呈三棱形，前端较小，后端大而钝圆，可分为三个面：背侧面隆凸，与腹腔顶壁接触；腹侧面接肠管；前端外侧面，小而平直，与瘤胃相接。左肾因有较长的系膜，故常受瘤胃内食物的多少影响而位置不固定。

牛肾的肾叶明显，表面为皮质，内部为髓质。髓质形成较明显的肾锥体。肾乳头大部分单独存在，个别乳头较大，为两个乳头合并而成。

输尿管的起始端，在肾窦内形成前、后两条集收管。每条集收管又分出许多分支，分支的末端膨大形成肾小盏，每个肾小盏包围着一个肾乳头。

（2）猪肾 属于平滑多乳头肾。左、右肾均呈豆状，较长扁（图6-6）。两侧肾位置对称，均在最后胸椎及前3个腰椎腹面两侧。右肾前端不与肝相接。

肾门位于肾内侧缘正中部。猪肾的皮质完全合并，而髓质则是分开的。每个肾乳头均与一肾小盏相对，肾小盏汇入两个肾大盏，肾大盏汇注于肾盂，肾盂延接输尿管。

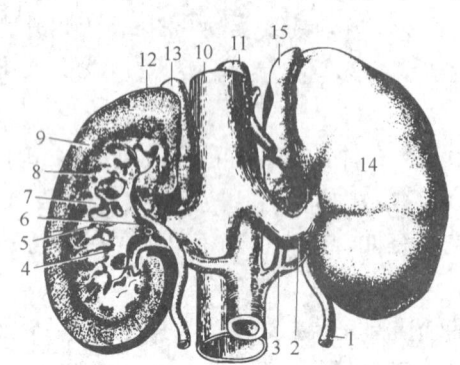

图6-6 猪肾（腹侧面，右肾剖开）
1—左输尿管 2—肾静脉 3—肾动脉 4—肾大盏
5—肾小盏 6—肾盂 7—肾乳头 8—髓质
9—皮质 10—后腔静脉 11—腹主动脉 12—右肾
13—右肾上腺 14—左肾 15—左肾上腺

（3）犬肾和羊肾 均属于平滑单乳头肾（图6-7、图6-8）。两侧肾均呈豆形，犬的右肾位置比较固定，位于前3个腰椎椎体的腹侧，有的前缘可达最后胸椎。左肾位置变化较大，当胃近于空虚时，肾的位置相当于2～4腰椎椎体腹侧。若胃内食物充满时，左肾向后移，其前端约与右肾后端相对应。羊的右肾位于最后肋骨至第2腰椎下，左肾在瘤胃背囊的后方，第4至第5腰椎下。羊和犬的肾除在中央纵轴为肾总乳头突入肾盂外，在总乳头两侧尚有多个肾嵴，肾盂除有中央的腔外，并形成相应的隐窝。

4. 肾的血液循环

（1）肾血液循环的途径 由腹主动脉发出的肾动脉，入肾门后分出若干条叶间动脉，在皮质与髓质交界处形成弯曲的弓形动脉。弓形动脉向皮质发出许多小叶间动脉，小叶间动脉又分支为入球小动脉。入球小动脉进入肾小球后分为数支毛细血管，

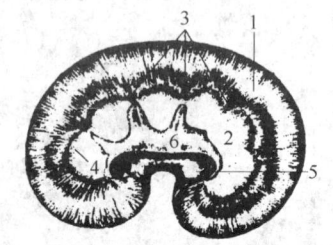

图6-7 犬肾纵切面
1—皮质 2—髓质 3—弓形动脉
4—髓放线 5—肾窦 6—肾总乳头

盘曲形成肾小球,之后汇合成出球小动脉。出球小动脉离开肾小囊后,在皮质和髓质的肾小管周围再次分支,形成毛细血管网,称为球后毛细血管网。肾小管周围的毛细血管网逐渐汇集成小叶间静脉,小叶间静脉汇集成弓形静脉、叶间静脉,最后经肾静脉开口于后腔静脉。

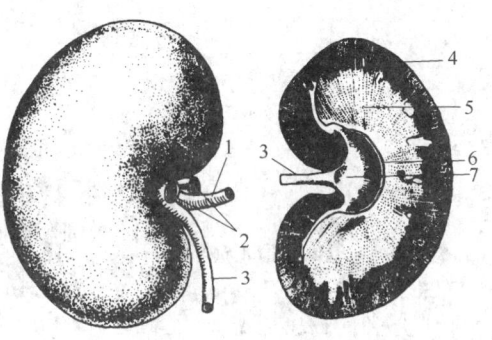

图 6-8 羊肾
1—肾动脉 2—肾静脉 3—输尿管 4—皮质
5—髓质 6—肾总乳头 7—肾盂

(2) 肾血液循环的主要特点 肾动脉直接来自腹主动脉,口径粗、行程短、血流量大;入球小动脉短而粗,出球小动脉长而细,因而肾小球内的血压较高;动脉在肾内两次形成毛细血管网,即血管球和球后毛细血管网。第二次形成的毛细血管血压很低,便于物质的吸收。

二、输 尿 管

输尿管为输送尿液的一对细而长的肌膜性管道。羊和猪的输尿管起自肾盂;牛的输尿管起自于两条收集管。输尿管自肾门出肾后,沿腹腔顶壁向后伸延,开口于膀胱内腔。输尿管在膀胱壁内的一段长约数厘米。当膀胱充盈时,壁内这段输尿管闭合,加之输尿管的蠕动,有阻止尿液从膀胱回流入输尿管的作用。输尿管壁由黏膜、肌层和外膜三层构成。

三、膀 胱

膀胱为暂时贮存尿液的囊状器官。前端圆钝,为膀胱顶。后端细小,为膀胱颈,以尿道内口与尿道相通;膀胱顶与膀胱颈之间的部分,称为膀胱体。

膀胱的伸缩性很大。空虚的膀胱,体积较小,略呈梨形,一般位于盆腔底的前部,其背侧在公畜为生殖器官和直肠;在母畜则为子宫和阴道。尿液充满时膀胱顶和膀胱体可向前伸至腹腔耻骨部。膀胱有左右输尿管口和尿道内口。膀胱壁由黏膜、肌层和浆膜(或外膜)构成。膀胱黏膜厚而柔软,收缩时集拢成许多黏膜壁,扩张时消失。上皮为变移上皮。膀胱的肌层较厚,在膀胱颈部形成膀胱颈内括约肌。

四、尿 道

公畜的尿道为一细而长的管状器官,除有排尿功能外,还兼有排精的作用。因此,又称为尿生殖道,它起自膀胱颈的尿道内口,开口于阴茎头的尿道外口,依其所在位置,可分为骨盆部和阴茎部。母畜尿道只是排尿,短而直,起自尿道

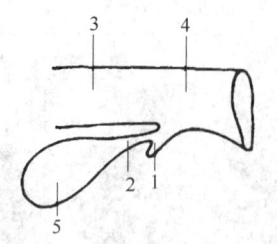

图6-9 母牛尿道下憩室
1—尿道下憩室 2—尿道 3—阴道
4—阴道前庭 5—膀胱

内口，开口于阴道前庭腹侧壁的前部、阴瓣的后方。

牛尿道黏膜层常有许多淋巴组织。猪和马的尿道黏膜有尿道腺。在公马和公羊尿道外口以尿道突凸出于龟头的前方。母牛尿道在阴道前庭的下方形成尿道下憩室。因此，在给母牛导尿时，应注意导尿管要直插，以免插入憩室内（图6-9）。

第二节 家禽泌尿系统

家禽的泌尿系统包括肾和输尿管，没有膀胱。

一、肾

禽肾狭长，红褐色，位于综荐骨两旁和髂骨的内面，前达最后椎肋骨，向后几乎抵达综荐骨的后端。

禽肾分为前、中、后三部。前、中部之间以髂外动脉为界，中、后部之间以坐骨动脉为界。无肾门和肾脂肪囊，血管、输尿管直接从肾的表面进出。

肾由许多肾小叶构成。肾小叶表层为皮质区，深部为髓质区，但由于肾小叶的分布深浅不一，皮质和髓质区分不很明显。皮质区由许多肾单位构成。禽肾的肾单位分为皮质型肾单位和髓质型肾单位两类。

禽肾的血管特点是入肾血管有肾动脉和肾门静脉两支，而出肾血管只有肾静脉一支。

二、输 尿 管

家禽的输尿管从肾中部走出（图6-10），沿肾的腹侧面向后延伸，最后开口于泄殖道。透过管壁常可看到尿酸盐的白色结晶。

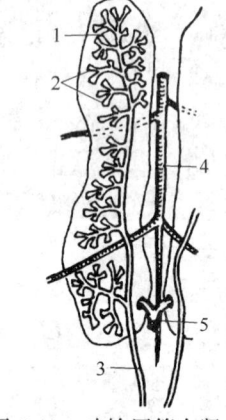

图6-10 鸡输尿管在肾内的
分支模式图（右肾，腹侧观）
1—初级分支 2—次级分支
3—输尿管 4—主动脉
5—肠系膜后静脉

第三节 泌 尿 生 理

一、尿的化学成分和理化特性

1. 尿的化学成分

尿是由水、无机物和有机物组成的。水分占96%～97%，无机物和有机物占 3%～4%。无机物主要是氯化钠、氯化钾，其次是碳酸盐、硫酸盐和磷酸盐。有机物主要是尿素，其次是尿酸、肌酐、肌酸、氨、尿胆素等。在使用药物时，尿液成分中还会出现药物的残余排泄物。

禽类没有肾盂和膀胱，生成的尿液经输尿管直接排入泄殖腔，随粪便一起排出体外。禽尿与兽类的尿相比较，主要区别在于禽尿尿酸含量大于尿素，肌酸含量大于肌酸酐。

2. 尿的理化特性

新鲜尿初排出时呈淡黄色，这主要来自尿胆素和尿色素。当尿量减少浓缩时，尿的颜色变深。刚排出的尿为清亮的水样液，如放置时间较长，则因尿中碳酸钙逐渐沉淀而变得浑浊。

尿的酸碱度随食物的性质而不同，pH 为 5.8～8.0，变动范围较大。草食动物的尿呈弱碱性，肉食动物的尿呈酸性，杂食动物的尿液呈中性。

尿的性质和组成在一定程度上能反映体内代谢的变化和肾的机能，故在临床实践中，常采用化验尿的办法，进行某些疾病的诊断。

二、尿 的 生 成

尿的生成是由肾单位和集合管协调完成的，即血液经过肾小球的滤过作用形成原尿。原尿再经过肾小管和集合管的重吸收作用以及分泌（或排泄）作用，最终形成终尿排出体外。

1. 肾小球的滤过作用

血液经过肾小球毛细血管时，血浆中的水和小分子溶质（包括少量相对分子质量较小的血浆蛋白），通过物理的滤过作用滤入肾小囊的囊腔而形成原尿。原尿中除了不含血细胞和大分子的蛋白质外，其他成分与血浆基本相同（表 6-1）。而发生肾小球的滤过作用取决于两个因素：一是肾小球滤过膜的通透性；二是肾小球的有效滤过压。其中，通透性是原尿产生的前提条件，有效滤过压则是原尿滤过的必要动力。

表 6-1　　　　　　　血浆、原尿和终尿成分比较

成分	血浆中含量/%	原尿中含量/%	终尿中含量/%	尿中浓缩倍数
水	90	98	96	—
蛋白质	8	0.03	0	—
葡萄糖	0.1	0.1	0	—
Na^+	0.33	0.33	0.35	1.1
K^+	0.02	0.02	0.15	7.5
Cl^-	0.37	0.37	0.6	1.6
磷酸盐	0.004	0.004	0.15	37.5
尿素	0.03	0.03	1.8	60
尿酸	0.004	0.004	0.5	12.5
肌酐	0.001	0.001	0.1	100.0
氨	0.0001	0.0001	0.04	400.0

(1) 肾小球滤过膜的通透性　血浆从肾小球毛细血管进入肾球囊腔，需要穿过三层结构的滤过膜：肾小球毛细血管内皮、肾小囊内层上皮以及两者之间的基膜。各层膜都有大小不等的窗孔、裂隙。其中以基膜上的空隙最小，它对大分子物质的通过起着主要的机械屏障作用。滤过膜上覆盖着负电荷的糖蛋白结构，能排斥带负电荷的血浆蛋白，限制它们的滤过。在病理情况下，滤过膜上带负电荷的糖蛋白减少或消失，就会导致带负电荷的血浆蛋白滤过量比正常时明显增加，从而出现蛋白尿。

(2) 有效滤过压　肾小球滤过作用的动力是滤过膜两侧的压力差。这种压力差称为肾小球的有效滤过压。有效滤过压，是由三种力量决定的：肾小球毛细血管血压较其他器官的毛细血管血压高，它是促使血浆透过滤过膜的力量；而血浆胶体渗透压和肾小囊内压是阻止血浆透过滤过膜的力量。因此，有效滤过压是这些力的代数和，可表达为下公式：

有效滤过压＝肾小球毛细血管血压－（血浆胶体渗透压＋囊内压）

正常情况下，肾小球毛细血管的平均血压约 9.3kPa；血浆胶体渗压 3.33kPa 与肾小囊内压 0.67kPa 的和约 4kPa，因而在滤过膜处存在着 5.3kPa 的有效滤过压（图 6-11）。所以，血浆中总有一部分水和溶质能不断透出滤过膜而进入肾小囊，生成原尿。

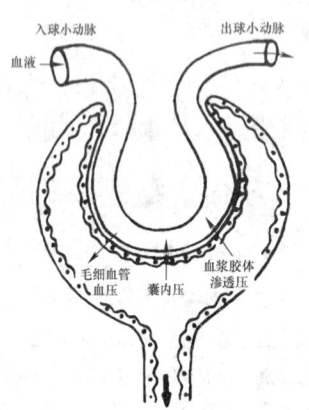

图 6-11　有效滤过压示意图

2. 肾小管和集合管的选择性重吸收

重吸收是指水和溶质从肾小管液中转运至血液中。肾小管滤出的原尿，在经过肾小管系统和集合管时，99%以上的小管液被重吸收回血液。

肾小管和集合管的重吸收作用具有一定的选择性。凡是对机体有用的物质，如葡萄糖、氨基酸、钠、氯、钙等，几乎全部或大部分被重吸收；对机体无用或用处不大的物质，如尿素、尿酸、肌酐、硫酸根、碳酸根等，则只有少许被重吸收或完全不被重吸收。

肾小管和集合管能将血浆或肾小管上皮细胞内形成的物质，如 H^+、K^+ 和 NH_4^+ 等分泌到肾小管腔中。同时也能将某些不易代谢的物质（如尿胆素、肌酸）或由外界进入体内的物质（如药物）排泄到管腔中。习惯上把前者称为分泌作用，后者称为排泄作用。

原尿经过肾小管和集合管的重吸收、分泌与排泄作用后形成终尿。终尿由输尿管输送到膀胱贮存。膀胱内的尿液充盈到一定程度时，再反射性地由尿道排出体外。

3. 影响肾小管重吸收的因素

影响肾小管重吸收的因素主要有三个。一是原尿中溶质的浓度；二是肾小管上皮的机能状态；三是激素的作用。

（1）原尿中溶质浓度的改变　当原尿中溶质浓度增加，并超过肾小管对溶质的重吸收限度时，原尿的渗透压就升高，而渗透压升高必将妨碍肾小管对水的重吸收，于是尿量增加。

（2）肾小管上皮细胞的机能状态改变　当肾小管上皮细胞因某种原因而被损害时，往往会影响它的正常吸收机能，从而使尿的质量发生改变。

（3）激素的影响　抗利尿素、醛固酮和甲状旁腺激素影响肾小管的重吸收作用，所以对尿液的质和量有一定的影响。

三、影响尿生成的因素

1. 滤过膜通透性的改变

肾小球滤过膜的通透性在正常情况下较为稳定。在其他因素不变的情况下，滤过膜通透性的改变可明显影响生成原尿的量和成分。急性肾小球肾炎时，由于肾小球内皮细胞肿胀，基膜增厚，除有效滤过面积减少外，滤过膜通透性能降低，致使平时能正常滤过的水和溶质减少滤过甚至不能滤过，出现少尿或无尿。

2. 有效滤过压的改变

构成肾小球有效滤过压的三种力量中，任一力量的改变都将影响肾小球的滤过作用。例如家畜在创伤、出血、烧伤等情况时，由于肾小球毛细血管血压降低，尿量减少；静脉输入大量的生理盐水使血液稀释时，血浆胶体渗透压降低，导致尿量增多；输尿管或肾盂有异物（如结石）堵塞或者因发生肿瘤而压迫肾小管时，都可造成囊内压升高，导致尿量减少。当肾血流量的改变也会影响滤过功能。肾血流量的变化对肾小球滤过作用有很大影响。一般来说，肾血流量增加，肾小球滤过率增大，原尿生成增多。反之，原尿生成减少。

3. 原尿溶质浓度过高

当原尿中溶质的量超过肾小管的重吸收限度时，会有部分溶质不能被重吸收。这些溶质使原尿的渗透压升高，阻碍水分的重吸收，引起多尿，这种多尿称为渗透性利尿。如静脉注射大量高渗葡萄糖溶液后会引起多尿。

4. 激素

影响尿生成的激素主要有抗利尿素和醛固酮。

抗利尿激素的作用是增加远曲小管对水的通透性，促进水的重吸收，从而使排尿量减少。反刍动物抗利尿激素还能增加 K^+ 排出。血浆渗透压升高和循环血量的减少，均可引起抗利尿激素的释放，创伤及一些药物也能引起抗利尿激素的分泌，减少排尿量。

醛固酮对尿生成的调节是促进远曲小管重吸收 Na^+，同时促进 K^+ 排出。即醛固酮具有保 Na^+ 排 K^+ 的作用。

四、排尿反射

尿的生成是连续不断的，而生成的尿液进入膀胱后要积存达一定量时，才间歇性地引起排尿反射动作，将尿液经尿道排放于体外。

当膀胱内的尿量充盈到一定程度时，膀胱内压升高，膀胱壁的牵张感受器受到尿压力刺激而发生冲动。冲动传到腰荐部脊髓的低级排尿中枢后，再传到大脑皮层的高级排尿中枢。在条件许可的情况下，大脑皮层就发出兴奋冲动，下行传至脊髓，引起低级排尿中枢兴奋，继而产生排尿。如果条件不许可，大脑皮层抑制区起作用，排尿暂时被抑制。

动物排尿的地点及排尿频率，可通过调教或训练加以控制。采用建立条件反射的方法，使动物能定时定点排尿，对于节省管理用工、减轻劳动强度和改善环境条件均具有实际意义。

技能训练

一、泌尿器官的识别

目的与要求

识别牛、猪、羊、犬的肾和膀胱的形态、位置和构造。

材料与设备

牛、猪、羊、犬的肾模型、尸体或肾及膀胱离体标本、解剖器械。

步骤与方法

（1）在牛、猪、羊、犬的尸体上识别肾、输尿管、膀胱等器官的位置、形态和构造。

（2）在新鲜肾或肾标本的横断面上识别肾小叶、皮质、髓质、肾乳头、肾小盏等构造。

技能考核

识别肾的形态和构造。

二、肾组织结构的识别

目的与要求

识别肾的组织构造，进一步理解尿的生成过程。

材料与设备

生物显微镜、家畜肾脏组织切片、幻灯机、家畜肾组织幻灯片。

步骤与方法

教师先用幻灯片演示并讲解家畜肾的组织构造。学生在显微镜下，识别肾的下列结构：肾小球、肾小囊、肾小囊腔和肾小管。

技能考核

在显微镜下识别牛肾的组织构造。

三、影响尿生成因素的观察

目的与要求

了解一些生理因素对尿生成的影响。

材料与设备

兔、注射器、手术台、手术器械、膀胱套管、生理多用仪（或记滴器、电磁标、感应）、保护电极、2%戊巴比妥钠溶液、20%葡萄糖溶液、肾上腺素、垂体后叶素、生理盐水、烧杯。

步骤与方法

（1）实验准备　家兔在实验前给予足够的饮水。以2%的戊巴比妥钠溶液静脉注射麻醉后，再固定于手术台上。

尿液的收集可选用膀胱套管法：切开腹腔，在耻骨联合前找到膀胱，在其腹面正中作一荷包缝合，再在中心剪一小口，插入膀胱套管，收紧缝线，固定膀胱套管，在膀胱套管及所连橡皮管和直套管内充满生理盐水，将直套管下端连于记滴装置（对雌性动物，为防止尿液经尿道排出，影响实验结果，可在膀胱颈部结扎）。

（2）实验项目

① 记录正常情况下每分钟尿分泌的滴数。可连续计数5~10min，求其平均数并观察动态变化。

② 耳静脉注射38℃的生理盐水20mL，记录每分钟尿分泌的滴数。

③ 耳静脉注射38℃的葡萄糖溶液10mL，记录每分钟尿分泌的滴数。

④ 耳静脉注射0.1%肾上腺素0.5~1mL，记录每分钟尿分泌的滴数。

⑤ 耳静脉注射垂体后叶素1~2单位，记录每分钟尿分泌的滴数。

注意：在进行每一项实验步骤时，必须保持尿量基本恢复或者相对稳定后才开始，而且在每项实验前后，都要有对照记录。

技能考核

记录各项实验的结果，并能对结果做出正确解释。

复习思考题

1. 简述家畜泌尿系统的组成。
2. 简述家禽泌尿系统的特征。
3. 简述牛、猪、羊、犬、鸡的肾的形态和位置。
4. 简述肾单位的组成。
5. 简述肾脏的生理功能。
6. 尿液是如何形成的？简述其基本过程。
7. 尿液的生成受哪些因素影响？
8. 家畜机体出现少尿、多尿和蛋白尿的原因有哪些？

第七章 生殖系统

知识目标:
- 应知公牛、母牛、公猪、母猪、公犬、母犬的生殖系统的组成;
- 应知牛、猪、犬的睾丸、阴囊、卵巢、子宫的位置、形态、构造和机能;
- 应知性成熟、发情周期、受精、妊娠、分娩、精液等生殖生理知识;
- 应知家禽生殖系统的解剖生理特点。

技能目标:
- 应能识别牛、猪、犬、鸡的主要生殖器官的形态和位置;
- 应能识别睾丸和卵巢的组织构造。

生殖系统是家畜和家禽繁殖后代,保证物种延续的系统,它能产生生殖细胞(精子或卵子),并分泌性激素。在神经系统与脑垂体的共同作用下,调节生殖器官的功能活动。性激素对维持第二性征有重要作用。生殖系统分为雄性生殖系统和雌性生殖系统。

第一节 生殖系统的构造

一、公畜生殖系统的构造

公畜生殖系统由睾丸及附睾、输精管和精索、阴囊、尿生殖道、副性腺、阴茎和包皮所构成(图 7-1、图 7-2、图 7-3)。

1. 睾丸

(1)睾丸的位置、形态和功能 睾丸是成对的实质性器官,位于阴囊内,它的主要功能是产生精子和分泌雄性激素。睾丸一般呈椭圆形。与附睾相连的一侧,称为附睾缘;另一侧为游离缘。血管和神经出入的一端为睾丸头,睾丸头与附睾头相连;另一端为睾丸尾,与附睾尾相连(图 7-4)。

睾丸在胚胎期位于腹腔内,当胎儿发育到一定程度,睾丸与附睾一起经腹股沟管下降到阴囊腔内,这个过程称为睾丸下降。家畜出生后,如果一侧或两侧睾丸仍留在腹腔内,称为隐睾,这种家畜没有生殖能力,不宜作种用。

① 公牛的睾丸:比较发达,呈垂直方向,睾丸头朝向上方,睾丸尾朝向下方,睾丸的附睾缘朝向后方。

② 公猪的睾丸:公猪的睾丸很发达,呈椭圆形,位于会阴部,纵轴斜向后上方。睾丸头位于前下方。

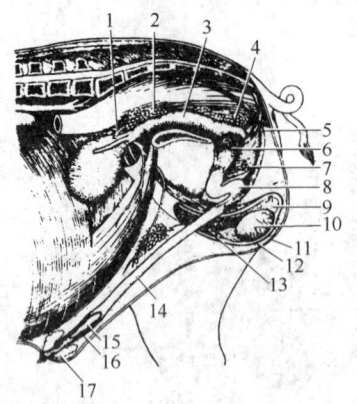

图7-1　公猪生殖器官模式图
1—输精管　2—精囊腺　3—尿生殖道　4—尿道球腺
5—阴茎缩肌　6—坐骨海绵体肌　7—球海绵体肌
8—阴茎乙状曲　9—附睾　10—睾丸　11—阴囊
12—总鞘膜　13—精索　14—阴茎　15—阴茎头
16—包皮　17—包皮憩室

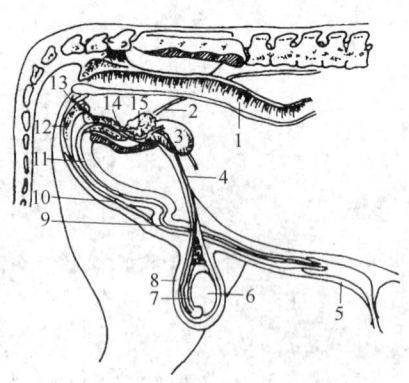

图7-2　公牛生殖器官模式图
1—直肠　2—输精管　3—膀胱　4—输精管
5—包皮　6—右侧睾丸　7—附睾　8—阴囊
9—阴茎乙状弯曲　10—阴茎退缩肌
11—尿生殖道　12—坐骨海绵体肌
13—尿道球腺　14—前列腺　15—精囊腺

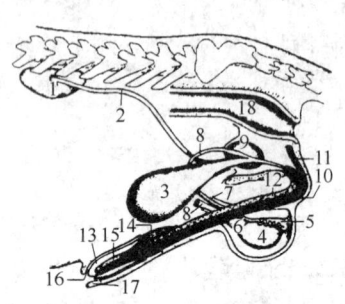

图7-3　公犬的泌尿和生殖器官
1—右肾　2—输尿管　3—膀胱　4—睾丸　5—附睾　6—精索
7—腹股沟管　8—输精管　9—前列腺　10—尿道海绵体
11—阴茎退缩肌　12—阴茎海绵体　13—阴茎头
14—阴茎头球　15—阴茎骨　16—包皮腔
17—包皮　18—直肠

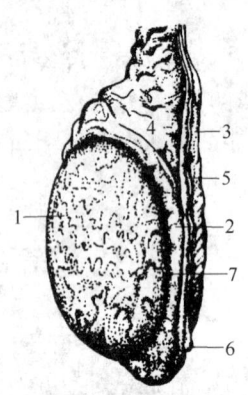

图7-4　公牛的睾丸（外侧面）
1—睾丸　2—附睾　3—输精管
4—精索　5—睾丸系膜
6—阴囊韧带　7—附睾窦

③公犬的睾丸：体积较小，呈卵圆形，睾丸纵膈很发达。

(2) 睾丸的组织构造　睾丸由被膜和实质组成。

①被膜：除附睾缘外，睾丸的表面均覆盖着一层浆膜，即固有鞘膜。浆膜深面为由致密结缔组织构成的白膜。白膜结缔组织在睾丸头处伸入到睾丸实质内，形成睾丸纵隔。自睾丸纵隔上分出许多呈放射状排列的结缔组织隔，称为睾丸小隔。睾丸小隔伸入到睾丸实质内，将睾丸实质分成许多锥形的睾丸小叶。

②实质：睾丸的实质由曲细精管、直细精管、睾丸网和间质细胞组成。在每个睾丸小叶内有2～3条以盲端起始的、弯曲的曲细精管。曲细精管伸向睾丸

纵隔,在接近纵隔处变直,称为直细精管。各个睾丸小叶的直细精管进入睾丸纵隔内,并相互吻合在一起呈网状,称为睾丸网。睾丸网汇合成数条较粗的睾丸输出管,穿出睾丸头的白膜,进入附睾头(图7-5)。

曲细精管(图7-6)由两类细胞组成:生精细胞和支持细胞。前者是形成精子的细胞,后者起支持、营养和分泌等作用。生精细胞包括精原细胞、初级精母细胞、次级精母细胞、精细胞和精子。各级生精细胞散布在支持细胞之间,镶嵌在其侧面。精子是一种形态很特殊的细胞,形似蝌蚪,分头和尾两部分。新形成的精子,其头部往往仍镶嵌在支持细胞的游离端,尾部朝向管腔。精子成熟后,脱离支持细胞进入管腔。间质细胞位于相邻曲细精管之间,能够分泌雄性激素。

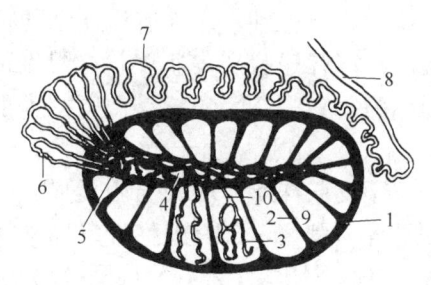

图7-5 睾丸和附睾结构模式图
1—白膜 2—睾丸间隔 3—曲细精管 4—睾丸网
5—睾丸纵隔 6—输出小管 7—附睾管
8—输精管 9—睾丸小叶 10—直细精管

图7-6 睾丸曲细精管切面
1—毛细血管 2—间质组织 3—初级精母细胞
4—足细胞 5—精子细胞 6—次级精母细胞
7—精子 8—基膜 9—间质细胞
10—精原细胞

2. 附睾

附睾可分为附睾头、附睾体和附睾尾三部分。与睾丸头相连的膨大部分称为附睾头,附睾头由睾丸输出管穿出睾丸白膜形成。附睾管是一条长而高度盘曲的小管,构成附睾体和附睾尾。在附睾尾处管径增大,延续为输精管。

附睾尾借附睾韧带与睾丸尾相连。附睾韧带由附睾尾延续到阴囊总鞘膜的部分,称为阴囊韧带。做去势手术时,必须切断阴囊韧带和睾丸系膜后,才能取下睾丸及附睾。

牛的附睾位于睾丸的后面;猪的附睾很发达,位于睾丸的后上端;犬的附睾较大,紧附于睾丸背外侧。

附睾具有贮存、运输、浓缩和成熟精子的功能。

3. 输精管

输精管为运送精子的细长的管道。它在附睾尾处起自于附睾,由附睾尾进入精索后缘内侧的输精管褶中,经腹股沟管上行进入腹腔,再向后转入骨盆腔,在膀胱背侧的尿生殖褶中继续向后伸延,开口于尿生殖道起始部背侧壁精阜的两侧。在膀胱的背侧，输精管膨大，形成输精管壶腹。

4. 精索

精索为上窄下宽的扁圆锥形索状物，基部附着在睾丸、附睾上，上端可达腹股沟管腹环。精索内含有睾丸动脉、静脉、神经、淋巴管、睾内提肌和输精管，外面包有固有鞘膜，并借睾丸系膜固定在总鞘膜的后壁。去势时要结扎和截断精索。

5. 阴囊

阴囊是由腹壁下陷所形成的囊状结构，里面容纳睾丸、附睾和部分精索。位于两侧股部之间或肛门的腹侧。阴囊壁的结构与腹壁相似，由外向内依次为皮肤、肉膜、肉膜下筋膜、睾外提肌和总鞘膜（图7-7）。

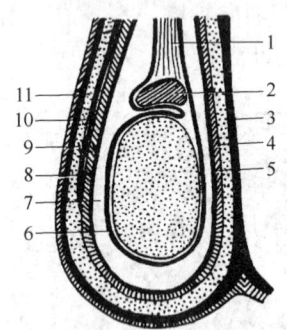

图7-7 阴囊结构模式图
1—精索 2—附睾 3—阴囊中隔
4—总鞘膜纤维层 5—总鞘膜
6—固有鞘膜 7—鞘膜腔
8—睾外提肌 9—筋膜
10—肉膜 11—皮肤

（1）皮肤 薄而富有弹性，表面有短而细的被毛。在阴囊皮肤内，富有汗腺和皮脂腺。在阴囊正中，有皮肤皱褶称为阴囊缝。阴囊缝是做阉割术下刀的定位标志。

（2）肉膜 位于皮肤深层。表面与阴囊皮肤牢固结合在一起，不容易剥离，含有弹性纤维和平滑肌。肉膜在阴囊正中形成阴囊中隔，将阴囊分为左、右互不相通的两个腔。

（3）肉膜下筋膜 位于肉膜内面，连接于肉膜与睾外提肌和总鞘膜之间。

（4）睾外提肌 包在总鞘膜的外侧面和后面。外提肌收缩或舒张，能够升降阴囊和睾丸，调节阴囊内的温度以利于精子的生长和发育。

（5）总鞘膜 为阴囊的最内层，由腹膜壁层延续而来。腹膜经腹股沟管伸延到阴囊内，被覆于阴囊内表面，称为总鞘膜。总鞘膜折转而被覆于睾丸、附睾和输精索的表面，称为固有鞘膜。总鞘膜与固有鞘膜之间的腔隙，称为鞘膜腔，内含少量浆液。在腹股沟管内的鞘膜腔呈线形的长管为鞘膜管（或称为腹股沟管）。鞘膜管以鞘环与腹膜腔相通。如果鞘环大，腹腔内活动范围较大的小肠就有可能经鞘环脱入鞘膜管或鞘膜腔内，形成腹股沟疝或阴囊疝，需手术进行修复。

6. 尿生殖道

尿生殖道为尿液和精液排出的共同通道，起于膀胱颈，沿骨盆底壁正中向后方伸延，绕过坐骨弓，再沿阴茎腹侧的尿道沟前行，开口于阴茎头。尿生殖道可分为骨盆部和阴茎部，两者之间以坐骨弓为界。

尿生殖道骨盆部：起于膀胱颈，沿骨盆腔底正中向后伸延，背侧与直肠相邻。

尿生殖道阴茎部：起于坐骨弓，沿两侧阴茎脚之间及尿道沟伸延，开口于阴茎头。

7. 副性腺

副性腺包括前列腺、成对的精囊腺及尿道球腺（图7-8），其分泌物与输精管壶腹部的分泌物，以及睾丸生成的精子共同组成精液。副性腺的分泌物有稀释精子、营养精子及改善阴道环境等作用，有利于精子的生存和运动。

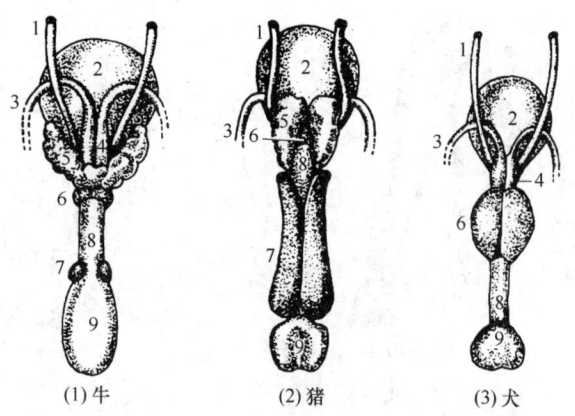

图7-8 几种家畜的副性腺示意图
1—输尿管 2—膀胱 3—输精管 4—壶腹腺 5—精囊腺
6—前列腺 7—尿道球腺 8—尿生殖道骨盆部 9—阴茎球

（1）精囊腺 左、右各一，位于膀胱颈背侧的尿生殖褶中，输精管壶腹的外侧。排泄管开口于尿生殖道背侧壁的精阜。

（2）前列腺 位于尿生殖道起始部的背侧。其输出管较多开口于尿生殖道起始部背侧的黏膜上。

（3）尿道球腺 位于尿生殖道骨盆部末段的背后侧，被球海绵体覆盖。有些动物，如狗，无尿道球腺。该腺开口于尿生殖骨盆部末端背侧的黏膜上。

凡是幼龄去势的家畜，副性腺不能正常发育。

8. 阴茎

阴茎为公畜的交配器官，位于腹壁的腹侧，起于坐骨弓，向前方伸延至脐部。它分为阴茎根、阴茎体和阴茎头三部分。

（1）牛的阴茎 较长而细，在阴囊后方形成"乙"弯曲。从阴茎根向前逐渐变细，前端扭转部分称为阴茎头（图7-9）。

（2）羊的阴茎 公羊的阴茎与牛的基本相似，但阴茎头构造特殊，其前端有一细而长的尿道突，公绵羊的阴茎长3～4cm，呈弯曲状（图7-9）；公山羊的阴茎较短而直。射精时，尿道突可迅速转动，将精液射在子宫颈外口的周围。

（3）猪的阴茎 阴茎"乙"状弯曲位于阴囊的前部，阴茎头呈螺旋状扭转，勃起时螺旋状扭转明显。尿生殖道外口位于阴茎头前端的腹外侧（图7-10）。

（4）犬的阴茎 公犬的阴茎有一块长约10cm的阴茎骨。阴茎骨相当于海绵体的一部分，骨化而成。阴茎头很长，盖在阴茎骨的表面，其起始部膨大，称为龟头球，内有勃起组织。

9. 包皮

包皮为由皮肤折转而形成的管状皮肤套，容纳和保护阴茎（图7-10）。

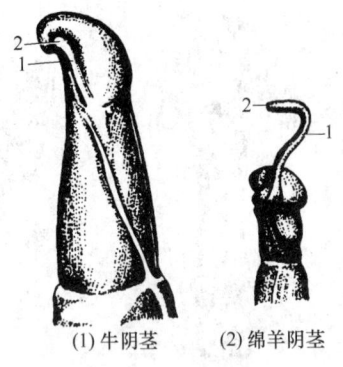
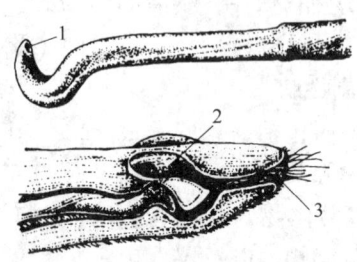

图7-9 牛、羊的阴茎前端
(1) 牛阴茎 (2) 绵羊阴茎
1—尿道突 2—尿道外口

图7-10 猪的阴茎前端和包皮
1—尿道外口 2—包皮盲囊 3—包皮口

二、母畜生殖系统的构造

母畜生殖器官由卵巢、输卵管、子宫、阴道、尿生殖前庭和阴门组成（图7-11）。

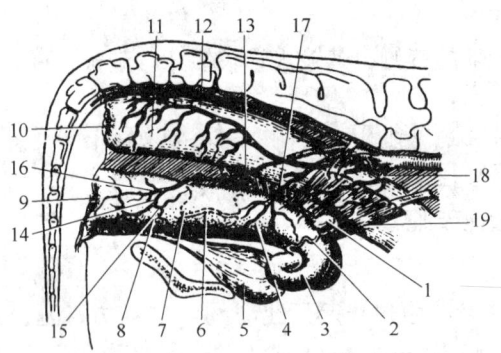

图7-11 母牛生殖器官位置关系（右侧观）
1—卵巢 2—输卵管 3—子宫角 4—子宫体 5—膀胱
6—子宫颈管 7—子宫颈阴道部 8—阴道 9—阴门
10—肛门 11—直肠 12—荐中动脉 13—髂内动脉
14—尿生殖动脉 15—子宫后动脉 16—阴部内动脉
17—子宫中动脉 18—子宫卵巢动脉 19—子宫阔韧带

1. 卵巢

（1）卵巢的形态和位置 卵巢是成对的实质器官。卵巢以卵巢系膜悬吊在腹腔的腰部，肾的后下方或骨盆腔前口的两侧。后端以卵巢固有韧带与子宫角相连；前端接输卵巢伞。分布于卵巢的血管、神经随卵巢系膜出入卵巢，卵巢系膜附着的部分称为卵巢门。

牛的卵巢：呈椭圆形（图7-12）。位于骨盆腔前口的两侧，子宫角前端的背侧，妊娠后则位置靠前。在卵巢表面有大小不等的突出的卵泡。

猪的卵巢：呈淡红色（图7-13）。随年龄的变化，其形态、大小及位置也发生变化。性成熟以前的小母猪，卵巢呈椭圆形，表面光滑。位于荐骨岬两侧的后方，膀胱的前上方。其位置比较固定。性成熟及经产母猪，卵巢呈葡萄状，包在卵巢囊内。位于髋结节前缘的横断面上或髋结节与膝关节连线的中点的水平面上。

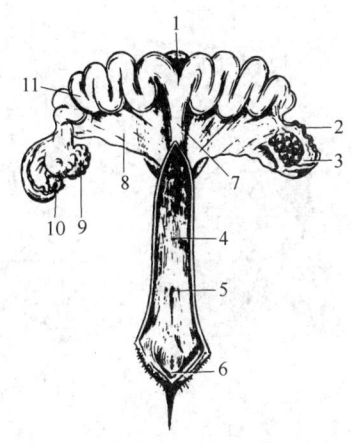

图 7-12 母牛生殖器模式图
1—卵巢 2—输卵管伞 3—子宫角 4—子宫阜
5—子宫体 6—子宫颈 7—尿道外口
8—前庭大腺开口 9—阴道前庭
10—阴蒂 11—前庭大腺

图 7-13 母猪的生殖器官（背侧面）
1—膀胱 2—输卵管 3—卵巢囊 4—阴道黏膜
5—尿道外口 6—阴蒂 7—子宫体 8—子宫阔韧带
9—卵巢 10—输卵管腹腔 11—子宫角

犬的卵巢：较小，呈长卵圆形（图 7-14）。两侧卵巢位于距同侧肾脏的后端 1~2cm 处的卵巢囊内，卵巢囊的腹侧有裂口。

（2）卵巢的组织结构 卵巢的结构可分为被膜和实质，实质又由皮质和髓质构成。一般皮质位于外周，髓质分布于中央，但马属动物的位置正好倒置，皮质结构在中央靠近排卵窝处（图 7-15、图 7-16）。

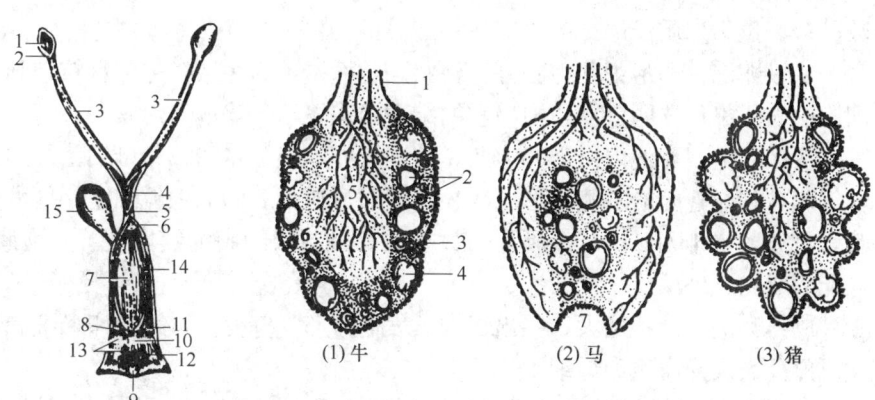

图 7-14 母犬的生殖器官
1—卵巢 2—卵巢囊 3—子宫角
4—子宫体 5—子宫颈 6—子宫颈阴道部
7—尿道 8—阴瓣 9—阴蒂
10—尿生殖前庭 11—尿道外口
12、13—前庭小腺开口 14—阴道
15—膀胱

图 7-15 牛、马、猪卵巢结构示意图
1—浆膜 2—卵泡 3—生殖上皮 4—黄体 5—髓质
6—皮质 7—排卵窝

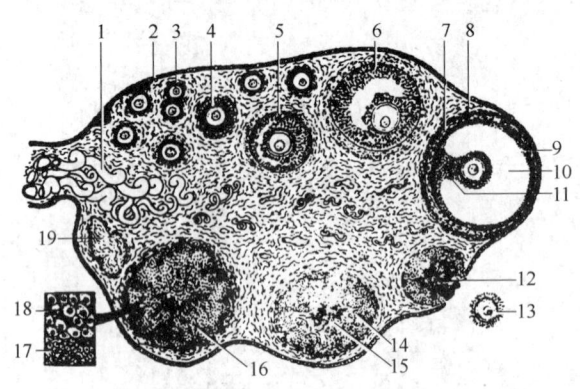

图 7-16 家畜卵巢结构示意图

1—血管 2—生殖上皮 3—原始卵泡 4—早期生长卵泡（初级卵泡）
5、6—晚期生长卵泡（次级卵泡） 7—卵泡外膜 8—卵泡内膜
9—颗粒膜 10—卵泡腔 11—卵丘 12—血体 13—排出的卵
14—正在形成中的黄体 15—黄体中残留的凝血 16—黄体
17—膜黄体细胞 18—颗粒黄体细胞 19—白体

① 被膜：由生殖上皮和白膜组成。卵巢表面除卵巢系膜附着部外，都被覆有一层生殖上皮，它是卵细胞发生的最初部位。在生殖上皮的深部，有一薄层由致密结缔组织构成的白膜。马的卵巢仅在排卵窝处有生殖上皮分布，其余部分由浆膜覆盖。

② 实质：卵巢的实质包括皮质和髓质两部分，皮质含有许多发育不同阶段的各级卵泡；髓质含有丰富的血管、神经、淋巴管和平滑肌等。

a. 卵泡的发育：卵泡由中央的卵母细胞及其周围的卵泡细胞组成的一个球状结构。

根据卵泡发育中结构的变化分为原始卵泡、生长卵泡（初级卵泡和次级卵泡）和成熟卵泡三个阶段。

原始卵泡：由中央初级卵母细胞及周围单层扁平的卵泡细胞组成，体积小，数量多，位于皮质浅层。

初级卵泡：卵泡细胞为立方、柱状，进而增殖为多层，称为颗粒细胞。卵母细胞的表面出现透明带。卵泡周围的结缔组织逐渐分化成卵泡膜。

次级卵泡：卵泡内出现卵泡腔，腔内有卵泡液，将初级卵母细胞及周围的颗粒细胞挤到卵泡腔的一侧，形成卵丘。紧靠透明带表面的颗粒细胞，增大变成柱状，呈放射状排列，这层细胞称为放射冠。颗粒层细胞继续增殖。卵泡膜增厚，且能分成内、外两层。

成熟卵泡：体积增大，突出于卵巢表面，卵泡壁变薄，初级卵母细胞经第一次成熟分裂成为次级卵母细胞。

b. 排卵：成熟卵泡破裂，次级卵母细胞及其外周的透明带和放射冠随卵泡液一起排出卵巢，这一过程称为排卵。排出的次级卵母细胞如受精，则很快完成第二次成熟分裂，产生一个成熟的卵细胞（合子）和一个第二极体。排卵时，由于成熟卵泡破裂，同时会伴随出血，血液进入原来卵泡腔内，使该处明显变红，称红体。

c. 黄体的形成和退化：随着颗粒层细胞周围血管和卵泡膜伸入卵泡，逐渐将血液吸收，在黄体生成素的作用下，颗粒层细胞和卵泡膜内层的膜细胞分化成具有内分泌功能的细胞，新鲜时呈黄色，称为黄体。黄体细胞分泌孕激素。如果卵细胞受精，继续增大，称为妊娠黄体，可维持几个月，然后逐渐萎缩；如果卵细胞未受精，黄体可维持2周左右，然后逐渐退化并被结缔组织代替变为白体。

d. 闭锁卵泡：正常情况下，卵巢内绝大多数卵泡不能发育成熟，而在各发育阶段中逐渐退化，称为闭锁卵泡。

2. 输卵管

输卵管为卵巢与子宫角之间细长而弯曲的管道，是输送卵细胞受精的场所。

输卵管的前端膨大呈漏斗状，称为输卵管漏斗。漏斗边缘具有形状很不规则的皱褶，称为输卵管伞。输卵管伞前部的部分皱褶附着在卵巢的前部，其余的大部分皱褶边缘是游离的。输卵管漏斗深部有输卵管腹腔口，输卵管以腹腔口与腹腔相通。输卵管的后端，以输卵管子宫口与子宫角相通；在卵巢附近，输卵管系膜与卵巢固有韧带之间形成卵巢囊。卵巢囊是保证卵细胞顺利进入输卵管的主要构造。

输卵管的管壁由黏膜层、肌层和浆膜构成。

3. 子宫

（1）子宫的形态和位置　子宫借子宫阔韧带悬吊在腰下部，大部分位于腹后部，少部分位于骨盆腔内。背侧与直肠相邻；腹侧与膀胱相邻；子宫角的前端与输卵管相连；后部与阴道相通；两侧与骨盆腔侧壁及肠管相邻。在妊娠期间，子宫突入腹腔内。

家畜子宫多是双角子宫，可分为子宫角、子宫体和子宫颈三部分。

① 子宫角：为子宫的前部，呈弯曲的圆筒状，位于腹腔内。子宫角的前端，与输卵管相通；后端与对侧子宫角相汇合形成子宫体。

② 子宫体：呈直的圆筒状，前半部位于腹腔内，后半部位于骨盆腔内。向后延续为子宫颈。

③ 子宫颈：是子宫体向后的延续部分。全部位于骨盆腔内。子宫颈的壁很厚，呈直的管状。子宫颈管的前端与子宫体相通；后端与阴道相通。子宫颈管平时闭合，发情时稍松弛，分娩时扩大。有些家畜的子宫颈后部突入阴道内，形成子宫颈阴道部。

（2）牛(羊)、猪、犬的子宫特点

① 牛(羊)的子宫：成年母牛的子宫，由于瘤胃的挤压，大部分位于腹腔后部的右侧。两侧子宫角的后部以肌肉和结缔组织相连，表面被覆浆膜，从外观看，很像子宫体，因此，称为伪子宫体。子宫体较短。子宫颈黏膜突起嵌合成螺旋状，子宫颈外口呈菊花状，形成子宫颈阴道部。子宫体和子宫角的黏膜上，有四排圆形隆起的子宫阜，羊的子宫阜呈纽扣状，中央凹陷。子宫阜在怀孕时特别大，是子宫壁与胎膜相结合的部位。

② 猪的子宫：子宫角很长，成年母猪为 1～1.5m，呈肠袢状弯曲，子宫体短，子宫颈细长。子宫颈的黏膜在两侧集聚成两排半圆形隆起，相间排列，因此，子宫颈管呈螺旋状。

③ 犬的子宫：子宫口很小，子宫角细而长，子宫角的分歧角成"V"字形。子宫体很短，子宫颈很短，壁厚，其后端形成圆柱状突入阴道。

4. 阴道

阴道是一个圆筒状的器官，平时扁塌，它既是交配器官，也是产道。阴道位于骨盆腔内，前连子宫，后接尿生殖前庭。背侧与直肠相邻，腹侧与膀胱和尿道相邻。牛、马在阴道的前端，子宫颈阴道部的周围具有环形腔隙，称为阴道穹隆。

5. 尿生殖前庭

尿生殖前庭既是交配器官，也是产道，同时也是尿液排出的必经之路，呈短筒状，前连阴道，后部以阴门与外界相通。

尿生殖前庭的黏膜呈淡红色，在与阴道交界处的底壁上，有一横行的黏膜褶，称为阴道瓣。阴道瓣的后方，有尿道外口。在尿道外口后部的底壁上，有前庭小腺的开口；在背侧壁的两侧，有前庭大腺的开口。

6. 阴门

阴门是泌尿、生殖系统与外界相通的自然孔道，也是尿生殖前庭的外口。位于肛门的腹侧，以会阴部与肛门隔开。阴门由两侧的阴唇构成，阴唇之间的裂隙为阴门裂。在阴门裂腹侧联合的内侧，有一小的突起，称为阴蒂。

三、家禽生殖系统的构造

（一）公禽生殖系统的构造

雄禽生殖系统由睾丸、附睾、输精管和交配器等组成（图 7-17）。

1. 睾丸

睾丸 1 对，位于腹腔内，以短的系膜悬于肾前部的腹侧。睾丸位置的体表投影相当于最后两椎肋骨的上部。睾丸的大小和色泽因品种、年龄、生殖季节而有很大变化：在幼禽只有米粒大，淡黄或黄色；成年禽在生殖季节大如鸽蛋，呈黄白或白色，在非生殖季节则萎

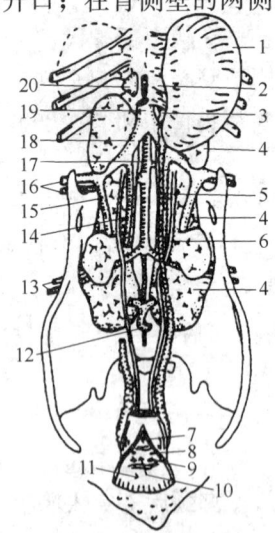

图 7-17 公鸡泌尿生殖器官（腹侧观，右睾丸和部分输精管已切除）

1—（左）睾丸 2—睾丸系膜 3—附睾
4—左肾前部中部和后部 5—输精管 6—输尿管
7—泄殖腔粪道 8—输尿管口 9—输精管乳头
10—泄殖道 11—肛道 12—肠系膜后静脉
13—坐骨血管 14—肾后静脉 15—肾门静脉
16—髂外血管 17—主动脉 18—髂总静脉
19—后腔静脉 20—（右）肾上腺

缩变小。

睾丸外面包有浆膜和一层薄的白膜；睾丸间质不发达，不形成睾丸小隔和纵隔。作为实质的精小管，在生殖季节加长、增粗。

2. 附睾

附睾小，位于睾丸的背内侧缘，又称睾丸旁导管系统，由睾丸输出管和短的附睾管构成。附睾管出附睾后延续为输精管。

3. 输精管

输精管是1对弯曲的细管，与输尿管并行，向后因管壁平滑肌增多而逐渐变粗。其终部略扩大，埋于泄殖腔壁内，末端形成输精管乳头，突出于输尿管口的外下方。输精管是精子成熟和主要的贮存处，在生殖季节加长增粗，弯曲密度也变大，因贮有精液而呈乳白色。

禽没有副性腺，精清主要由精小管、睾丸输出管及输精管的上皮细胞所分泌。

4. 交配器

公鸡的交配器有3个并列的小突起，称为阴茎体，位于肛门腹侧唇的内侧，刚孵出的雏鸡可以此来鉴别雌雄。交配时，1对外侧阴茎体因充满淋巴而增大，中间形成阴茎沟，插入母鸡阴道内。

鸭和鹅的阴茎较发达，位于肛道腹侧偏左，由大小两个螺旋形的纤维淋巴体和产生黏液的腺部构成。阴茎游离部在平时因退缩肌的作用而缩入基部内，位于肛道壁外的囊中；当充满淋巴时则阴茎沟几乎闭合成管，阴茎勃起并伸出。

（二）母禽生殖系统的构造

母禽生殖系统由卵巢和输卵管构成，但仅左侧发育正常，右侧退化（图7-18）。

1. 卵巢

卵巢以短的系膜悬挂于左肾前部腹侧。幼禽的卵巢为扁平形，灰白或白色，表面略呈颗粒状，被覆生殖上皮。皮质区内有卵泡；髓质区为疏松组织和血管。随年龄和性活动期，卵泡不断发育生长，卵泡内的卵细胞逐渐贮积卵黄，并突出于卵巢表面，至排卵前7~9d，仅以细的卵泡蒂与卵巢相连。排卵时，卵泡膜在薄弱而无血管的卵泡斑处破裂，将卵子释出。禽卵泡没有卵泡腔和卵泡液，排卵后也不形成黄体，卵泡膜于两周内退化消失。产蛋期经常保持有4~5个成熟卵泡，呈葡萄状。停产期卵

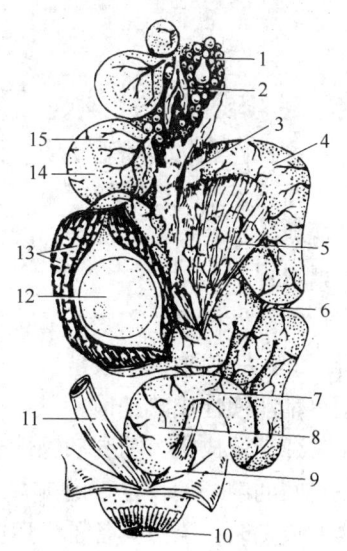

图7-18 母鸡生殖器官
1—卵巢 2—排卵后的卵泡膜 3—漏斗
4—膨大部 5—输卵管腹侧韧带
6—背侧韧带 7—峡 8—子宫
9—阴道 10—肛门 11—直肠
12—在膨大部中的卵 13—黏膜
14—卵泡 15—成熟卵泡

巢回缩，到下一个产蛋期又开始生长。

2. 输卵管

左输卵管以其背侧韧带悬挂于腹腔背侧偏左；腹侧以富含平滑肌的游离腹侧韧带，向后固定于阴道。输卵管在幼禽时期是一条细而直的小管，到产蛋期发育为管壁增厚而弯曲的长管道，长度可达躯干长的 1 倍以上，至停产期则逐渐回缩。

根据构造和功能，输卵管由前向后分为漏斗、膨大部、峡部、子宫和阴道五部分。漏斗的前部形成漏斗伞，朝向卵巢，边缘薄而形成伞状，中央为漏斗口。膨大部又称为蛋白分泌部，最长，黏膜形成略呈螺旋形的纵襞，在活动期呈乳白色，内有发达的、能分泌蛋白的腺体。峡部细而短，黏膜褶较低；峡部腺体分泌角蛋白，形成蛋壳膜。子宫又称为壳腺部，最宽，呈囊状，壁较厚，肌层发达；黏膜呈灰或灰红色，形成小而密的皱襞，腺体分泌碳酸盐，形成蛋壳及其色素。卵在此停留的时间最长。阴道为输卵管的末段，是雌禽的交配器官，开口于泄殖道的左侧，平时折曲成"S"形。阴道部的黏膜呈白色，形成细而低的褶，在与子宫相连接的一段含有管状的阴道腺，称精小窝，是交配后一部分精子的主要贮存处，在 10~14d 甚至更长时间内能陆续释放出精子。

第二节　生殖生理

一、性成熟和体成熟

（1）性成熟　哺乳动物生长发育到一定时期，生殖器官和副性征基本发育完全，并具备繁殖后代的能力，这一时期称为性成熟。性成熟的标志是：性腺能形成成熟的生殖细胞和产生性激素；出现各种性反射；能完成交配、受精、妊娠等生殖过程。

家畜性成熟的年龄，随着种类、品种、性别、气候、营养和管理等情况而有所不同。一般来说，公畜比母畜性成熟早；早熟品种、气温较高和良好的饲养管理等都能使性成熟提前。

（2）体成熟　哺乳动物性成熟后，机体的组织器官仍未发育完全，要经历一段时间的继续发育，直到具有成年动物固有的形态和结构特点，称为体成熟。动物性成熟时，虽然具备了生殖能力，但身体还未发育完全，因此过早的配种和繁殖对动物的机体发育有一定的负面影响。在生产中，一般要达到体成熟，才用于繁殖。

（3）性季节　猪、牛和家兔在一年之中，除在妊娠期外，都能周期性地出现发情，称终年多次发情；羊、马和犬等动物只在一定季节里，表现多次发情，称季节性多次发情。兽类在发情季节之间要经过一段无发情表现时期，称乏情期。

季节性发情的动物，在接近原始类型或较粗放条件下的品种，发情的季节性比较明显。引起季节性发情的因素有营养、光照等。随着驯化程度和饲养管理的改善，季节性限制逐渐减弱。

二、公畜生殖生理

1. 性反射

畜禽是体内受精的动物，在自然条件下，只有通过交配，精子才能进入雌性动物生殖道而完成受精过程。

交配是复杂的性行为，由雌雄两性个体协同，经过一系列性反射和性行为而完成，这些反射包括求偶、性欲激发、外生殖器勃起、爬跨、插入和射精等步骤。

不同的家畜交配时间有所不同，犬约为45min，猪为5~8min，牛和羊只有几秒钟。

在生产中，可以用人工的方法采集动物的精液，经过一定的处理和保存，再适时地输入母畜，使母畜受精。这种方法称为人工授精。它能够极大提高公畜精液的利用率，对于品种改良，提高繁殖效率等多方面都具有重要的作用。

2. 精液

精液由精子和精清组成，精清内含有果糖、蛋白质、磷脂化合物、无机盐和各种酶等，除了增加精液量外，还为精子活动提供能量和其他有利条件，各种动物一次的射精量和精子浓度，随着不同的品种和生理状态而大不相同。

三、母畜生殖生理

1. 性周期

母畜达到初情期以后，其生殖器官及性行为重复发生一系列明显的周期性变化称为性周期，也称发情周期。发情周期周而复始，一直到绝情期为止。但母畜在妊娠或非繁殖期季节内，这种变化暂时停止；分娩后经过一定时期，又重新开始。由前一次发情开始到下一次发情开始的整个时期称为一个发情周期。不同的动物发情周期和发情持续时间各有不同。发情周期在实践中通常分为发情前期、发情期、发情后期和间情期。

（1）发情前期　此阶段一般持续2~3d，受腺垂体分泌的促卵泡素的影响，卵巢中的卵泡开始生长，雌激素分泌开始增加，子宫内膜增生，生殖道黏液增多，动物表现出对雄性感兴趣，但此时还不接受交配。

（2）发情期　为母畜表现明显性欲并接受交配的时期。家畜一般在发情期末开始排卵。此时交配或授精则可获得较高的受孕率。

（3）发情后期　是紧接发情期后在促黄体素的作用下黄体迅速发育的时期，这一时期母畜不再接受交配。子宫为接受胚泡及胚泡附植做好准备。如果排出的卵细胞受精，则发情周期中止并过渡到妊娠期，如果卵细胞没有受精，则进入间情期。

（4）**间情期** 家畜发情周期中最长的一段时间，在此阶段前期黄体逐步发育成熟，其分泌的孕酮对生殖器官的作用更加明显，可见子宫内膜增生，腺体肥大，子宫颈收缩，子宫肌松弛。但到间情期的后期，如果母畜没有受精，则子宫内膜分娩前列腺素溶解黄体，卵巢、子宫及生殖道逐步萎缩，回到发情前期以前的状态。卵巢开始有新的卵泡生长。

2. 排卵

突出于卵巢表面的成熟卵泡，由于不断增多的卵泡液压迫和卵泡液中蛋白分解酶的作用，卵泡壁逐渐变薄，最后破裂。卵泡液和成熟的卵子从破裂卵泡排出的过程称为排卵。排卵有自发性排卵和诱发性排卵两种类型。

（1）**自发性排卵** 牛、马、猪、羊等动物卵泡发育成熟后即自然发生排卵的现象称为自发性排卵。

（2）**诱发性排卵** 有些哺乳动物卵泡的破裂及排卵需经过一定的刺激后才能发生。诱导排卵型动物按诱导刺激的不同可分为交配引起排卵的动物，如猫、兔等；精液诱导排卵动物，如骆驼等。

牛、马等动物每次发情一般只有一个卵泡成熟，只排出一个卵子，少数可以看到排出两个卵子。而猪、山羊、犬、兔等动物，每次发情有多个卵子排出。

3. 受精

受精是指精子和卵子结合而形成合子的过程。家畜受精的部位一般在母畜输卵管的壶腹部，因此在受精前精子和卵子必须在雌性生殖道内分别向这一位置运行，并且在运行的过程中同时发生复杂的变化以利于受精。

（1）**精子的运行** 精子的运行除本身能运动外，更重要的是借助于母畜子宫和输卵管的收缩与蠕动。趋近卵子时，精子本身的运动显得十分重要。

精子在母畜生殖道内保持受精能力的时间为 1～2d。精子进入母畜生殖道之后，须经过一定复杂的变化后才能具备使卵子受精的能力。这一变化过程称为精子的受精获能。

（2）**卵子保持受精能力的时间** 卵子在输卵管内保持受精能力的时间就是卵子运行至输卵管峡部所需的时间，猪 8～10h，牛 8～12h，绵羊 16～24h。卵子排出后如未遇到精子，则沿输卵管继续下行，并逐渐衰老，被输卵管分泌物所包裹，精子不能进入，即失去受精能力。

（3）**受精过程** 受精过程包括如下几个阶段：

① 精子和卵子的识别：精子质膜上具有特殊的受体，能特异吸附到卵子的透明带上。当精子和卵子相遇后，精子便附着于卵子透明带上。

② 精子进入卵子：精子和卵子特异性结合后，精子依靠顶体反应释放的酶类溶解透明带，从而穿过透明带。精子头部的质膜与卵子的质膜融合，从而精子进入卵子。

精子在与卵子结合过程中,可以激发卵子的一系列反应,有皮质反应、透明带反应和卵黄膜反应,可以保证只能一个精子进入卵子,防止多精子入卵。其原理是借助这一系列的反应,使卵子膜上的电位发生变化以及卵细胞质膜的生化改变,不利于精子再次进入。

③ 原核发育和融合:精子进入卵子后,头部浓缩的细胞核膨大,形成雄性原核。卵子受到受精的刺激后,也快速发育,进行第二次减数分裂,排出第二极体,并形成雌原核。两个原核逐步接近,相遇后核膜消失,雌雄两方的染色体进行组合,完成受精过程。接着开始合子的发育阶段,新的生命开始。

4. 妊娠

受精卵在雌性动物子宫体内生长发育为成熟胎儿的过程称为妊娠。妊娠期从受精开始,包括卵裂、胚泡附植、胎膜胎盘的形成和胎儿的发育过程,还包括母体发生的一系列生理变化。

(1) 卵裂和胚泡附植　受精卵沿输卵管向子宫移动的同时,进行细胞分裂,称为卵裂。受精卵经过分裂发育到16～32个细胞的桑椹胚,进入子宫后再发育到囊胚(也称胚泡)。胚泡继续发育,使胚胎固定在子宫内膜上的一定位置,这一过程称为胚泡附植。

(2) 胎膜的形成　附植后的胚泡迅速形成胎膜,胎膜由卵黄囊、羊膜、尿膜囊和绒毛膜构成(图7-19)。胎膜能为胚胎提供一个液体的环境,使胎儿能够在悬浮状态下生长发育。

① 羊膜:羊膜包围着胎儿,形成羊膜囊,囊内充满羊水,胎儿浮于羊水中。羊水有保护胎儿和分娩时润滑产道的作用。

② 尿囊:尿囊在羊膜囊的外面,内有尿囊液。尿囊与胎儿的脐尿管相通,故有贮存胎儿代谢产物的作用。

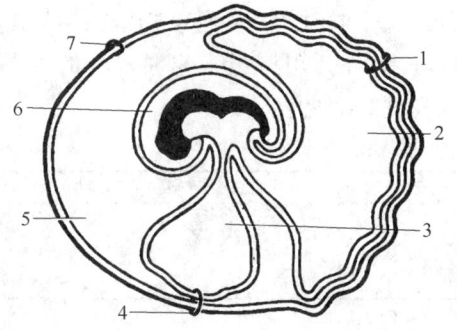

图7-19　家畜胎膜关系模式图
1—尿囊绒毛膜　2—尿囊腔　3—卵黄囊腔　4—卵黄囊胎盘　5—胚外体腔　6—羊膜腔　7—绒毛膜

③ 绒毛膜:绒毛膜位于最外层,与尿囊相贴,表面有绒毛。

④ 卵黄囊:家畜卵的卵黄含量少,但在胚胎发育过程中仍有卵黄囊形成。卵黄囊早期很大,以后就很快缩小退化。

(3) 胎盘的形成　胎盘是胎儿与母体进行物质交换的器官,是由胎儿的尿囊绒毛膜和母体的子宫内膜共同构成的一个结构。其中绒毛部分为胎儿胎盘,子宫黏膜部分为母体胎盘,胎儿的血管和母体的子宫血管分布到自己的胎盘部分,但二者的血液不直接相通,仅彼此间发生物质的交换。

胎盘借脐带和胎儿连接起来。

胎盘是母体与胎儿之间的联系纽带，不但是一个营养物质和代谢废物交换的场所，而且还具备重要的内分泌功能，能合成胎盘促乳素、孕激素、雌激素等。以维持母体和胎儿的最适状态，保证胎儿的生长发育。

(4) 妊娠时母体的生理变化　母体在妊娠后，各器官系统的生理机能都要发生一系列相应的变化，以便适应胎儿的生长发育。

① 生殖器官的变化：家畜妊娠后，子宫体积和重量都增加，血液供应加大，子宫蠕动减弱。卵巢表面的妊娠黄体分泌孕酮，维持妊娠过程；乳腺腺泡生长，使乳腺发育完全，为泌乳做好准备。

② 内分泌的变化：甲状腺、甲状旁腺、肾上腺和垂体表现妊娠性增大和机能亢进；孕酮在整个妊娠期维持较高水平；雌激素含量在妊娠中期增加，分娩时急剧上升；催产素也在分娩前上升；胎盘分泌大量的激素影响母体的全身各组织。

③ 母体全身的变化：母体妊娠后，表现为代谢增强，妊娠前期食欲旺盛，消化力增加，因而母畜显得肥壮，被毛光亮平直。妊娠后期，由于优先保证迅速生长的胎儿营养需要，如饲料和饲养管理条件稍差，就会逐渐消瘦。此外，由于胎儿的增大，母畜腹部也逐渐增大，其轮廓也发生明显变化。孕畜行动稳重、谨慎，易疲劳和出汗。

(5) 妊娠期　妊娠期是指从受精到分娩这一段时间，各种动物妊娠期长短不一样，可受品种、年龄、营养、外部环境等因素的影响，但是各种动物的正常妊娠期都有各自的平均时间范围。不同的动物妊娠期见表7-1。

表 7-1　　　　　　　　　　　　不同动物妊娠期

动物种类	平均妊娠期/d	变动范围/d	动物种类	平均妊娠期/d	变动范围/d
猪	115	110～140	犬	62	59～65
牛	280	240～311	猫	58	55～60
羊	150	140～169	兔	30	28～33

5. 分娩

分娩是成熟的胎儿及其附属物从子宫排出体外的生理过程。胎儿从母体内产出的主要动力是子宫肌、腹肌和膈肌等一系列收缩。其中，子宫肌每两次收缩之间出现一定时间的间歇，收缩与间歇相互交替，故称为阵缩，这种收缩方式能保证胎儿的血液供应，防止长时间的收缩造成胎儿窒息。而腹肌及膈肌的收缩称为母体的努责。努责能够使腹腔和子宫的内压升高，有利于胎儿的产出。

分娩过程是指子宫开始出现阵缩到胎衣排出的整个过程。一般分为以下三个阶段。

(1) 开口期　子宫开始有节律的收缩，子宫颈开始充分张大。这一时期一般只有阵缩，而没有努责。家畜一般表现比较安静。

(2) 胎儿产出期 从子宫颈开放到胎儿排出的一段时间。这一时期，子宫阵缩更为明显，且在努责的协同作用下，子宫内压极度升高，驱使胎儿经阴道排出体外。

(3) 胎衣排出期 胎儿排出至胎衣排出的一段时间。经短时间的间歇，子宫又再次出现阵缩，这时的特点是阵缩持续时间长，间歇期长，力量较弱；不再表现明显的努责。不同家畜胎衣排出时间不同：犬、猫、猪等动物的胎衣可随胎儿很快排出；牛排出胎衣一般需要4～6h。

四、母禽生殖生理

母禽的生殖生理特点主要表现在没有发情周期，胚胎不在母体内发育，而是在体外孵化；没有妊娠过程；在一个产蛋周期中，能连续产卵；卵泡排卵后，不形成黄体；卵内含有大量的卵黄，卵的外面包有坚硬的壳。

1. 蛋的形成

除蛋黄是在卵巢形成的，其他的成分如蛋白、壳膜和蛋壳等均在输卵管各段形成的。输卵管包括五个部分：输卵管伞、膨大部（蛋白分泌部）、峡部、子宫（蛋壳腺）和阴道。输卵管伞接纳卵巢排出的卵细胞，并将卵沿输卵管向后端输送。在此过程中，卵黄外依次形成蛋白、壳膜和蛋壳（表7-2）。

表 7-2   鸡蛋的形成

生殖系统部位	蛋的形成	需要时间	生殖系统部位	蛋的形成	需要时间
卵巢	蛋黄	7～9d	峡部	形成壳膜	1.25h
漏斗部	受精	15min	子宫	形成蛋壳	19～20h
膨大部	形成蛋白	3h	阴道	形成保护膜及蛋的排出	1～10min

2. 产蛋

家禽产蛋大多数是连续性的。连续每天产蛋后，停产1～2d，然后又连续多天产蛋，又停产1～2d，如此循环就称为产蛋周期。蛋在输卵管中完全形成后，在输卵管的强烈收缩作用下很快产出。蛋在输卵管内停留期间，蛋的尖端始终朝后，在即将产出时，蛋在壳腺部旋转180°，钝端向后产出。蛋产出时，阴道和泄殖腔外翻，蛋不与泄殖腔直接接触，使产出的蛋表面比较干净。

3. 抱窝

抱窝也称就巢性，是母禽特有的性行为，表现为愿意孵卵和育雏。一般在一个产蛋期后出现抱窝现象，在抱窝期间，停止产蛋。

就巢性受激素控制。注射雌激素或雄激素能中止抱窝。现代的蛋鸡生产中，经过人工育种的选择，抱窝的现象已经不明显。

4. 受精

交配后的精子靠本身游动和输卵管肌肉的收缩，进入输卵管漏斗部，有相当一部分储存在皱褶内，持续释放出来与卵子受精。禽类的精子存活时间较长，如鸡的精子可存活 1 个月，但是受精能力下降，一般在交配后 2~3d 受精率最高。就禽类而言，交配对于雌禽产蛋并非必需。但为了繁殖后代，则必须通过交配或人工授精形成合子，才能孵化出幼雏。

技能训练

一、畜禽生殖器官的解剖观察

目的与要求

认识牛（或羊）、猪、犬、鸡的生殖系统的形态、构造、位置及它们之间的相互关系。

材料与设备

显示公牛、母牛（或羊）、猪、犬、鸡的生殖系统各器官位置关系的尸体标本，公牛、母牛（或羊）、猪、犬、鸡的生殖器官的离体标本。解剖刀、剪、镊子。

步骤与方法

用公牛、母牛（或羊）、猪、犬、鸡的生殖器官的新鲜标本，先观察各器官的外形和位置，然后进行解剖观察。

技能考核

在牛（或羊）、猪、犬、鸡的新鲜尸体或标本上识别其生殖器官的形态、位置和构造。

二、睾丸和卵巢组织构造的观察

目的与要求

识别睾丸和卵巢的组织结构。

材料与设备

睾丸和卵巢组织切片、显微镜。

步骤与方法

用显微镜（先用低倍镜，后用高倍镜）观察睾丸和卵巢的组织切片，注意观察睾丸和卵巢各部分组织的结构特点。

技能考核

在显微镜下识别睾丸和卵巢的组织结构。

复习思考题

1. 简述公牛、公猪、公犬生殖系统的组成器官及作用。
2. 简述母牛、母猪、母犬生殖系统的组成器官及作用。
3. 简述家禽生殖系统的解剖特征。
4. 阴囊壁由哪几层构成？
5. 简述母牛、母猪、母犬子宫的特点及卵巢的位置。
6. 受精过程可分哪几个阶段？
7. 母畜妊娠后有哪些变化？
8. 分娩过程分哪几个阶段？
9. 简述家禽生殖生理特征。

第八章　心血管系统

知识目标：

- 应知心脏的形态、位置、结构和机能；
- 应知心肌的生理特性和心动周期、血压、脉搏的概念；
- 应知血液的组成和血细胞的形态结构与机能；
- 应知血液的理化特性和血凝的机理。

技能目标：

- 应能在心脏标本或模型上识别心脏各部分的结构和从心脏发出的主要血管；
- 应能在牛（或羊）、猪、犬活体上打出心脏的体表投影位置和常用的静脉注射、脉搏检查部位；
- 应能正确地进行心音听诊和脉搏检查；
- 应知牛、羊、猪、犬、鸡的采血部位和采血方法。

心血管系统也称血液循环系统，是由心脏、血管（包括动脉、毛细血管和静脉）和血液组成。心脏是血液循环的动力器官，在神经和体液的调节下，进行有节律的收缩和舒张，推动血液在血管内进行周而复始的环流。

动脉起始于心脏，输送血液到肺和全身各部，沿途反复分支，管径越分越小，管壁越来越薄，最后移行为毛细血管。毛细血管是连接于动脉和静脉之间的微细血管，互相吻合成网，遍布全身。其管壁很薄，具有一定的通透性，以利于血液和周围组织进行物质交换。静脉收集血液回心脏，从毛细血管起始逐渐汇集成小、中、大静脉，最后通入心脏（图8-1）。

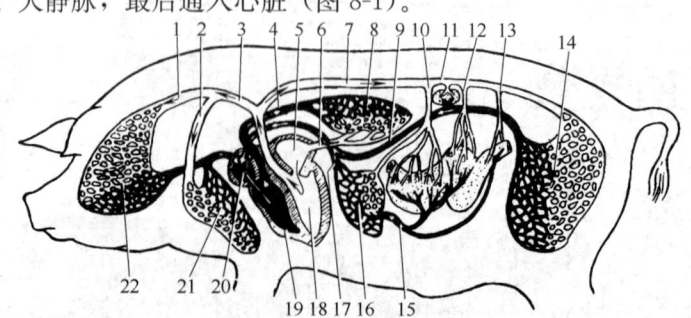

图8-1　成年家畜血液循环模式图

1—颈总动脉　2—腋动脉　3—臂头动脉总干　4—肺动脉　5—左心房　6—肺静脉　7—胸主动脉　8—肺毛细血管　9—后腔静脉　10—腹腔动脉　11—腹主动脉　12—肠系膜前动脉　13—肠系膜后动脉　14—骨盆部和后肢的毛细血管　15—门静脉　16—肝毛细血管　17—肝静脉　18—左心室　19—右心室　20—右心房　21—前肢毛细血管　22—头颈部毛细血管

第一节 血 液

一、体液和机体内环境

体液是指动物有机体中的大量水分及溶解于水中的物质总称。存在于细胞内的体液称为细胞内液，它是细胞内各种生化反应进行的场所；存在于细胞外的体液称为细胞外液，包括血浆、淋巴液、组织液和脑脊液等，这些细胞外液又称为机体的内环境。内环境是细胞直接生活的具体环境，它能为细胞提供营养物质和接受来自细胞代谢的终产物，并能保持其中各种成分和 pH、渗透压、各种离子浓度以及温度等理化性质的相对稳定，从而保证了细胞的各种代谢活动和生理功能的正常进行。

机体通过内环境与外环境进行物质交换并不断地代谢，内环境的成分和理化性质（温度、渗透压、酸碱度、含氧量等）经常在一定范围内变动，但又保持其相对稳定。内环境的稳定性是细胞进行生命活动的必要条件。内环境的成分和各种理化性质之所以能保持相对稳定，是机体通过神经、体液等调节下的相互协调活动的结果，它们不断地调节各器官系统的活动，使血液不停地在各组织器官间循环，调节体液中的各种成分。由此可见，血液在不停地循环流动之中，不仅具有运输各种物质的功能，而且在维持内环境稳定方面起着重要作用。

二、血 量

动物体内的血液总量称为血量。其中一部分在心血管系统中循环流动的，称为循环血量；另一部分则贮存在肝、脾和皮下等处的，称为贮存血量。成年家畜的血量约为其体重的 5%～9%，随动物的种类、性别、年龄、营养状况、妊娠、泌乳和所处的外界环境而发生变动。当动物剧烈运动或大出血时，贮存血量可释放出来，以补充循环血量之不足。

机体血量相对稳定对于维持正常血压、保证各器官的血液供应非常重要。动物一次失血小于全身血量的 10%，一般不会影响健康，机体可以很快恢复。所失血液中的水和无机盐可在 1～2h 内由组织间液渗入血管得到补充，血浆蛋白由肝脏加速合成，可在几天内恢复，红细胞也能在一个月内恢复。如一次失血量达 20%，则明显影响机体正常活动，恢复也较缓慢。如果急性大失血达总血量的 25%～30%，将危及生命。

三、血液的组成

血液是由血浆和悬浮在血浆内的有形成分（主要为血细胞）组成。把加有抗凝剂（如柠檬酸钠或肝素等）的血液置于离心管中离心沉淀后，可明显地分成上、下层：上层液体为血浆；下层的深红色沉淀物为红细胞；在红细胞与血浆之间有一薄层白细胞和血小板。血中被离心压紧的红细胞体积与全血体积之比，称红细胞比体积，或称红细胞压积。当血浆量或红细胞数量发生改变时，可在血液比体积上反映出来。临床中测定血液比体积有助于诊断脱水、贫血和红细胞增多症等。

离开血管的血液不作抗凝处理，将很快凝固成胶冻状的血块，并逐渐紧缩析出淡黄色的透明液体，这种液体称为血清。血清与血浆的主要区别在于，血浆是血液中未经凝固的液体部分，含有可溶性的纤维蛋白原；血清是血液凝固后离析出来的液体部分，不含纤维蛋白原。因此，可把血清看做是不含纤维蛋白原的血浆。

四、血　浆

血浆是有机体内环境的重要组成部分。血浆中含 90%～92% 的水分，8%～10% 的溶质。溶质包括血浆蛋白、无机盐、非蛋白含氮化合物及其他有机物。

血浆蛋白是血浆中多种蛋白质的总称，占血浆的 6.2%～7.9%。根据相对分子质量不同，血浆蛋白分为清蛋白、球蛋白和纤维蛋白原三类。清蛋白是构成血浆胶体渗透压的主体，它可与游离脂肪酸、胆色素和激素等物质相结合，作为它们在血液中的运输载体，对血液运输起重要作用。清蛋白与球蛋白的比值随动物的品种的不同而变化，如马的比值接近 1，绵羊为 1.5～2.5。动物呈现某种病理的状态下，清蛋白与球蛋白的比值与正常值则存在差异。

血浆中的无机盐大多数以离子形式存在，少数以分子或与蛋白质结合状态存在。主要有 Na^+、K^+、Ca^{2+}、Mg^{2+}、Cl^-、HCO_3^-、HPO_4^{2-}、SO_4^{2-}。其主要生理功能是维持体液的酸碱平衡、维持神经肌肉的正常兴奋和维持血浆的渗透压。

非蛋白含氮化合物（NPN）是指血浆中除蛋白质以外的含氮化合物的统称。它是蛋白质或核酸代谢的产物，包括：肌酸、肌酐、氨、尿素、尿酸、氨基酸等。

葡萄糖、脂肪、维生素、酶类等也都是参与代谢的重要物质，这些物质则属于血浆中的其他有机物。

五、红　细　胞

1. 红细胞的形态与数量

（1）形态　哺乳动物成熟的红细胞无细胞核、呈双面内凹的圆盘状，但鹿和骆驼的红细胞呈椭圆状。许多红细胞堆积在一起时呈红色，而单个红细胞则呈淡黄绿色。禽类的红细胞呈椭圆形，有细胞核、体积比哺乳动物要大，但红细胞数量相对较少。

(2) 数量　红细胞在血细胞中数量最多。血红蛋白是红细胞内容物的主要成分，约占细胞干物质的90%。动物红细胞的数量和血红蛋白含量与动物的品种、性别、年龄、饲养管理等因素有关（表8-1）。血红蛋白的含量常以每升血液中含有的质量（g/L）表示。单位容积红细胞数量、血红蛋白含量中有一项或二者同时明显减少而低于正常值，通常称为贫血。

表8-1　几种成年健康畜禽的红细胞数量和血红蛋白的含量

动物种类	红细胞数量/(10^{12}个/L)	血红蛋白含量/(g/L)	动物种类	红细胞数量/(10^{12}个/L)	血红蛋白含量/(g/L)
牛	7.0(5.0～10.0)	110(80～150)	鸡	3.5(3.0～3.8)	100(80～120)
山羊	13.0(8.0～18.0)	110(80～140)	马	7.5(5.0～10.0)	115(80～140)
绵羊	10.0(8.0～12.0)	120(80～160)	犬	6.8(5.5～8.5)	150(120～180)
猪	6.5(5.0～8.0)	130(100～160)	猫	7.5(5.0～10.0)	120(80～150)

2. 红细胞的生理作用

红细胞的生理作用与血红蛋白有关，它的主要生理作用是运输氧和二氧化碳以及对酸、碱物质具有一定的缓冲作用。

3. 红细胞的生成与破坏

红细胞主要在红骨髓中生成而进入血液循环。红细胞平均寿命约120d。红细胞的破坏主要是由于自身的衰老所致。衰老的红细胞变形能力减退，脆性增大，容易撞破或滞留于脾中被巨噬细胞吞噬。红细胞破坏后，释放出的血红蛋白很快被分解成为铁、珠蛋白和胆绿素三部分。铁和珠蛋白可重新参加体内代谢，胆绿素作为色素代谢产物经粪和尿排出体外。

六、白　细　胞

血液中的白细胞大部分呈球形，在组织中能做变形运动。它不仅存在于血液中，还存在于循环系统之外。

1. 白细胞的分类和数量

白细胞无色，有细胞核，体积比红细胞大。根据白细胞胞浆中有无粗大的颗粒分为无颗粒细胞和颗粒细胞。无颗粒细胞包括单核细胞和淋巴细胞；颗粒细胞又按其颗粒染色特点分为嗜中性粒细胞、嗜酸性粒细胞和嗜碱性粒细胞。而禽类的白细胞分为：异嗜性粒细胞、嗜酸性粒细胞、嗜碱性粒细胞、单核细胞和淋巴细胞。从异嗜性粒细胞的功能与形态来说，与哺乳动物的嗜中性粒细胞差不多。

白细胞数量变动范围较大，如运动后比安静时多，进食后数量也增多。白细胞数量随动物种类和生理状态而变化。但各类白细胞之间的含量是相对恒定的（表8-2）。

2. 白细胞的功能

(1) 单核细胞　在白细胞中体积最大的细胞是单核细胞。它具有运动与吞噬

表 8-2　几种成年家畜白细胞数及不同种类白细胞含量

动物种类	白细胞数量 /(10^9 个/L)	白细胞不同种类的含量/%				
		单核细胞	淋巴细胞	嗜中性粒细胞	嗜酸性粒细胞	嗜碱性粒细胞
牛	8.0	7.0	54.3	31.0	7.0	0.7
山羊	9.6	4.0	50.0	42.2	3.0	0.8
绵羊	8.2	3.0	54.7	37.2	4.5	0.6
猪	8.5	3.0	39.4	53.0	4.0	0.6
马	14.8	2.1	47.6	46.1	3.0	1.2
犬	9.0	7.0	25.0	61.0	6.0	1.0
兔	7.6	2.0	59.0	35.0	1.0	2.5
猫	18.0	1.2	25.8	68.25	4.5	0.25

能力，并能激活淋巴细胞的特异性免疫功能，促使淋巴细胞发生免疫作用。单核细胞由骨髓产生释放至血液后，很快进入肝、脾和淋巴结等组织，转变为体积大、含溶酶体多、吞噬能力强的巨噬细胞。巨噬细胞是体内吞噬能力最强的细胞，能吞噬较大的异物和细菌。动物患寄生虫、结核病等慢性感染性疾病时，巨噬细胞数量明显增加。

(2) 淋巴细胞　淋巴细胞数量较多，它主要参与体内的免疫反应。动物的淋巴细胞分为：T 淋巴细胞（简称 T 细胞）和 B 淋巴细胞（简称 B 细胞）两部分。B 细胞经特异性抗原激活后分化为浆细胞，浆细胞能产生各种免疫球蛋白，起识别、凝集、沉淀、溶解并最后摧毁抗原的作用。T 细胞被激活后分化为特异性免疫效应细胞，直接破坏入侵抗原和异体组织，如肿瘤细胞等。

(3) 嗜中性粒细胞　颗粒细胞中数量最多的是嗜中性粒细胞，大约占白细胞总数的 50%。嗜中性粒细胞有很强的变形运动和吞噬能力。当动物机体局部组织受到细菌侵害时，嗜中性粒细胞趋向细菌产物和受损组织所释放的某些化学物质，通过变形运动穿出毛细血管，立即聚集到病变部位吞噬细菌和清除组织碎片，如动物患急性化脓性炎症时，嗜中性粒细胞明显增多。

(4) 嗜酸性粒细胞　嗜酸性粒细胞数量较少，不具有杀菌能力。它的主要功能是缓解过敏反应和限制炎症过程，如动物的某些寄生虫疾病和过敏性疾病时，其数量显著增多。

(5) 嗜碱性粒细胞　嗜碱性粒细胞数量最少。它含有组织胺、5-羟色胺和肝素等生物活性物质。组织胺对局部炎症区域的小血管有舒张作用，能加大毛细血管的通透性，有利于其他白细胞的游走和吞噬活动。它所含的肝素对局部炎症部位起抗凝血作用。

七、血 小 板

哺乳动物的血小板呈扁平不规则的圆形小体，寿命短，一般在血液中仅存留 5~11d。血小板由骨髓内巨核细胞的胞浆断裂而成，表面有完整的细胞膜，但无胞核，体积比红细胞小。胞浆中贮存有吞噬颗粒、5-HT、ADP 和 ATP 等各种颗粒和致密体。

血小板的主要功能有：参与止血过程；参与凝血过程；而家禽参与凝血过程的血细胞，称为凝血细胞。凝血细胞具有溶解纤维蛋白的作用，与哺乳动物的血小板的功能类似。

八、血液的理化特性

1. 颜色和气味

动物血液的颜色呈红色，这与红细胞内血红蛋白的含氧量有关。含氧量高的动脉血呈鲜红色，含氧量低的静脉血则呈暗红色。血液中因含挥发性脂肪酸而具有特殊的腥味，因含有氯化钠而呈咸味。

2. 相对密度

健康动物血液的相对密度在 1.046～1.052。相对密度的大小取决于所含血细胞数量和血浆蛋白的浓度。

3. 黏滞性

血液流动时，由于内部分子间相互摩擦产生阻力，表现出流动缓慢和黏着的特性，称黏滞性。其大小主要取决于红细胞数量和血浆蛋白浓度。红细胞数量越多，血浆蛋白浓度越高，黏滞性也越大。反之黏滞性则越小。血液的黏滞性对血液的流动阻力和速度影响也极大。血液黏滞性降低时，血流阻力减小，速度加快，反之血流阻力增大，速度减弱。

4. 渗透压

溶液促使水向半透膜另一侧溶液中渗透的力量，称为渗透压。血浆渗透压由晶体渗透压和胶体渗透压构成。晶体渗透压是由血浆中的无机离子、尿素和葡萄糖等晶体物质构成，它是血浆渗透压的主要部分，约占总渗透压的 99.5%；胶体渗透压是由血浆蛋白质构成，仅占总渗透压的 0.5%。哺乳动物血浆的总渗透压相当于 0.89% 的氯化钠溶液，禽血浆的总渗透压相当于 0.93% 的氯化钠溶液。但因血浆中的白蛋白含量较低，血浆胶体渗透压明显低于哺乳动物。血浆胶体渗透压虽小，但由于血浆蛋白一般不能透过毛细血管壁，因此有利于血管中保留水分。

5. 酸碱度

动物血液的酸碱度范围在 pH 7.35～7.45。生命活动能够耐受的酸碱度最大范围为 pH 6.9～7.8。超过此范围将直接影响组织细胞的正常兴奋性，并会损害代谢活动中的酶类。血液酸碱度能经常保持相对稳定，除了依赖血液中的缓冲对外，还可通过肺和肾排出过多酸性或碱性物质，血浆中主要的缓冲对包括：$NaHCO_3/H_2CO_3$、Na_2HPO_4/NaH_2PO_4、蛋白质钠/蛋白质 等。KHb/HHb、$KHbO_2/HHbO_2$ 为红细胞中的缓冲对。在这些缓冲对中，其中以 $NaHCO_3/H_2CO_3$ 最为重要。

临床上把 100mL 血浆中含有的 $NaHCO_3$ 的量称为碱贮。在一定范围内，碱贮增加表示机体对固定酸的缓冲能力增强。

九、血液的凝固

血液凝固（简称凝血）是指血液由液体状态凝结成血块的过程。

1. 凝血过程

血凝是一个复杂的连锁性生化反应过程，大体可分为以下三步。

（1）凝血酶原激活物的形成　凝血酶原激活物不是一种单纯物质，而是由多种凝血因子经过一系列的化学反应而形成的复合物。当组织受到损伤（外源性系统）或血管内皮损伤（内源性系统）时，就会使体内原来存在的一些没有活性的组织因子和接触因子被激活，这些因子进一步活化凝血因子，在 Ca^{2+} 的参与下，即可形成凝血酶原激活物。

（2）凝血酶原转变成凝血酶　凝血酶原激活物在 Ca^{2+} 的参与下，使血浆中没有活性的凝血酶原转变为有活性的凝血酶。

（3）纤维蛋白原转变为纤维蛋白　凝血酶在 Ca^{2+} 的参与下，使纤维蛋白原转变为非溶解状态的纤维蛋白。纤维蛋白呈细丝状，互相交织成网，把血细胞网罗在一起，形成胶冻状的血块。

血液在血管内流动时一般不发生凝固，其原因为：一方面是心血管内皮光滑，上述反应不易发生；另一方面是血浆中存在一些抗凝血物质，如肝素，可抑制凝血酶原激活物的形成，阻止凝血酶原转化为凝血酶，抑制血小板黏着、聚集，影响血小板内凝血因子的释放；此外，如果血液在心血管中由于纤维蛋白的出现而产生凝血时，血浆中存在的纤维蛋白溶解酶也往往被激活，迅速将纤维蛋白溶解，使血液不再凝固，保证血液正常运行。

2. 促凝与抗凝措施

实际工作过程中需要采取一些措施促进凝血过程或防止、延缓凝血过程。

（1）促进凝血的方法

① 升高温度：血液加温后能提高酶的活性，加速凝血过程。

② 提高创面粗糙度：可促进凝血因子的活化，促使血小板解体，释放凝血因子，最后形成凝血酶原激活物。

③ 注射维生素 K：维生素 K 可促使肝脏合成凝血酶原，并释放入血，还可促进某些凝血因子在肝脏中合成。因此，维生素 K 对出血性疾病具有止血的作用。

（2）抗凝或延缓凝血的方法

① 低温：血液凝固主要是一系列酶促反应，而酶的活性受温度影响最大，把血液置于较低温度下可降低酶促反应而延缓凝固。

② 加入抗凝剂：在凝血的三个阶段中，都有钙离子的参与。如果设法除去

Ca^{2+}可防止血凝。血液化验时常用的抗凝剂有草酸盐、柠檬酸盐等。

③ 将血液置于特别光滑的容器内或预先涂有石蜡的器皿内，可以减少血小板的破坏，延缓血凝。

④ 使用肝素：肝素在体内、外都有抗凝血作用。

⑤ 脱纤维：若将流入容器内的血液，迅速用木棒搅拌，或容器内放置玻璃球加以摇晃，由于血小板迅速破裂等原因，加快了纤维蛋白的形成，并使形成的纤维蛋白附着在木棒或玻璃球上，血液不再凝固。

第二节 心 脏

一、心脏的形态和位置

心脏为中空的圆锥形肌质器官。位于胸腔纵隔内，夹于两肺之间，略偏于左侧。心脏的前上方宽大为心基部，心基部有进出心脏的大血管。后下方为心尖部。心脏前缘凸，后缘短而直。心基部有环绕心脏的冠状沟，它是心房和心室的外表分界。冠状沟的上部为心房，下部为心室。心的左、右纵沟是心室的外表分界。在冠状沟和左、右纵沟内有营养心脏的血管和脂肪填充（图8-2）。

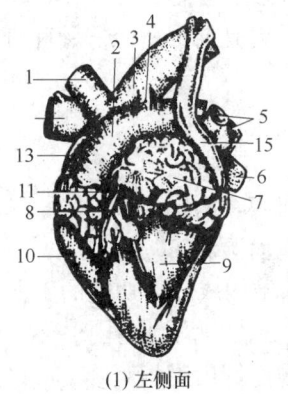
(1) 左侧面

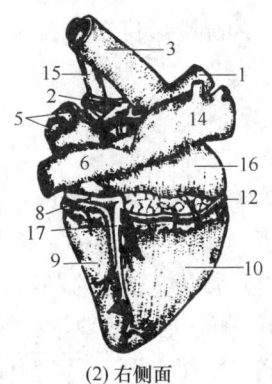
(2) 右侧面

图8-2 牛的心脏

1—臂头干 2—肺干 3—主动脉弓 4—动脉韧带 5—肺静脉 6—后腔静脉 7—左心房
8—心大静脉 9—左心室 10—右心室 11—左冠状动脉 12—右冠状动脉 13—右心耳
14—前腔静脉 15—左奇静脉 16—右心房 17—心中静脉

二、心腔的构造

心腔内有纵走的房间隔和室间隔，把心腔分为左心房、左心室、右心房、右心室四个腔。同侧的心房与心室借房室口相通。出生后正常家畜的心脏两心房之间、两心室之间互不相通（图8-3）。

左心室：构成心室的左后部，向下形成心尖部，心室上方有两个口：左前方

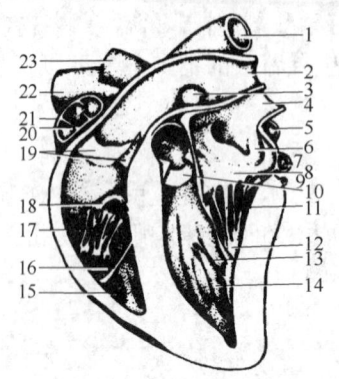

图 8-3　水牛心脏纵切面
1—主动脉　2—左肺动脉　3—右肺动脉
4—肺静脉　5—左奇静脉　6—左心房
7—心大静脉　8—隔瓣　9—左旋支
10—主动脉瓣　11、17—腱索
12—乳头肌　13、16—隔缘肉柱
14—左心室　15—右心室　18—角瓣
19—肺干瓣　20—梳状肌　21—右心耳
22—前腔静脉　23—臂头干

较小的口为主动脉口；右后较大的口为左房室口，左房室口有两片强大的瓣膜，称二尖瓣。主动脉口为左心室的出口，有三片半月状瓣膜。

左心房：构成心基的左后部，在左心室背侧。向左前方有突出的圆锥状盲囊为左心耳。左心房背侧壁后部有6～7条肺静脉的入口。

右心室：构成心室的右前部，上方有两个口，其右前方的口为肺动脉口，右后口为右房室口。右房室口是右心室的入口，有3片三角形的瓣膜，称三尖瓣。肺动脉口为右心室的出口，有3个半月形瓣膜，称半月瓣，瓣膜凹面朝着动脉方向。

右心房：构成心基的右前部，位于右心室背侧。由右心耳和静脉窦构成。右心耳为圆锥形盲囊，尖端突向左侧。静脉窦是前、后腔静脉和奇静脉的入口部。

三、心壁的组织构造

心壁分为3层：外层为心外膜，中层为心肌膜，内层为心内膜。

心外膜：贴于心肌表面，为浆膜构成，光滑而湿润。

心肌膜：为心壁最厚的一层，主要由心肌纤维构成。因功能的不同各腔壁肌层厚薄也不一样。心房肌薄，心室肌厚，尤以左心室最厚，相当于右心室的3倍。

心内膜：薄而光滑，紧贴于心肌内表面，与血管内膜相延续。心内膜深面有血管、淋巴管、神经和心传导纤维等。

四、心脏的血管

心脏本身的血液循环称为冠状循环，由冠状动脉、毛细血管和心静脉组成（图8-2）。冠状动脉有左右两支，分别由主动脉根部发出，沿冠状沟和左、右纵沟伸延，分支分布于心房和心室，在心肌内形成丰富的毛细血管网。最后汇集成心静脉注入右心房。

五、心　　包

心包是包于心脏外的锥形囊，囊壁由浆膜和纤维膜构成。

浆膜分壁层和脏层，壁层在纤维膜内面，壁层在心基部折转移行为脏层，脏层紧贴于心肌外表面，构成心外膜。壁层和脏层之间的空隙为心包腔，内有少量的浆液为心包液，起润滑作用。

纤维膜是十层坚韧的结缔组织膜，在心基部与进出心脏的大血管的外膜相连；在心尖部与心包胸膜共同形成心包胸骨韧带，将心包固定于胸骨的背面（图8-4）。

心包的主要功能是维持心脏位置和减少与相邻器官间摩擦的功能，并可作为一个屏障使周围感染不致蔓延到心脏。

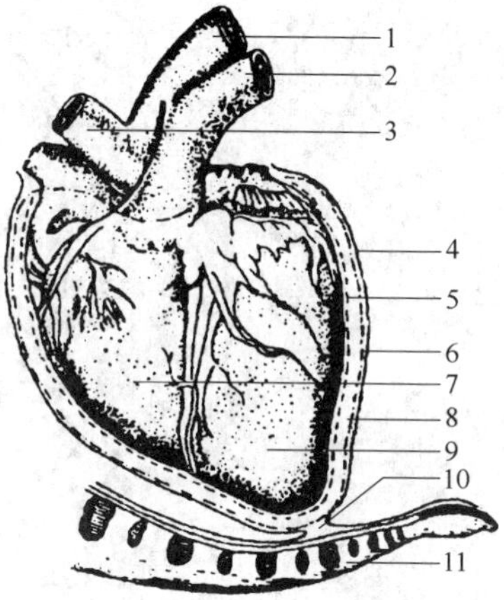

图8-4 心包结构模式图
1—主动脉 2—肺动脉 3—前腔静脉
4—纤维膜 5—心包脏层 6—心包壁层
7—右心室 8—心包腔 9—左心室
10—胸骨心包韧带 11—胸骨

六、心肌细胞的生理特性

心肌细胞具有自律性、传导性、兴奋性和收缩性四个生理特性。其中前三者是以心肌生物电活动为基础，故属电生理特性，而收缩性属机械生理特性。

心室肌细胞和心房肌细胞具有传导性、兴奋性和收缩性，但无自律性，故这类细胞也称为普通心肌细胞（或工作细胞）；特殊心肌细胞具有自律性、传导性和兴奋性，但无收缩性，故这类细胞也称为自律细胞。

1. 自动节律性

心肌在没有外来刺激的条件下，能自动地发生节律性兴奋的特性，称为自动节律性，简称自律性。凡是具有自律性的细胞统称为自律细胞。心脏的自动节律性来源于自律细胞。

自律细胞绝大部分集中分布在窦房结、房室结、房室束和浦肯野氏纤维。虽然自律细胞均具自律性，其自律性高低不一。窦房结的自律性最高，依次逐渐降低，浦肯野氏纤维最低。窦房结的自律性最高，成为正常心脏活动的起搏点。其他的自律细胞受窦房结的控制，在正常情况下不自动发生兴奋，只起着兴奋传导作用，但保持着自律性的特性，所以是潜在的起搏点。以窦房结为起搏点的心脏节律性活动，临床上称为窦性心律。神经系统和各种体液因素对心脏节律的调节，一般也总是影响窦房结的节律性而起作用。当窦房结的功能障碍，兴奋传导阻滞或某些自律细胞的自律性异常升高时，潜在起搏点也可以自动发生兴奋而引起部分或全部心脏的活动。这种以窦房结以外的部位为起搏点的心脏活动，称为异位心律。

2. 传导性

心肌细胞能传导兴奋的能力，称为传导性。

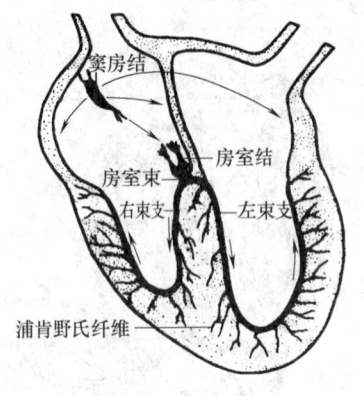

图 8-5　心脏传导模式图

正常心脏内兴奋的传导主要依靠特殊传导系统来完成。从窦房结发出的兴奋通过心房肌传播到整个右心房和左心房，引起左、右心房的兴奋和收缩。同时，窦房结的兴奋沿着心房肌内的"优势传导通路"迅速传到房室交界，再经过房室束，左、右束支和浦肯野氏纤维网传到左、右心室，引起整个心室兴奋（图 8-5）。

3. 兴奋性

心肌细胞同其他可兴奋细胞一样，具有对刺激发生兴奋的能力，称为兴奋性。心室肌细胞在每次兴奋过程中，其兴奋性将会发生相应的周期性的变化。

4. 收缩性

心肌兴奋的表现是心肌细胞（肌纤维）的收缩，称为收缩性。心肌收缩的最大特点是单收缩，而不像骨骼肌那样会发生强直收缩，从而使心脏保持舒缩活动的交替进行，保证心脏的射血和血液的回流等功能的实现。

七、心动周期

心脏不断进行着有节律的收缩和舒张运动。心脏从上一次收缩开始到下一次收缩开始前，称为一个心动周期。由于心脏由心房和心室组成，完成一个心动周期需要经历四个过程：心房收缩、心房舒张、心室收缩、心室舒张，并且这些过程具有严格的先后顺序。一般按顺序分为三个时期：心房收缩期、心室收缩期、心脏舒张期。心房收缩期是指左右心房同时处于收缩状态，心室则保持舒张状态；心室收缩期是指心房已经收缩完毕后，处于舒张状态，此时左右心室进入收缩状态；心脏舒张期是指心房继续保持舒张状态，心室收缩完毕后也进入舒张状态。

以成年健康猪为例，在安静状态下平均每分钟有 75 个心动周期，每个心动周期大约 0.8s。其中心房收缩期约为 0.1s，心房舒张期为 0.7s；心室收缩期（简称心缩期）约为 0.3s，心室舒张期（简称心舒期）约 0.5s；心脏舒张期约 0.4s（图 8-6）。在心动周期中，由于心房和心室舒张期都比收缩期长，所以心肌在每次收缩后能够及时排除代谢

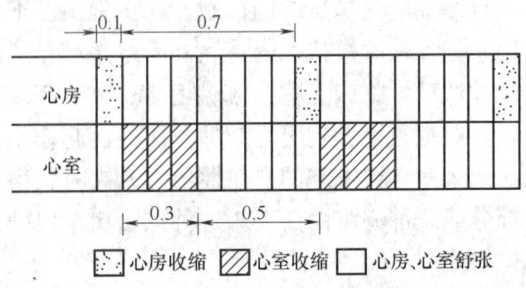

图 8-6　心动周期的时序关系

（图中数字单位为 s）

产物和消耗能够及时得到补充，这也是心肌能够持续工作而不产生疲劳的根本原因；心动周期中心室收缩时间长而且收缩力也大，所以它的收缩和舒张是推动血液循环的主要因素；心动周期中的心脏舒张期为 0.4s，保证了心脏有足够的时间让静脉血回流和充盈心室，并使心肌本身能从冠状循环中得到足够的血液供应。

八、心　率

心率是指动物在安静状态下，每分钟内心脏跳动的次数。动物的心率随种类、品种、年龄和性别等不同而变化。家畜的心率比禽类慢；雌性动物比雄性动物慢；动物在役或应激时比安静状态快；幼龄动物心率快，随年龄的增长而逐渐减慢（表8-3）。心率快慢直接影响每个心动周期的时间，心率越快，心动周期持续的时间越短；心率越慢，心动周期持续时越长。在心率加快、心动周期缩短的情况下，被缩短的主要是心脏舒张期，因为在一个心动周期中，心脏收缩的时间本来就很短，所以过快的心率对心脏的舒缓休息不利。

表 8-3　　　　　　　各种动物心率的正常变动范围

动物种类	心率/(次/min)	动物种类	心率/(次/min)
乳牛	60～80	猪	60～80
公牛	30～60	鸡、火鸡	300～400
山羊、绵羊	60～80	犬	80～130
马	28～42	兔	120～150
骆驼	25～40	猫	110～130

九、心　音

心脏收缩舒张过程中瓣膜关闭和血液撞击心室壁引起振动所产生的声音，称为心音。用听诊器在胸壁的适当部位上能听到两种声音，分别为第一心音和第二心音，这种声音好像"通—塔"响。

第一心音发生于心室收缩期的开始，又称为收缩音，其特征是音调较低，持续时间较长；产生第一心音的主要原因是由于心室肌收缩、房室瓣的关闭、心室射血开始引起的主动脉管壁的振动所引起的。

第二心音发生于心室舒张期的开始，又称为心舒音，其特征是音调较高，持续时间短；产生第二心音的主要原因是由于半月瓣突然关闭、血液冲击瓣膜、主动脉内的血液减速等引起的振动。

在一个心动周期中，有时能听到很弱的第三心音和第四心音。在动物病理状态下，听到的第三、四心音增强。

十、心输出量

1. 每搏输出量和每分输出量

在正常情况下，每个心动周期从左、右心室射出的血量相等。一个心动周期中从一侧心室射出的血量，称为每搏输出量。每分输出量是指每分钟射出的血量。心输出量通常是指每分输出量，它是评价心泵功能的重要指标。心输出量等于每搏输出量与心率的乘积。

在正常状态下，畜、禽心输出量可随机体代谢的需要而增加，心输出量随机体需要而相应增大的这种能力，称为心泵功能的贮备，简称心力贮备。它对机体适应不同的环境和生活状况有重要的意义。

在每个心动周期中，正常情况下，心室内的血液不会全部射出。通常将每搏输出量占心舒末期容积的百分比，称为射血分数。

2. 影响心输出量的主要因素

心输出量的大小取决于心率和每搏输出量，机体通过调节心跳频率和心肌收缩力实现心输出量的调节。

（1）静脉回流量　心脏能自动地调节并平衡心搏出量和回心血量之间的关系；回心血量愈多，心脏在舒张期充盈就愈大，心肌受牵拉就愈大，则心室的收缩力量就愈强，搏出到动脉的血量就愈多。换句话说，在生理条件下，心脏能将回流的血液全部泵出，使血液不会在静脉内蓄积。心脏的这种自身调节不需要神经和体液的参与。心脏的自身调节对搏出量进行精细的调节具有重要的生理意义。当某种原因（如体位改变）使静脉回流突然增加或减少，或左、右心室搏出量不平衡等情况下所出现的充盈量的微小变化，都可以通过自身调节来改变搏出量，使之与充盈量达到新的平衡。

（2）心肌的收缩力　心肌在神经系统和各种体液因素的调节下能改变心肌的收缩力量，前提条件是静脉回流量和心舒末期容积不变。如动物在应激和使役的情况下，搏出量成倍的增加，而动脉血压或心脏舒张期容量增大不明显，此时的心脏收缩强度和速度的变化主要是交感-肾上腺素的调节，依赖于静脉回流量的改变是次要的，使心肌的收缩力增强，心舒末期的体积比正常时进一步缩小，减少心室的残余量，从而使搏出量明显增加。

（3）外周阻力的影响　血液在心脏以外流动过程所受到的阻力称为外周阻力。

（4）心率的影响　在一定范围内，心率增加，每分输出量也增加。心率过慢，心舒期变长，心室充盈量过满，每分输出量减少；心率过快，心舒期缩短，心室充盈量不足，每分输出量也减少。

第三节　血　　管

一、血管的种类与构造

血管按其结构和功能不同，可分为动脉、毛细血管和静脉。

1. 动脉

动脉是引导血液出心脏，并向全身输送血液的管道。管壁厚而富有弹性，空虚时不塌陷,出血时呈喷射状。动脉管壁分为3层:外层由结缔组织构成,称为外膜;中层由平滑肌、胶质纤维和弹性纤维组成,称为中膜;内层由内皮细胞、薄层胶质纤维和弹性纤维组成,称为内膜。按其管径大小,动脉可分为大、中、小三类。离心脏愈近则管径愈大,管壁愈厚,所含弹性纤维愈多。离心脏远的动脉,其弹性纤维逐渐减少,平滑肌纤维逐渐增加,到小动脉时则以平滑肌为主。故大动脉又称为弹性动脉,小动脉又称为肌性动脉。

2. 静脉

静脉是引导血液回心脏的血管,多与动脉伴行。其管壁构造与动脉相似,也分3层,但中膜很薄,弹性纤维不发达,外膜较厚。静脉管腔大,管壁薄,弹性差,易塌陷,出血时呈流水状。四肢部、颈部的静脉,内有折叠成对的游离缘朝向心脏方向的半月状瓣膜,称为静脉瓣,可防止血液逆流。

3. 毛细血管

毛细血管是连于动脉和静脉之间的微细血管。短而细,互相吻合成网。毛细血管管壁非常薄,仅由一层内皮细胞构成,具有很大的通透性,是血液与组织之间进行物质交换的主要场所。另外,位于肝、脾、骨髓等处的毛细血管形成管腔大而不规则的膨大部,称为血窦。

二、血管的分布

(一)体循环的血管分布

体循环又称为大循环,从左心室开始,通过主动脉及其分支,进入全身各处形成毛细血管网,而后汇集成前腔静脉和后腔静脉,返回右心房。

体循环的血液流动路径为:左心室→主动脉→全身各部(肺除外)→静脉→右心房。

1. 体循环的动脉

体循环起于左心室的主动脉口,呈弓形向后上方伸延至第6胸椎腹侧,此段为主动脉弓。主动脉弓向后伸延至膈的主动脉裂孔处,此段称为胸主动脉。胸主动脉穿过膈的主动脉裂孔伸延为腹主动脉,腹主动脉在骨盆腔前口处分出左、右髂外动脉和左、右髂内动脉,其主干移行为荐中动脉、尾中动脉(图8-7)。

(1)主动脉弓及分支 主动脉弓为主动脉的第一段,在起始部分出左、右冠状动脉后,向前分出一支臂头动脉总干和胸主动脉。

臂头动脉总干:是分布于头颈、前肢及胸前部的动脉主干,沿气管腹侧向前上方伸延至第3肋处,分出左锁骨下动脉,主干延续为臂头动脉。臂头动脉在气管腹侧继续前行至第1肋附近,分出一支颈动脉总干,主干向右移行为右锁骨下动脉。左、右锁骨下动脉分出一些分支后分别绕过第1肋出胸腔,移行为腋动脉。

颈动脉总干:很短,在胸前口处分为左、右颈总动脉,分别沿左、右颈静脉沟深层向前伸延,至环枕关节处分为枕动脉和颈外动脉。枕动脉向上伸延通过枕

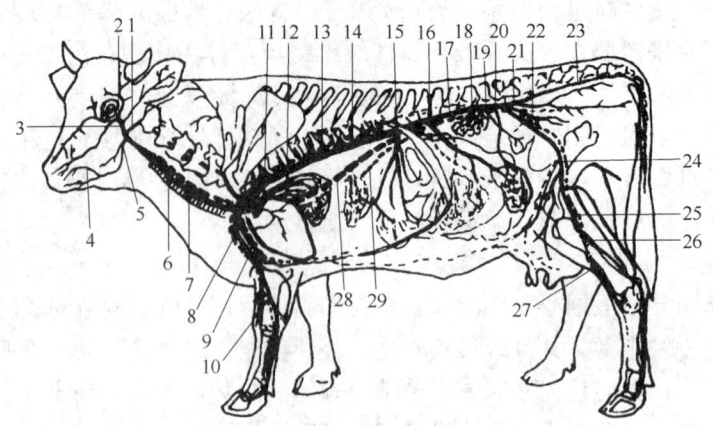

图 8-7 牛全身主要动脉和静脉分布示意图

1—枕动脉 2—颌内动脉 3—颈外动脉 4—面动脉 5—颌外动脉 6—颈动脉 7—颈静脉
8—腋动脉 9—臂动脉 10—正中动脉 11—肺动脉 12—肺静脉 13—胸主动脉
14—肋间动脉 15—腹腔动脉 16—前肠系膜动脉 17—腹主动脉 18—肾动脉
19—精索内动脉 20—后肠系膜动脉 21—髂内动脉 22—髂外动脉
23—荐中动脉 24—股动脉 25—腘动脉 26—胫后动脉 27—胫前动脉
28—后腔静脉 29—门静脉

骨大孔入颅腔,主要分布于脑脊髓和脑膜上。颈外动脉向前上伸至下颌关节处延续为颌内动脉,分布于头部大部分器官及肌肉皮肤上。它在下颌支内侧分出一支颌外动脉,绕过下颌骨血管切迹转至面部,移行为面动脉。

前肢动脉:是由锁骨下动脉延伸而来,在肩关节内侧称为腋动脉,在臂部称为臂动脉,在前臂部位于前臂内侧的正中沟内,称为正中动脉,在掌部称为指总动脉,指总动脉分为指内、外侧动脉,分别沿指间下行至指端。前肢动脉干各段均有分支分布于相应部位的肌肉、皮肤、骨骼等处。

(2) 胸主动脉及分支 胸主动脉是主动脉弓向后的直接延续,其分支有肋间动脉和支气管食管动脉。肋间动脉有 13 对,前 3 对由左锁骨下动脉和臂头动脉的分支分出,后 10 对均由胸主动脉分出,主要分布于胸部脊柱附近的肌肉和皮肤。支气管食管动脉在第 6 胸椎处以一主干起自于胸主动脉腹侧,然后分为支气管动脉和食管动脉,分别分布于肺组织和食管。

(3) 腹主动脉及分支 腹主动脉为腰腹部的动脉主干,其分支可分为壁支和脏支。壁支主要为腰动脉,有 6 对,分布于腰部肌肉、皮肤及脊髓脊膜等处;脏支主要分布于腹腔、盆腔的器官上,由前向后依次为腹腔动脉、肠系膜前动脉、肾动脉、肠系膜后动脉和睾丸动脉(子宫卵巢动脉)。

腹腔动脉:在膈的主动脉裂孔稍后处由腹主动脉分出,主要分布于脾、胃、肝、胰及十二指肠。

肠系膜前动脉:在第 1 腰椎腹侧处由腹主动脉分出,主要分布于小肠、结肠、盲肠和胰脏。

肾动脉：在第2腰椎处由腹主动脉分出，成对，分布于肾。

肠系膜后动脉：在4～5腰椎处由腹主动脉分出，比较细，主要分布于结肠后段和直肠。

睾丸动脉（子宫卵巢动脉）：在肠系膜后动脉附近由腹主动脉分出。公畜称为睾丸动脉，向后下行走进入腹股沟管的精索，分支分布于睾丸、输精管、附睾和睾丸鞘膜。母畜称为子宫卵巢动脉，在子宫阔韧带中向后延伸，分支为卵巢动脉和子宫前动脉，分布于卵巢、输卵管和子宫角上。

（4）骨盆部及荐尾部动脉 分布于骨盆部及尾部的动脉为髂内动脉，在第5、第6腰椎腹侧由腹主动脉分出，沿荐骨腹侧及荐坐韧带内侧向后伸延，分布于骨盆腔器官和荐臀部、尾部的肌肉皮肤。

（5）后肢动脉 分布于后肢的动脉主干为左、右髂外动脉，它们在第5腰椎处由腹主动脉向后左、右侧分出，沿髂骨前缘和后肢内侧面下伸至趾端。在股部为股动脉，在膝关节后为腘动脉，在胫骨背侧面为胫前动脉，在趾骨背侧为趾背侧动脉，向下分为第3趾、第4趾动脉。主干沿途形成分支，分布于后肢相应部位的骨骼、肌肉和皮肤。在耻骨前缘部，髂外动脉分支出阴部腹壁动脉干，其分支为阴部动脉（在母牛为乳房动脉），分布于乳房上。

2. 体循环的静脉

（1）前腔静脉系 前腔静脉是汇集头颈部、前肢部和部分胸壁血液的静脉，在胸前口处由左、右颈静脉和左、右腋静脉汇合而成，位于气管和臂头动脉总干的腹侧，沿纵隔内向后延伸，注入右心房。在注入右心房前还接纳了胸壁、胸椎等部位的静脉支。

前腔静脉系最主要的血管是颈静脉，它沿颈静脉沟向后延伸，在胸前口处汇入前腔静脉。在临床上，颈静脉是静脉注射和采血的常用部位。

（2）后腔静脉系 后腔静脉在骨盆腔入口处由左右髂总静脉汇合而成，沿腹主动脉右侧向前伸延，穿过膈的腔静脉孔进入胸腔，注入右心房。后腔静脉收集后肢、骨盆及盆腔器官、腹壁、腹腔器官及乳房的静脉血。

乳房的静脉：乳房的静脉血大部分经阴部外静脉注入髂外静脉；一小部分经腹皮下静脉注入胸内静脉。乳房两侧的阴部外静脉、腹皮下静脉和会阴静脉在乳房基部互相吻合，形成一个大的乳房基部静脉环，当其中任何一支静脉血流受阻时，其他静脉可起代偿作用。

门静脉：位于后腔静脉的下方，是腹腔内一条大的静脉干，它收集胃、脾、胰、小肠、大肠（直肠后部除外）的静脉血，经肝门入肝，在肝内分成数支毛细血管网，再汇成数支肝静脉，汇入后腔静脉。

（二）肺循环的血管分布

肺循环又称为小循环，从右心室开始，经肺动脉进入肺，在肺内形成毛细血管网,而后汇集成肺静脉,返回左心房。

肺循环血液流动的路径为:右心室→肺动脉→肺→肺静脉→左心房。

肺动脉:起于右心室的肺动脉口,沿主动脉弓的左侧向后上方伸延,至心基的后上方分为左、右两支,分别与左、右支气管一起从肺门入肺。右侧支在入肺前还向右肺尖叶分出一小侧支,随右肺尖叶支气管分布于肺。肺动脉在肺内随支气管进行分支,最后在肺泡周围形成毛细血管网,在此进行气体交换。

肺静脉:由毛细血管网汇合而成,随肺动脉和支气管行走,最后汇成6条肺静脉,由肺门出肺,注入左心房。

三、血管生理

1. 动脉血压

血压是指血液在血管内流动时对血管壁产生的侧压力,常用千帕(kPa)表示。通常所说的血压是指体循环系统中的动脉血压。动脉血压在血液循环中占有重要地位。它是决定其他各类血管血压的主要动力,是保证血液克服阻力供应各组织器官的主要因素。动脉血压过低不能保证有效的循环和血液供应;动脉血压过高会增加心脏和血管的负担,甚至损伤血管引起出血。

形成动脉血压的基本因素是循环系统中的血液充盈和心脏射血,外周阻力则是动脉血压形成的另一重要因素,因此动脉血压就是每次心室收缩所产生的推动血液前进的力量和血液流经动脉时所遇到的外周阻力两者相互作用的结果。

心输出量和外周阻力决定动脉血压的大小,因此,凡是影响心输出量和外周阻力的因素,都影响动脉血压。这些因素主要有:每搏输出量、外周阻力、循环血量、动脉管壁的弹性和心率等。

在每次心动周期中,动脉血压随着心室的舒、缩活动而变化。心室收缩时,动脉压急剧升高,心缩期中动脉血压所达到的最高值,称为心缩压,又称高压。它反映心室肌收缩力的大小。心室舒张时,动脉压下降,在心舒期中动脉血压下降所达到的最低值,称为舒张压,又称低压。它主要反映外周阻力的大小。收缩压和舒张压的差值称为脉搏压,简称脉压。

在正常情况下,动脉血压随着动物品种、年龄、性别等而变化,但同种动物的动脉血压相当稳定。

2. 动脉脉搏

(1) 动脉脉搏的形成　动脉脉搏是指在每个心动周期中,动脉内的压力发生周期性波动,这种周期性的压力变化可引起动脉血管发生搏动。心室收缩时血液射进主动脉,主动脉内压增加,使管壁扩张;心室舒张时,主动脉内压下降,血管壁弹性回缩而恢复原状。这种随着心脏节律性泵血活动,使主动脉管壁发生扩张-回缩的振动,以弹性波的形式沿血管壁传向外周,形成动脉脉搏。通常临床所说的脉搏是指动脉脉搏。

用脉搏描记仪记录下来的脉搏波形称为脉搏图。动脉系统各段的基本波形相同（图8-8）。一般都由升支和降支组成。升支较陡峭，表示心室收缩时射血，使主动脉内压急剧上升，管壁被扩张。形成脉搏波形中的升支。升支的斜率和幅度受射血速度、心输出量以及射血所遇到的阻力的影响。降支较平缓，表示心室舒张时主动脉管壁弹性回缩，内压缓慢下降。在形成降支的过程中，常有降中波和降中

图8-8 动脉脉搏记录图

峡出现，降中波和降中峡的形成是由心室舒张后主动脉壁回缩以及主动脉内血液撞击已关闭的半月瓣后重又回弹的作用。

（2）形成动脉脉搏的意义　检查各种动物脉搏波的部位是：牛在尾动脉或颌外动脉；马在颌外动脉；羊和小动物在股动脉。检查动脉脉搏不但能够直接反应心率和心动周期的节律，而且，在一定程度上，能够通过脉搏的速度、幅度、硬度、频率等特性反映整个循环系统的功能状态。所以检查动脉脉搏具有重要的意义。

3. 静脉血压

通常将在右心房和胸腔内大静脉的血压称为中心静脉压，而各器官静脉的血压称为外周静脉压。心泵功能与静脉回心血量之间的相互关系决定中心静脉压的大小。心泵功能较强时，能将回心血液及时射入动脉，中心静脉压则较低。反之，心泵功能较弱时，不能将回心血液及时射入动脉，中心静脉压升高。在实际中，中心静脉压可用于临床输血或输液时输入量和输入速度是否适当的检测指标。

4. 静脉回流

静脉对血流阻力很小，单位时间内由静脉回流心脏的血量等于心输出量。动物躺卧时，全身各大静脉大都与心脏在同一水平，单靠静脉系统中各段的压差就能推动血液流回心脏。但在站立时，由于重力影响，大量血液沉积在心脏水平以下的腹腔和四肢的末梢静脉中，而使这些地方的静脉压升高，不利于静脉的回流，以致影响心输出量。这时需要外力的影响来克服重力的作用，才能保证静脉正常回流。主要的外力影响有：

（1）骨骼肌的挤压作用　骨骼肌收缩时，对附近静脉起挤压作用，推动其中的血液推开静脉管内壁上的静脉瓣，血液朝心脏方向流动，此时静脉血流加快。因静脉内有瓣膜存在，使静脉内的血液只能向心脏方向流动而不会倒流。

（2）胸腔负压的抽吸作用　呼吸运动也能影响静脉回流。呼吸运动在胸腔内产生的负压变化能促进静脉回流。在吸气时，胸腔容积加大，胸腔负压值进一步增大，胸腔内的大静脉和右心房受到负压的牵引更加扩张，压力也进一步降低，因而有利于外周静脉的血液回流至右心房。同时，由于吸气时膈的后退，能压迫

腹腔内脏血管而使腹腔内静脉血回流加快。此外，心舒期心房和心室内产生较少的负压对静脉的回流也有抽吸作用。呼气时，胸膜腔负压值减小，由静脉回流入右心房的血液量也相应地减少。由此可见，呼吸运动对静脉回流也起着"泵"的作用。

5. 微循环

微循环是指微动脉和微静脉之间的血液循环，其功能是进行血液和组织液之间的物质交换。各器官、组织的结构和功能不同，微循环的结构与成分也不同。典型的微循环由微动脉、后微动脉、毛细血管前括约肌、真毛细血管、通血毛细血管、动静脉吻合支和微静脉等组成（图8-9）。

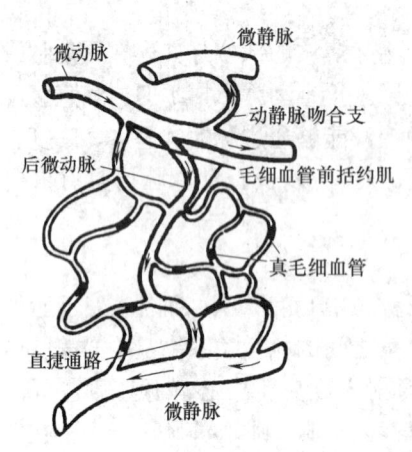

图8-9 微循环结构示意图

微循环的血液由微动脉流向微静脉时可通过以下三条途径：

（1）营养通路 指血液经微动脉、开放着的毛细血管前括约肌，进入由真毛细血管组成的迂回曲折的真毛细血管网，最后汇集于微静脉。其特点是血流速度缓慢，血液流程很长，与组织细胞接触广泛，能完成血液与组织间的物质交换。

（2）直捷通路 指血液从微动脉经后微动脉和通血毛细血管进入微静脉的通路。其特点是流速快、流程短、物质交换功能不大。直捷通路经常处于开放状态，主要功能是使一部分血液能迅速通过微循环而进入静脉，以免在真毛细血管中滞留，从而不影响静脉回流，使血压能维持正常。直捷通路在骨骼肌组织的微循环中较为多见。安静状态下大部分血液流经直捷通路。

（3）动静脉短路 又称非营养通路，它是指血液由微动脉经动静脉吻合支，直接流回微静脉。这种通路没有物质交换功能。动静脉短路在一般情况下处于关闭状态，它的开闭主要与调节体温有关。

第四节 组织液和淋巴液

一、组织液的生成和回流

组织液是血浆通过毛细血管管壁滤出而形成。组织液又称组织间隙液，分布在细胞的间隙内，它是血液与组织细胞间物质交换的媒介。绝大部分的组织液呈胶冻状，不能自由流动，只有极小部分呈液态，可自由流动。

组织液形成后，机体为了保持组织液量的动态平衡，又被毛细血管重新吸收到血液中。组织液的生成和重吸收取决于毛细血管血压、组织液静水压、血浆胶体渗透压、组织液胶体渗透压四个因素。其中，毛细血管血压和组织液胶体渗透压有利于生成组织液；组织液静水压和血浆胶体渗透压有利于组织液重吸收。以下用公式表示：

有效滤过压＝（毛细血管血压＋组织液胶体渗透压）－（组织液静水压＋血浆胶体渗透压）

如果有效滤过压为正值，血浆从血管滤出，即组织液生成；如果为负值，组织液则被重吸收。一般在毛细血管动脉端形成组织液，在静脉端部分组织液回流（图8-10）。

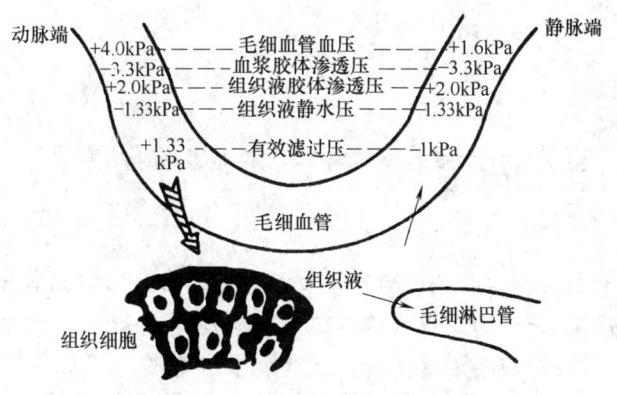

图8-10 组织液生成与回流示意图

二、淋巴液的生成与回流

在正常情况下，约90%的组织液在静脉端被重新吸收回血液，其余约10%进入毛细淋巴管，即淋巴液。淋巴液沿着毛细淋巴管，接着进入小淋巴管和再进入大淋巴管，最后向心脏回流。淋巴液之所以都沿心脏方向流动是因为淋巴管中有瓣膜。瓣膜的作用是控制淋巴液作单向流动。

三、影响组织液和淋巴液生成的因素

在正常情况下，组织液不断生成，又不断被重吸收，保持动态平衡，因而血量和组织液量能维持相对稳定，如果这种动态平衡遭到破坏，将直接影响组织液和淋巴液的生成。

影响组织液和淋巴液生成的因素有以下几个方面：

（1）毛细血管压　毛细血管血压升高，组织液生成增加。

（2）毛细血管通透性　毛细血管通透性增大时，胶体渗透压下降，有效滤过压加大。

（3）血浆胶体渗透压　动物患某种疾病（如肾病）时，血浆胶体渗透压下降，组织液生成增加。

（4）淋巴回流　由于一部分组织液经由淋巴管系统流回血液，当淋巴回流受阻时，可发生局部水肿。

技能训练

一、心脏形态结构的识别

目的与要求

认识心脏的形态和结构。

材料与设备

牛（或羊、猪、犬）心脏的新鲜标本，解剖器械。

步骤与方法

（1）切开右心房和右心室、右房室口。观察右心房和前、后腔静脉入口，用尺量心房肌的厚度（记录）。观察右心室和肺动脉口的瓣膜，右心室的厚度（记录）、乳头肌、腱索。观察右房室瓣，注意腱索附着点。

（2）、切开左心室、左心房和左房室口。观察左心室壁，测量其厚度并和右心室壁作比较。观察左房室口的瓣膜，并和右房室瓣作比较。观察左心房，找到肺静脉的入口。沿左房室瓣深面找到主动脉口并做纵行切口，观察主动脉瓣的结构。

技能考核

在牛（或羊、猪、犬）的心脏新鲜标本上或模型上识别心基、心尖、冠状沟、心房、心室、房室瓣、动脉瓣和进出心脏的血管。

二、血细胞形状构造的识别

目的与要求

准确识别血液中各种血细胞的形态、构造。

材料与设备

生物显微镜、血涂片。

步骤与方法

用高倍镜或油镜观察血涂片，识别红细胞和各种白细胞的形态结构。

技能考核

绘出各种血细胞的形态、结构图。

三、家畜心脏体表投影位置与静脉注射、脉搏检查部位

目的与要求

能准确地在活体上找到牛、猪、犬心脏的体表投影位置和静脉注射、脉搏检查部位,正确地听诊心音和检查脉搏。

材料与设备

牛、猪、犬、保定设备、采血针头、听诊器。

步骤与方法

(1) 将牛、猪、犬驻立保定。

(2) 在教师的指导下确定牛、猪、犬的心脏体表投影。用听诊器听诊心音,并分辨第一、第二心音。

(3) 在教师的指导下确定牛、猪、犬的采血与静脉注射部位,并确定其颈静脉沟的位置,用采血针采血,确认常用的采血、静脉注射部位。

(4) 脉搏的检查:在教师指导下,找到尾中动脉,检查脉搏。

技能考核

在牛、猪、犬活体上,指出心脏的体表投影、静脉注射和检查脉搏的部位,能正确地听诊心音、检查脉搏。

四、蛙心活动观察

目的与要求

了解肾上腺素和乙酰胆碱对心脏活动的影响。

材料与设备

蛙或蟾蜍、蛙心套管、探针、0.1%肾上腺素、0.01%乙酰胆碱、滴管等。

步骤与方法

(1) 取青蛙一只,用探针由蛙枕骨大孔处插入脑和脊髓,破坏脑和脊髓,剪开胸腔暴露心脏。然后,观察心脏的搏动。

(2) 用滴管向一只青蛙心脏静脉窦处滴加 0.1% 肾上腺素 1~2 滴，勿碰到静脉窦，观察心脏活动的变化。

(3) 用滴管向另一只青蛙心脏静脉窦处滴加 0.01% 的乙酰胆碱 1~2 滴，勿碰到静脉窦，观察心脏活动的变化。

技能考核

主要考核学生的动手能力、观察能力和分析问题的能力。

复习思考题

1. 叙述心腔的构造，并说明心音产生的原因。
2. 结合凝血过程，说明防止和加速血凝的措施。
3. 结合组织液的生成与回流，说明水肿发生的机理。
4. 影响心输出量的因素有哪些？
5. 微循环是由哪几部分组成的？
6. 影响静脉回流的因素有哪些？
7. 简述各类白细胞的生理功能。
8. 简述血液在心脏、肺和全身其他器官循环流动的方向。

第九章 免疫系统

知识目标：
- 应知免疫系统的组成和作用以及免疫细胞、免疫组织、免疫器官的概念；
- 应知常检淋巴结、脾脏的形态、位置和机能。

技能目标：
- 应能在畜禽尸体和活体上找到常检淋巴结；
- 应能在显微镜下识别淋巴结、脾脏的组织结构。

免疫系统由免疫器官、免疫细胞和淋巴组成。

第一节 免疫器官

免疫器官（也称淋巴器官）是以淋巴组织为主要成分构成的器官，包括中枢免疫器官和周围免疫器官。中枢免疫器官有骨髓、胸腺，它们是免疫细胞发生、分化和成熟的场所，其共同特点是发生早，退化早。周围免疫器官有淋巴结、脾、扁桃体和血淋巴结等，它们是T细胞、B细胞定居和抗原进行免疫应答的场所。

一、中枢免疫器官

1. 骨髓

骨髓既是造血器官，又是中枢免疫器官。骨髓中的红骨髓可以生成血液中的所有血细胞。骨髓中的多能造血干细胞经增殖、分化，演化为髓系干细胞和淋巴系干细胞。髓系干细胞是颗粒白细胞和单核吞噬细胞的前身；淋巴系干细胞则演变为淋巴细胞。哺乳动物的B淋巴细胞（B细胞）直接在骨髓内分化、成熟，然后进入血液和淋巴中发挥免疫作用；禽类的B淋巴细胞则是淋巴干细胞从骨髓内转移到法氏囊中分化、成熟的。

2. 胸腺

胸腺位于胸腔纵隔内和颈部，既是淋巴器官，又是内分泌器官。来自骨髓的淋巴干细胞在胸腺中受胸腺素和胸腺生成素等的诱导作用，增殖分化、成熟为具有免疫功能的T细胞，而后进入外周淋巴器官，参与机体的免疫反应。

牛的胸腺为粉红色的分叶状器官，质地柔软。犊牛胸腺发达，分颈、胸两部。颈部分左、右两叶，自胸前口沿气管、食管向前延伸至甲状腺的附近；胸部位于心前纵隔内。胸腺在性成熟期胸腺体积最大，4～5岁开始退化，被结缔组织或脂肪所代替。但并不完全消失，即使在老年期，在胸腺原位的结缔组织中，仍可发现小块有活动的胸腺遗迹。

羊的胸腺与牛的相似，羔羊发达，1～2岁时退化。

猪的胸腺呈灰红色，在颈部沿左右颈总动脉向前伸延，幼猪胸腺发达。

犬的胸腺呈粉红色，分为左右两叶，位于纵隔内，一般4月龄开始退化。

禽的胸腺一对，位于颈部气管两侧的皮下，从颈前部沿颈静脉延伸到胸腔前口的甲状腺处。有时胸腺组织可进入甲状腺和甲状旁腺内，彼此间无结缔组织隔开。因此，完全切除家禽胸腺是困难的。幼龄时体积较大，性成熟后重量开始下降，到成年后仅保留一些痕迹。

3. 腔上囊

腔上囊又称法氏囊，是禽类特有的免疫器官，位于泄殖腔背侧，开口于肛道。鸡的腔上囊呈球形，鸭、鹅为椭圆形。腔上囊同胸腺一样，幼龄家禽较发达，性成熟后开始退化，以后仅剩小的遗迹，甚至完全消失。

腔上囊的主要功能与体液有关。骨髓产生的淋巴干细胞随血流到法氏囊，在激素的影响下，迅速繁殖分化成B淋巴细胞，当B淋巴细胞转移到脾脏、盲肠扁桃体及其他淋巴组织后，在抗原刺激下，可迅速增生，转为浆细胞，产生抗体。

二、周围免疫器官

1. 淋巴结

（1）淋巴结的形态位置　淋巴结位于淋巴管的路径上，多位于凹窝或隐藏之处，大小不一，多成群分布。形态有球形、卵圆形、扁圆形等。淋巴结在活体呈粉红色或微红褐色，在尸体则呈不同程度的灰白色，并略带黄色。在牛、羊身上，有的呈扩散性黑色或褐色的色素沉积。淋巴结的一侧凹陷为淋巴结门，是血管、神经和淋巴管出入的地方；另一侧凸出，有多条输入淋巴管注入。

（2）淋巴结的组织构造　淋巴结由被膜和实质构成（图9-1）。

① 被膜：为覆盖在淋巴结表面的结缔组织膜。被膜结缔组织伸入实质形成许多小梁并相互连接成网，与网状组织共同构成淋巴结的支架。进入淋巴结的血管沿小梁分布。

② 实质：淋巴结的实质可分为皮质和髓质。

皮质位于被膜下方，由浅层皮

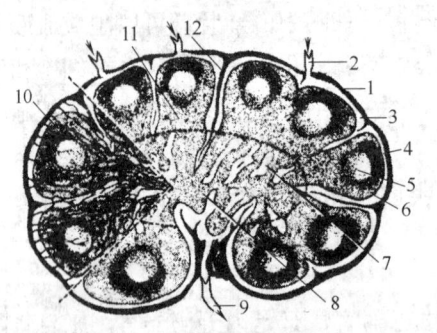

图9-1　淋巴结构造模式图

1—被膜　2—输入淋巴管　3—皮窦　4—淋巴小结
5—生发中心　6—皮质　7—髓窦　8—髓索
9—输出淋巴管　10—网状组织
11—副皮质区　12—小梁

质、副皮质区及皮质淋巴窦构成。浅层皮质含淋巴小结及小结之间的弥散淋巴组织，为 B 淋巴细胞区。副皮质区位于皮质深层，为较大片的弥散淋巴组织，主要含 T 淋巴细胞，故又称胸腺依赖区。

髓质由髓索和髓窦组成。髓索是相互连接的索条状淋巴组织，主要含浆细胞、B 淋巴细胞和巨噬细胞。

猪淋巴结的皮质、髓质位置正好相反，即淋巴小结和弥散的淋巴组织位于中央区，髓质则分布于外周。但成年猪淋巴结的外周有时也见有淋巴小结。

禽类与哺乳动物类似的淋巴结仅见于鸭、鹅等水禽，有两对。一对是颈胸淋巴结，位于颈基部，呈长纺锤形；另一对是腰淋巴结，为长带形，位于腰部主动脉两侧。

（3）淋巴结内的淋巴通路　淋巴流经一个淋巴结需数小时，有利于过滤清除抗原。

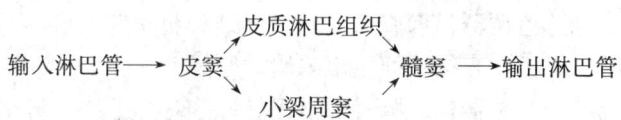

（4）淋巴结的功能　淋巴结是体内最重要、分布广泛的免疫器官，通过淋巴细胞参与机体的免疫活动；巨噬细胞具有很强的吞噬能力，能吞噬由淋巴带来的异物和微生物；淋巴结还产生淋巴细胞，是重要的造血器官。

（5）主要淋巴结的分布　在哺乳动物中，一个淋巴结或淋巴结群常位于身体的同一部位，并接受几乎相同区域的淋巴，这个淋巴结或淋巴结群就是该区的淋巴中心。一个淋巴中心有一个或一群淋巴结，也可能有多个或多群淋巴结。

① 头部淋巴结。

下颌淋巴结：引流头下半部的皮肤和肌肉、口腔、鼻腔下半部以及唾液腺的淋巴，是头部临床诊断和动物食品卫生检验的首选淋巴结（图 9-2）。

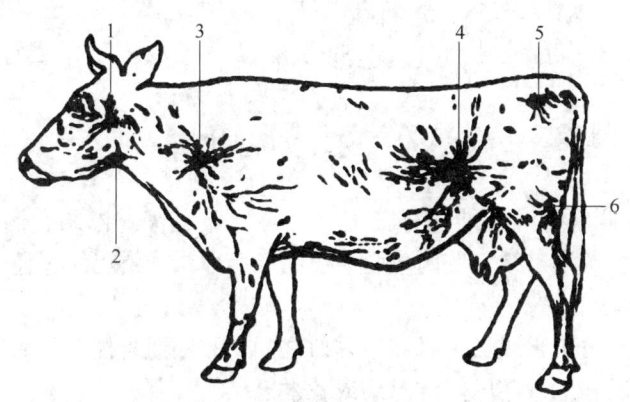

图 9-2　牛体浅层主要淋巴结

1—腮腺淋巴结　2—下颌淋巴结　3—颈浅淋巴结　4—髂下淋巴结　5—坐骨淋巴结　6—腘淋巴结

腮腺淋巴结：引流头上半部皮肤、肌肉的淋巴，淋巴输出管注入咽后内、外侧淋巴结。

咽后淋巴结：分为咽后内侧淋巴结和咽后外侧淋巴结，引流附近的肌肉、头部、腔、口腔、唾液腺、咽、喉的淋巴，汇入颈深前淋巴结或气管淋巴干。

② 颈部淋巴结。

颈浅淋巴结：是一群颈浅淋巴结，引流颈部附近皮肤和肌肉的淋巴，分别汇入管和右气管淋巴干。

颈深淋巴结：有三群，即颈深前淋巴结、颈深中淋巴结和颈深后淋巴结。引流头、颈、前肢的淋巴，汇入胸导管或右淋巴导管。

③ 前肢淋巴结。前肢只有一个腋淋巴结，牛有两群，即腋固有淋巴结和第1肋腋淋巴结。引流前肢、胸下壁和腹底壁前部皮肤的淋巴。

④ 胸腔淋巴结。

胸背侧淋巴结：有两群，即胸主动脉淋巴结和肋间淋巴结，引流前肢、胸下壁和腹壁上半部的淋巴，直接或间接汇入胸导管。

胸腹侧淋巴结：有两群，即胸骨前淋巴结和胸骨淋巴结。引流胸壁和腹壁下半部的淋巴，左侧汇入胸导管，右侧入导管。

纵隔淋巴结：有三群，即纵隔前、中、后淋巴结。引流，心、肺、膈、胸膜、心包、食管、气管、胸腺的淋巴，汇入胸导管或右淋巴导管。

支气管淋巴结：有气管支气管左淋巴结、气管支气管右淋巴结和气管支气管中淋巴结。牛、羊和猪还有气管支气管前淋巴结。引流心、肺的淋巴，汇入胸导管或右淋巴导管或右气管淋巴干。

⑤ 腹腔内脏淋巴结。

腹腔淋巴结：有腹腔淋巴结、胃淋巴结、胰十二指肠淋巴结、肝淋巴结和脾淋巴结。其输出管汇成腹腔淋巴干。

肠系膜前淋巴结：有肠系膜前淋巴结、空肠淋巴结、盲肠淋巴结和结肠淋巴结，其输出管形成肠淋巴干，与腹腔淋巴干汇成内脏淋巴干后，注入乳糜池。

肠系膜后淋巴结：引流结肠后部和直肠的淋巴，汇入腰淋巴干，注入乳糜池。

⑥ 腹壁及骨盆壁淋巴结。有腰主动脉淋巴结、肾淋巴结、髂外侧淋巴结、髂内侧淋巴结、荐淋巴结、肛门直肠淋巴结、腹股沟浅淋巴结、髂下淋巴结。

⑦ 后肢淋巴结。

腘淋巴结：位于臀股二头肌和半腱肌之间，腓肠肌外侧头的表面。引流小腿下部肌肉的淋巴，汇入髂内侧淋巴结或荐淋巴结。

髂股淋巴结：位于阴部腹壁动脉干起始部与股管之间，靠近股深动脉。引流腘淋巴结和腹壁的淋巴，汇入髂内侧淋巴结或腰淋巴干。

2. 脾

（1）**脾的形态和位置** 脾是体内最大的淋巴器官，位于血液循环经路上，有造血、贮血、滤血及参与机体免疫活动等机能。各种家畜脾的外形有一定差别（图 9-3）。牛脾呈扁平的长椭圆形，呈灰蓝色至紫红色，断面为赤紫色，质地较软，位于腹前部，在胃的左侧。羊脾呈扁平的钝三角形，红紫色，质软，位于瘤胃左侧。猪脾狭而长，上宽下窄，呈紫红色，质软，以胃脾韧带与胃大弯相连。马脾呈扁平镰刀形，上宽下窄，蓝红或铁青色，位于胃大弯左侧。犬脾呈长而窄的镰刀形，上窄下宽，呈深红色，位于腹前部，在胃左侧和左肾之间。家禽的脾位于腺胃右侧，褐红色；为不大的圆形或三角形（鸽为长形），外包薄的被膜；红髓与白髓分界不甚明显，特别是鸭和鹅。

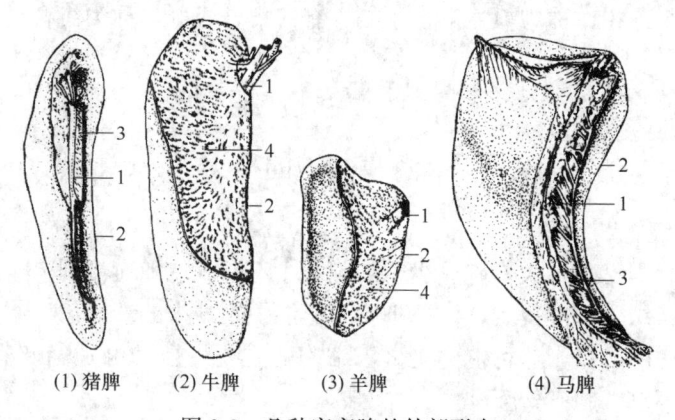

（1）猪脾　（2）牛脾　（3）羊脾　（4）马脾

图 9-3　几种家畜脾的外部形态

1—脾门　2—前缘　3—胃脾韧带　4—脾和瘤胃粘连处

（2）**脾的组织结构** 脾的组织结构类似淋巴结。脾的表面有结缔组织被膜，实质比较柔脆，分为白髓和红髓。白髓是淋巴细胞聚集之处，沿中央小动脉呈鞘状分布，富含 T 淋巴细胞，相当于淋巴结的副皮质区。白髓中还有淋巴小结，是 B 淋巴细胞居留之处，受抗原刺激后可出现生发中心。红髓位于白髓周围，可分为脾索和血窦。脾索为网状结缔组织形成的条索状分支结构；血窦为迂曲的血管，其分支吻合成网。红髓与白髓之间的区域称为边缘区，中央小动脉分支由此进入，是再循环淋巴细胞入脾之处。与淋巴结不同，脾没有输入淋巴管，只有一条平时关闭的输出淋巴管与中央动脉并行，发生免疫应答时淋巴细胞由此进入再循环池。禽类的脾白髓和红髓分界不明显。

（3）**脾的功能** 脾的主要功能是通过淋巴细胞的活动而参与机体的免疫活动；通过巨噬细胞的吞噬作用，清除流经脾的血液中的微生物和异物。此外，脾还是体内重要的造血和贮血器官。

3. 血淋巴结

血淋巴结常见于牛、羊动脉的径路上、瘤胃表面和空肠系膜中。一般呈圆球形，如豌豆大小，暗红色，构造似淋巴结，窦腔中常同时存在血液和淋巴。血淋巴结有一定的造血和免疫功能。

4. 扁桃体

扁桃体在咽峡和鼻咽部的黏膜内，分为咽扁桃体和腭扁桃体，以腭扁桃体最发达。呈卵圆形隆起，表面有很多清晰的隐窝。

扁桃体由于无输入淋巴管，又处于暴露位置，故抗原可从口腔直接感染。扁桃体的主要作用有两个，一是可产生淋巴细胞，二是对抗原起反应，构成全身防御系统的一部分。

5. 淋巴小结

在黏膜上皮下面的某些部位，有淋巴细胞密集形成的淋巴组织，称为淋巴小结。有的单个存在，称为孤立淋巴小结，有的集合成群，称为集合淋巴小结。

第二节 免疫细胞

一、免疫细胞的种类

1. 淋巴细胞

淋巴细胞淋巴胞核大，胞质少，细胞大小不一。它随血液周流全身，因而在机体的每个组织中都能找到。淋巴细胞不但能识别外来的"非己"物质，而且能辨别自己体内的成分，这种能力是淋巴细胞的主要特征，也是免疫反应的起点。现已发现的淋巴细胞有如下几种：

（1）T 淋巴细胞　简称 T 细胞，是骨髓的淋巴干细胞在胸腺分化、成熟的淋巴细胞，也称胸腺依赖性淋巴细胞，用胸腺（thymus）一词英文字头"T"来命名。该细胞成熟后进入血液和淋巴液，参与细胞免疫。

（2）B 淋巴细胞　简称 B 细胞，是淋巴干细胞直接在骨髓分化、成熟的淋巴细胞，为骨髓依赖性淋巴细胞。用骨髓（bone marrow）一词英文字头"B"命名。B 淋巴细胞进入血液和淋巴后在抗原刺激下分化成浆细胞，产生抗体，参与体液免疫。

（3）K 细胞　分化途径尚不明确，具有非特异性杀伤功能。它能杀伤与抗体结合的靶细胞，且杀伤力较强。

（4）NK 细胞　又称自然杀伤细胞，它不依赖抗体，不需抗原作用即可杀伤靶细胞。尤其是对肿瘤细胞及病毒感染细胞，具有明显的杀伤作用。

2. 单核吞噬细胞系统

单核吞噬细胞系统是指分散在许多器官和组织中的一些具有很强的吞噬能力的细胞，这些细胞都来源于血液的单核细胞。主要包括疏松结缔组织中的组织细胞、肺内的尘细胞、肝血窦中的枯否氏细胞、血液中的单核细胞、脾和淋巴结内的巨噬细胞、脑和脊髓内的小胶质细胞等。血液中的嗜中性粒细胞虽有吞噬能力,但不是由单核细胞转变而来,且只能吞噬细胞而不能吞噬较大的异物,因此不属于单核吞噬细胞系统。

单核吞噬细胞系统的主要机能是吞噬侵入体内的细菌、异物以及衰老、死亡的细胞,并能清除病灶中坏死的组织和细胞;在炎症的恢复期参与组织的修复;肝脏中的枯否氏细胞还参与胆色素的制造等。

3. 抗原呈递细胞

抗原呈递细胞是指在特异性免疫应答中,能够摄取、处理、转递抗原给T细胞和B细胞的细胞,其作用过程称为抗原呈递。有此作用的细胞主要有巨噬细胞、周围淋巴器官中的树突状细胞、指状细胞及真皮层中的郎格罕氏细胞等。

4. 粒性白细胞

细胞质中含有颗粒的白细胞称粒性白细胞。其中,嗜中性粒细胞除具有吞噬细菌、抗感染能力外,尚可与抗原、抗体相结合,形成嗜中性粒细胞-抗体-抗原复合物,从而大大加强对抗原的吞噬作用,参与机体的免疫过程;嗜碱性粒细胞主要参与体内的过敏性反应和变态反应;嗜酸性粒细胞与免疫反应过程密切相关,常见于免疫反应的部位,有较强的吞噬能力,抗寄生虫的作用也较强。

二、免疫细胞的作用

淋巴细胞、巨噬细胞是免疫活动的骨干细胞。淋巴细胞能首先识别抗原为外来物,而后给以应答,不同的淋巴细胞采取不同的应答方式:一种是淋巴细胞分化为浆细胞,进而产生抗体;另一种是淋巴细胞分化成能执行细胞免疫的细胞,而后由这种细胞去直接破坏抗原。巨噬细胞的免疫则较少有特异性,其免疫方式主要是直接吞噬抗原,或以免疫源的形式将抗原提供给淋巴细胞群。巨噬细胞和淋巴细胞间相互作用,并与免疫系统发生广泛的联系。

第三节 淋 巴

淋巴是免疫系统重要的组成部分,同时又是体内主要的体液之一,它和血液、组织液关系密切。淋巴液来源于组织液,组织液来源于血液,而淋巴液最后又回到了血液,三者密切相关(图9-4),任何一方出现变化都将对其他发生影响。

一、淋巴的生成

淋巴是组织液透过毛细淋巴管壁进入毛细淋巴管而形成的。毛细淋巴管是以盲端起始于组织间隙,管壁极薄,通透性极强,允许较大的蛋白质分子和脂肪微

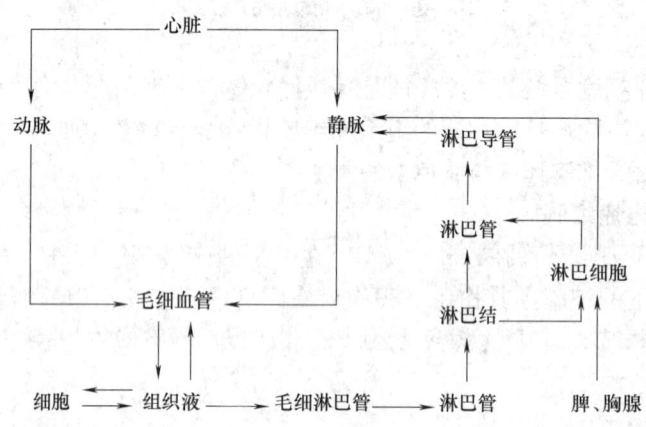

图 9-4　淋巴回流路径及其与心血管系统的关系示意图

粒直接进入淋巴管。在生理条件下，组织液压力大于毛细淋巴管内的压力，所以组织液可顺利进入毛细淋巴管盲端而生成淋巴。当运动时，血流量增大，静脉压升高，淋巴的生成速度也加快。

二、淋巴管

淋巴管按淋巴汇集的顺序可分为毛细淋巴管、淋巴管、淋巴干和淋巴导管（图 9-5）。淋巴生成后，沿毛细淋巴管→淋巴管→淋巴导管→前腔静脉或颈静脉回流到血液。

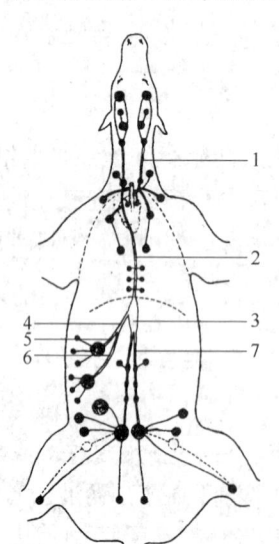

图 9-5　马淋巴管分布模式图
（背侧观）
1—气管干　2—胸导管　3—乳糜池
4—内脏淋巴干　5—腹腔淋巴干
6—肠淋巴干　7—腰淋巴干

（1）毛细淋巴管　毛细淋巴管以盲端起始于组织间隙，并彼此吻合成网，通透性大于毛细血管，可使组织液中的大分子物质如细菌、异物等较易进入毛细淋巴管内。因而当动物受到感染时，其炎症病灶首先要在淋巴系统表现出来。

（2）淋巴管　淋巴管由毛细淋巴管汇合而成，其形态构造与静脉相似，但管径较细，数量较多，管壁较薄，管内瓣膜较多。淋巴管行进过程中要经过许多淋巴结。

（3）淋巴干　淋巴干为身体某一区域较粗大的淋巴集合管。它由浅层淋巴管和深层淋巴管在向心回流过程中经过一系列的淋巴结后汇集而成。畜体的淋巴干包括气管干、内脏淋巴干、肠淋巴干和腰淋巴干。

（4）淋巴导管　全身的淋巴管最后汇集成两条最大的淋巴导管，即胸导管和右淋巴导管。

① 胸导管：胸导管起始于最后胸椎到第二、三腰椎腹侧面的乳糜池（长梭形，是胸导管的起始段，收集肠道来的淋巴，因含有大量脂肪，呈乳白色，所以称乳糜池），而后沿主动脉右侧前行，在胸腔通过食管和支气管左侧下行，注入前腔静脉左侧或左颈静脉。乳糜池和胸导管沿途主要收集后肢、腹壁、腹腔、骨盆壁及骨盆腔内器官、左侧胸壁、左肺、左心、左头颈部、左前肢的淋巴。

② 右淋巴导管：右淋巴导管是由右侧头颈部、右前肢、右侧胸壁的淋巴导管汇集而成。较胸导管短小，位于斜角肌深层。最后注入右颈静脉或前腔静脉右侧。

三、淋巴的生理意义

淋巴是体液的重要组成部分，其生理意义在于：

（1）调节血浆和组织细胞之间的体液平衡　淋巴的回流虽然缓慢，但对组织液的生成与回流平衡却起着重要的作用。如果淋巴回流受阻，可引起淋巴淤积而出现组织液增多，局部肿胀等症状。

（2）具有免疫、防御和屏障作用　淋巴在循环、回流入血过程中，要经过免疫系统的许多器官，而且液体中含有大量免疫细胞，能有效地参与免疫反应，清除细菌、异物等抗原，产生抗体。所以，淋巴系统具有重要的免疫、防御、屏障作用。

（3）能够回收组织液中的蛋白质　由毛细血管动脉端滤出的血浆蛋白，不可能逆浓度差从组织间隙重吸收入毛细血管，只有经过淋巴回流，才不至于在组织液中堆积。据测定，每天经淋巴回流入血的血浆蛋白约占循环血浆蛋白总量的1/4。

（4）运输脂肪　由小肠黏膜上皮细胞吸收的脂肪微粒，主要经肠绒毛内毛细淋巴管回收，然后经过乳糜池-胸导管回流入血。因而胸导管内的淋巴液呈现白色乳糜状。

技能训练

一、家畜淋巴结和脾的形态结构与位置识别

目的与要求

在新鲜标本上识别主要淋巴结和脾脏。

材料与设备

牛（或羊）、猪、犬的新鲜尸体标本、解剖器械。

步骤与方法

在牛（或羊）、猪、犬的新鲜尸体上找到下颌淋巴结、颈深淋巴结、肩前淋巴结、腋淋巴结、肘淋巴结、股前淋巴结、腘淋巴结、腹股沟深淋巴结、腹股沟浅淋巴结、纵隔后淋巴结、腹腔淋巴结、肠系膜淋巴结和脾。

技能考核

在牛（或羊）、猪、犬的新鲜尸体标本上识别上述淋巴结和脾。

二、淋巴结和脾组织结构的观察

目的与要求

识别淋巴结和脾的组织构造。

材料与设备

显微镜、淋巴结和脾的组织切片。

步骤与方法

（1）淋巴结的观察　先用低倍镜后用高倍镜观察淋巴结的被膜、淋巴小结、副皮质区、皮质淋巴窦、髓索和髓窦。

（2）脾的观察　先用低倍镜后用高倍镜观察脾的被膜、脾小梁、脾小体、髓索和髓窦。

技能考核

在显微镜下找到淋巴结和脾的主要结构，绘出淋巴结和脾的组织结构图。

复习思考题

1. 血液、组织液、淋巴液三者之间有何关系？
2. 兽医临床和卫生检疫常检的淋巴结有哪些？位置在哪里？
3. 为什么检查淋巴结可以判断动物是否有疾病？

第十章 神经系统

知识目标：
- 应知神经系统的组成、功能和基本结构；
- 应知植物性神经的结构与功能特点；
- 应知条件反射的概念和形成机理。

技能目标：
- 应能识别家畜的脑和脊髓的形态结构。

第一节 概 述

一、神经系统的组成和主要功能

神经系统由脑、脊髓、神经节和分布于全身的神经组成。神经系统能接受来自体内器官和外界环境的各种刺激，不仅能够调节机体各器官的生理活动，而且能够保证畜、禽机体与外界环境之间的平衡和协调一致，以适应环境的变化。

二、神经系统的基本结构

神经系统是由神经组织构成的。神经组织主要由神经细胞和神经胶质细胞构成，神经细胞又称神经元，为高度分化的细胞，是神经系统的结构和功能单位；神经胶质细胞简称神经胶质，是神经系统的辅助成分。

三、神经系统的划分

神经系统在形态和机能上是一个不可分割的整体，但是，为了学习方便，通常将神经系统分为中枢神经和周围神经两部分。中枢神经包括脑和脊髓、周围神经，也称外周神经，是中枢神经以外的所有的神经干、神经节、神经丛及神经末梢等的总称。它们分别与中枢神经和感受器或效应器相连。根据分布不同，可分为躯体神经和内脏神经。躯体神经分布于体表和骨骼肌，包括脑神经和脊神经。自脑发出的称为脑神经，自脊髓发出的称为脊神经。内脏神经分布于内脏、腺体和血管。其中，内脏神经中的运动神经又称为植物性神经。植物性神经又分为交感神经和副交感神经。

第二节 神经组织

一、神经元

1. 神经元的结构

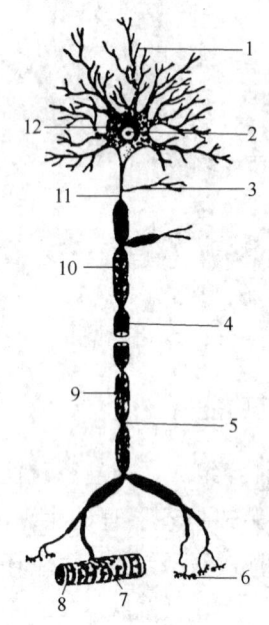

图 10-1 运动神经元模式图
1—树突　2—神经细胞核　3—侧枝
4—雪旺氏鞘　5—朗飞氏结
6—神经末梢　7—运动终板　8—肌纤维
9—雪旺氏细胞核　10—髓鞘
11—轴突　12—尼氏小体

神经元由胞体和突起两部分构成（图10-1）。

（1）胞体　胞体包括细胞膜、细胞质和细胞核。胞体形态多样，有圆形、锥体形、梭形及星形等，大小不等。胞体位于脑、脊髓及神经节内。细胞膜具有接受刺激和传导兴奋的功能。细胞质内除含有一般细胞器外，还具有尼氏小体和神经元纤维两种特有的细胞器。尼氏小体与蛋白质合成有关。神经元纤维除具有支持神经元的作用外，还与营养物质、神经递质及离子运输有关。细胞核大而圆，位于胞体中央，染色质呈细颗粒状，核仁明显。

（2）突起　突起分树突和轴突两种。树突有多个，比较短，呈树枝状分布，可接受由感受器或其他神经元传来的冲动，并将其传至胞体。轴突是一条细长均一的突起，可将胞体传来的冲动传至另一神经元或效应器。

2. 神经元的类型

神经元可以按突起数目和功能来进行分类。

（1）按突起数目分类　可以分为三种（图10-2）：

① 假单极神经元：从胞体只发出一个突起，但离胞体不远处，突起即分为两个分支，一支伸向外周器官，称为外周突；另一支伸向中枢神经系统，称为中枢突，如脑脊神经节的感觉神经元。

② 双极神经元：胞体发出一个轴突，一个树突。如嗅觉细胞和视网膜中的双极细胞。

③ 多极神经元：胞体上发出两个以上的突起，一个为轴突，其余为树突。如脑脊髓内的神经细胞。

（2）按功能分类　可以分为三种：

① 感觉神经元：又称传入神经元，能感受各种刺激，如脊髓神经节细胞。

② 联络神经元：又称中间神经元，起联络作用，如脑、脊髓内的神经细胞。

③ 运动神经元：又称传出神经元，支配效应器活动，如脊髓腹角的神经元。

3. 神经元的基本功能

神经元是高度分化的细胞，在兽类和禽类的神经系统中，神经元数量巨大，有数百亿个，它的基本功能是能够感受体内外各种刺激而引起兴奋或抑制，并对不同来源的兴奋或抑制进行分析综合。神经元通过其突起与其他神经元、其他器官、组织之间相互联系，把来自内、外环境改变的信息传入中枢，加以分析、整合或贮存，再经过传出通路把信号传到其他器官、组织，产生一定的生理调节和控制效应。

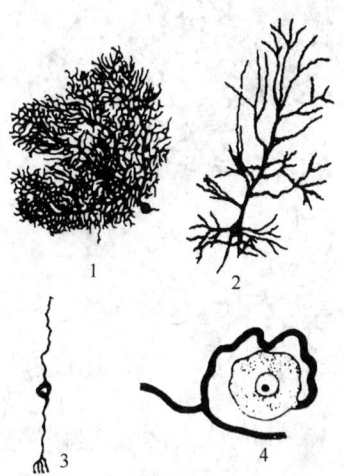

图 10-2　几种不同形态的神经元
1、2—多极神经元　3—双极神经元
4—假单极神经元

4. 神经纤维

神经元的轴突和长的树突称为神经纤维。它的主要功能是传导神经冲动。可分为有髓神经纤维和无髓神经纤维两种。大多数脑、脊神经为有髓神经纤维，其纤维中央为轴突（轴索），表面包绕髓鞘。植物性神经的节后纤维为无髓神经纤维，其表面没有髓鞘包绕。

5. 神经末梢

神经末梢指外周神经纤维的末端部分，在组织、器官内构成一些特殊结构，分别称为感受器和效应器。

感受器是感觉神经末梢是感觉神经元外周突的末梢装置，它分布到皮肤、肌肉、内脏器官和血管等处。效应器是运动神经元轴突末梢与其他组织共同构成的结构，主要分布于骨骼肌、平滑肌及腺体。

6. 突触

神经元之间或神经元和效应器细胞之间的接触部位称突触。电镜观察发现，突触由突触前膜、突触间隙和突触后膜三部分构成（图 10-3）。突触前膜侧轴浆中含有大量的线粒体和突触小泡，内含神经递质。突触后膜上有特异受体。突触前膜与突触后膜之间狭小的间隙称突触间隙。

当神经冲动传导到突触前膜时，突触小泡释放神经递质到突触间隙内，递质与突触后膜特异性受体结合，改变了对离子的通透性，从而使突触后神经元发生兴奋或抑制。

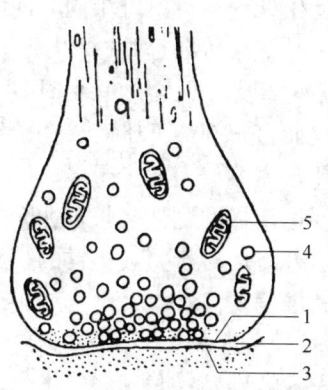

图 10-3　突触超微结构模式图
1—突触前膜　2—突触间隙
3—突触后膜　4—突触小泡
5—线粒体

二、神经胶质细胞

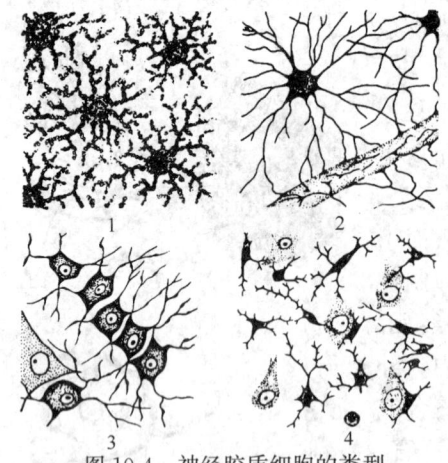

图10-4 神经胶质细胞的类型
1、2—星状胶质细胞　3—少突胶质细胞
4—小胶质细胞

神经胶质细胞数量多，比神经元多10～20倍。有些神经胶质细胞也有突起，但无树突和轴突之分，它们与相邻的细胞不形成突触样结构。无感受刺激和传导冲动的功能，对细胞起支持、保护、营养和绝缘的作用。中枢神经系统的神经胶质细胞可分为星形胶质细胞、少突胶质细胞、小胶质细胞和室管膜细胞（图10-4）。外周神经系统的神经胶质细胞有神经膜细胞和神经节胶质细胞（又称卫星细胞）。

三、神经纤维的兴奋传导

神经纤维的主要功能是传导动作电位，即传导神经冲动或兴奋。

1. 神经纤维传导兴奋的特征

（1）完整性　兴奋能够在同一神经纤维上传导，首先要求神经纤维在结构和功能上是完整的。当神经纤维被切割、撕裂、挤压或受到各种有害的物理、化学刺激（局部应用麻醉药），均可使兴奋传导受阻。

（2）绝缘性　在一条神经干中包含有数量很多的神经纤维，彼此相互绝缘，各条纤维上所传导的冲动互不干扰，保证神经调节具有极高的准确性。

（3）双向性　纤维上的任何一点受到刺激，所产生的冲动可沿纤维同时向两端传导。这是因为局部电流可在刺激点的两端发生，并继续传向远端。

（4）相对不疲劳性　在实验条件下，连续电刺激神经数小时至十几小时，神经纤维始终能保持其传导兴奋的能力，相对突触传递而言，神经纤维的兴奋传导表现为不易发生疲劳。这是由于神经冲动的传导耗能较突触传递要少得多。

（5）不衰减性　冲动在同一条纤维内传导时，不论传导的距离多长，冲动的强度、频率和传导速度都自始至终保持相对恒定。这种特性对于完成正常的神经调节功能非常重要，使调节作用能做到及时、迅速和准确。

2. 神经纤维的传导速度

不同种类的神经纤维，其传导兴奋的速度有很大的差别，这与神经纤维的直径、有无髓鞘、髓鞘的厚度以及温度有密切关系。

局部电流（学说）传递：一般是指无髓神经纤维某一点受到刺激而产生兴奋，即产生了动作电位，这个动作电位就会沿着无髓神经纤维一点一点地连续向两端传递，这就是兴奋在无髓神经纤维上的传递过程。

跳跃式传递：有髓神经纤维的动作电位是沿着神经纤维从一个朗飞氏结跳到邻近的另一个朗飞氏结。这种传导方式，其传导兴奋的速度显然比无髓神经纤维或一般细胞的传导速度要快得多。

神经纤维的传导速度与有无髓鞘的关系：有髓鞘者传导快，无髓鞘者传导慢。

神经纤维的传导速度与纤维直径的关系：神经纤维的直径越大，传导速度越快。

第三节 中枢神经

一、脑

脑为神经系统的高级中枢，位于颅腔内，向后与脊髓相连。脑可分为大脑、小脑和脑干三部分，大脑位于前方，脑干位于大脑和脊髓之间，小脑位于脑干背侧（图10-5、图10-6）。

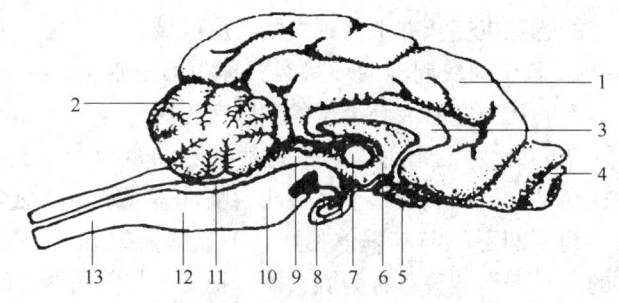

图10-5 犬脑正中矢状面示意图

1—大脑半球 2—小脑 3—胼胝体 4—嗅球 5—视束 6—第三脑室 7—间脑
8—脑垂体 9—中脑导水管 10—中脑 11—第四脑室 12—脑桥 13—延髓

1. 脑干

脑干包括延髓、脑桥、中脑和间脑四部分。

（1）延髓 为脑干的末段，呈前宽后窄、上下略扁的锥形体，后端在枕骨大孔处与脊髓相连，前端与脑桥相接，背侧面被小脑覆盖。延髓的背侧面构成第四脑室底壁的后部。

延髓既具有传导机能，又具有反射机能，是唾液分泌、吞咽、呕吐、呼吸、心跳等生命中枢所在地。

（2）脑桥 位于延髓前方，其背侧面构成第四脑室底壁的前部。脑桥分腹侧部和背侧部。腹侧部呈横行隆起，为大脑皮层与小脑之间的中间

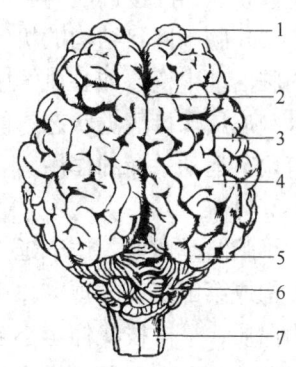

图10-6 牛脑背面示意图

1—嗅球 2—大脑纵裂 3—脑沟
4—脑回 5—大脑半球 6—小脑
7—延髓

站。背侧部主要为网状结构。

脑桥既具有传导机能,又具有角膜反射和调整呼吸等反射机能。

(3) 中脑　位于脑桥的前方,内有中脑导水管,后与第四脑室相通,前与第三脑室相通。中脑导水管的背侧面有四个丘状隆起,称为四叠体。前面一对较大称为前丘,为光反射的联络站;后面一对较小称为后丘,为声反射的联络站。腹侧称为大脑脚,大脑脚又分为背侧部和腹侧部:背侧部紧靠中脑导水管,称为被盖,主要是网状结构;腹侧部又称为大脑脚底,主要由运动束组成。

中脑除具有传导机能外,还具有反射机能,包括协调机体运动、视觉和听觉的低级中枢。如:姿势反射(翻正反射);朝向反射(探究反射)。

(4) 间脑　位于中脑的前方。间脑由丘脑、丘脑下部和第三脑室等组成。

① 丘脑:为一对略呈卵圆形的灰质核团。左右两丘脑的内侧部相连,横断面呈圆形,称为丘脑中间块。丘脑是上行传导的总联络站。左右丘脑的背侧后方与中脑四叠体之间有松果体,为内分泌腺。

丘脑有感觉冲动的第三级神经元(除嗅觉外),对传入的冲动有粗略的分析和综合。即有一定的感觉机能,并上传到大脑相应区域。

② 第三脑室:丘脑中间块周围的环状裂隙称为第三脑室。向后通中脑导水管,向前通过一对室间孔与左右大脑半球的侧脑室相通。

③ 丘脑下部:位于丘脑的下部,是植物性神经的重要中枢。从脑底面看,由前向后依次为视交叉、视束、灰结节、漏斗、脑垂体等结构。视交叉是两侧视神经构成的交叉。漏斗的下端与脑垂体相连。下丘脑前下方的视交叉前连视神经。视交叉后方的一对圆形的突起称为乳头体。视交叉与乳头体之间为灰结节。

下丘脑具有调节植物性神经、水的代谢、体温、摄食行为等功能。此外,在性行为、生殖过程及情绪反应等方面起很重要作用。同时,还分泌各种释放因子和激素,从而间接影响内脏活动,是调节内脏活动的较高级中枢。

(5) 脑干网状结构的机能　含有多种调节生命活动的中枢及传导机能:具调节内脏活动中枢,如心血管中枢、呼吸运动中枢;能维持大脑皮层的兴奋水平,使大脑皮层保持醒觉状态;能调节肌紧张,含有调节肌紧张的易化区及抑制区,具有调节运动平衡的作用。

2. 小脑

小脑略呈球形,位于延髓和脑桥的背侧。小脑两侧为小脑半球,正中为蚓部,构成第四脑室的顶壁。小脑表面称为小脑皮层,主要由神经细胞体构成。深部为白质,呈树枝状伸至小脑各叶,称为髓树,主要由神经纤维构成,其内也有神经核分散存在。神经纤维分别与延髓、脑桥和中脑相联系。小脑蚓部的机能是主管平衡和调节肌张力。小脑半球的机能是参与调节随意运动。

3. 大脑

大脑位于脑干前方,大脑由一深的纵沟分为左右大脑半球。大脑表面主要由神经细胞体（灰质）构成，又称大脑皮层，其表面凹凸不平，沟状凹陷称为脑沟；脑沟之间的弯曲隆起称为脑回。每一大脑半球可分为四叶：前部为额叶，是运动区；后部为枕叶，是视觉区；外侧部为颞叶，是听觉区；背侧部为顶叶，是一般感觉区。

侧脑室：每侧大脑半球的内腔称为侧脑室，各经室间孔与第三脑室相通。

基底核：为大脑半球基底部的灰质核团。

嗅脑：主要包括位于大脑腹侧最前端的嗅球及其沿脑的腹面延续的嗅回，以及梨状叶、海马等部分。嗅脑中的有些结构与嗅觉无关。梨状叶、海马和大脑半球内侧面的扣带回等合称边缘叶。

二、脊　髓

1. 脊髓的形态和位置

脊髓位于椎管内，自枕骨大孔后缘向后伸延至荐部。呈背腹略扁的圆柱形。脊髓各段粗细不一，在颈后部和胸前部较粗，称为颈膨大；在腰荐部也较粗，称为腰膨大。脊髓的后段逐渐变细形成圆锥形，称为脊髓圆锥，再向后延伸成细的终丝。终丝与其左右两侧的神经根聚集成马尾状，合称马尾。根据脊髓与脊柱的对应关系，可将脊髓分为颈、胸、腰、荐四部分。

脊髓的背侧面有纵向的浅沟，称为背正中沟；腹侧正中有一纵向的裂隙，称为腹正中裂。脊髓的两侧附有成对的脊神经根，背外侧有背侧根，腹外侧有腹侧根（图10-7）。背侧根的外侧有脊神经节，是感觉神经元胞体集结的地方。

2. 脊髓的内部构造

从脊髓的横切面观察，可见脊髓内部中央有一细长纵向的中央管，前通第四脑室，内含脑脊髓液。在中央管的周围有一蝴蝶形的深色部分，为灰质；外周浅色部分为白质。

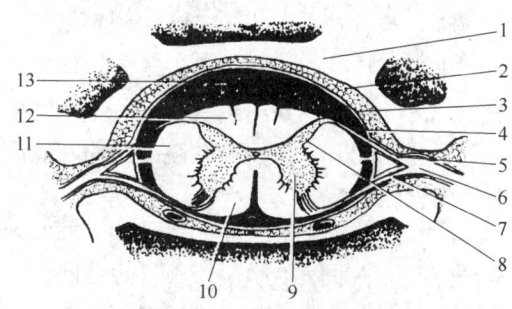

图10-7　脊髓横断面模式图
1—椎弓　2—硬膜外腔　3—脊硬膜　4—硬膜下腔
5—背侧根　6—脊神经节　7—腹侧根　8—背侧柱
9—腹侧柱　10—腹侧索　11—外侧索
12—背侧索　13—蛛网膜下腔

（1）灰质　从横断面上看，每侧灰质有两个显著的突出部：背角和腹角。从整体上看，每侧灰质形成背侧柱、腹侧柱和外侧柱。灰质主要由神经元的胞体构成，背角由联络神经元构成，接受脊神经节内的感觉神经元的冲动，传导至运动神经元或下一个联络神经元。腹角由运动神经元构成，支配骨骼肌的活动。侧角由植物性神经元构成。

（2）白质　白质主要由神经纤维构成，被灰质柱分成三对索：背侧索、腹侧索和外侧索。背侧索位于背侧柱与背正中沟之间，由感觉神经元的中枢突构成（上行纤维）；腹侧索位于腹侧柱和腹正中裂之间；外侧索位于背侧柱与腹侧柱之间，均由脊髓背侧柱的联络神经元的轴突（上行纤维）和来自大脑与脑干的中间神经元的轴突（下行纤维）构成。

3. 脊髓的功能

（1）传导功能　除头部外，全身的深、浅部感觉以及大部分内脏器官的感觉，都要通过脊髓白质才能传导到脑，产生感觉。而脑对躯干、四肢横纹肌的运动以及部分内脏器官的支配管理，也要通过脊髓白质的传导，才能实现。若脊髓受损伤时，其上传下达的功能便发生阻滞，引起一定的感觉障碍和运动失调。

（2）反射功能　脊髓还能完成许多反射活动。在正常情况下，脊髓反射活动都是在脑的控制下进行的。感觉（传入）纤维进入脊髓后，分为上行支和下行支，有的并沿途分出侧支进入背侧柱，与中间神经元相联系。中间神经元再与同侧或对侧腹侧柱的运动神经元相联系。因此，刺激一段脊髓的感觉纤维，能引起本段或邻近各段的反应。此外，在脊髓的灰质内还有许多低级反射中枢，如肌肉的牵张反射中枢、排尿、排粪及性功能活动的低级反射中枢等。

三、脑脊膜和脑脊液

脑和脊髓外面包着三层结缔组织膜，由内向外依次为软膜、蛛网膜和硬膜。

软膜：薄而富有血管，紧贴于脑脊髓的表面，并随血管分支伸入脑脊髓中形成一围于小血管外面的鞘。在侧脑室、第三脑室和第四脑室的脑软膜含有大量的血管形成的脉络丛，是产生脑脊液的主要结构。

蛛网膜：较薄，包围于软膜的外面。蛛网膜与软膜之间的腔隙，称为蛛网膜下腔，内含脑脊液。

硬膜：较厚，包围于蛛网膜外面。硬膜与蛛网膜之间的腔隙称为硬膜下腔，内含淋巴。脑硬膜紧贴于颅腔壁，无腔隙存在。脊髓硬膜与椎管之间有一较宽的腔隙，称为硬膜外腔，腔内充满富含脂肪的疏松结缔组织。临床上常用的硬膜外腔麻醉，即将麻醉药物由腰荐间隙处注入硬膜外腔，以麻醉脊神经根。

脑脊液：由各脑室脉络丛产生的无色透明的液体，充满于脑室、脊髓中央管和蛛网膜下腔，有营养脑、脊髓和运走代谢产物的作用。第四脑室的后部与蛛网膜下腔相通。

四、中枢神经的感觉机能

中枢神经的感觉机能主要包括特异性传入系统、非特异性传入系统。特异性传入系统与非特异性传入系统两者互相影响，互相依存，引起大脑皮层产生感觉。

特异性传入系统：从机体各种感受器传入的神经冲动进入中枢神经后（除嗅觉），均沿专一特定的传入通路到达丘脑，并在丘脑内更换神经元，再由丘脑发出上行纤维（投射纤维）达到大脑皮质的特定的区域引起特异性的感觉，称特异性传入系统。

非特异性传入系统：在特异性传入系统的纤维，途经脑干时发出侧支与脑干网状结构内的神经元发生突触联系，传入冲动到网状结构与很多神经元作用后，失去了各种感觉的特异性，然后抵达丘脑，从丘脑再发出纤维弥散地投射于大脑皮质，称非特异性传入系统。其生理作用是激动整个大脑皮质，维持和提高其兴奋性，使大脑处于觉醒状态。

五、中枢神经系统的运动机能

大脑皮层是中枢神经系统控制和调节骨骼肌活动的最高级中枢，它是通过锥体系统和锥体外系统来实现的。

（1）锥体系统　皮质运动区内存在着许多大锥体细胞，这些细胞发出粗大的下行纤维组成锥体系统。其纤维一部分经脑干交叉到对侧，与脊髓的运动神经元相连，调节各小组骨骼肌参与的精细动作。如锥体系统受损坏，随意运动即消失。

（2）锥体外系统　除了大脑皮层运动区外，其他皮层运动区也能引起对侧或同侧躯体某部分的肌肉收缩。这些部分和皮质下神经结构发出的下行纤维，大部分组成锥体外系统。该系统调节肌肉群活动，主要是调节肌紧张，使躯体各部分协调一致。若锥体外系统受到损伤，机体虽能产生运动，但动作不协调、不准确。

六、反　　射

1. 反射的概念与分类

反射是神经系统活动的基本形式，是指机体在中枢神经系统参与下，对内、外环境刺激所做出的应答反应。例如异物碰到角膜即引起眨眼反应。

反射分为条件反射和非条件反射两类。

非条件反射：是指生来就有，数量有限，比较固定和形式低级的反射活动。同种家畜都有完全相同的非条件反射，例如食物反射、性反射、防御反射等。非条件反射是动物在长期的种系发展中形成的，它的建立可不需大脑皮层的参与，通过皮层下各级中枢就可以完成。非条件反射使动物能初步适应环境，对于个体生存和种系生存具有重要意义。

条件反射：是指高等动物通过后天学习和训练而形成的反射。它是反射活动的高级形式，是高等动物在个体生活过程中，按照所处的生活条件，在非条件反射的基础上不断建立起来的，其数量无限，可以建立也能消失。高等动物形成条件反射的主要中枢部位在大脑皮层。

2. 反射弧的概念与组成

实现反射活动的结构称为反射弧。

反射弧包括感受器、传入神经、神经中枢、传出神经、效应器五个部分（图

10-8)。

反射弧的任何环节及其联结受到破坏，或者功能障碍，都将使反射不能出现，或者紊乱，导致相应器官的功能调节异常。因此，在临床上常利用破坏反射弧的完整性对畜、禽进行麻醉，以便实施外科手术。

3. 条件反射的建立

条件反射是一个复杂的过程，动物采食时，食物入口引起唾液分泌，这是非条件反射。如食物在入口之前，给予哨声刺激，最初哨声和食物没有联系，只是作为一个无关的刺激而出现，哨声并不引起唾液分泌。但如果哨声与食物总是同时出现，经过多次结合后，只给哨声刺激也可引起唾液分泌，便形成了条件反射，这时的哨

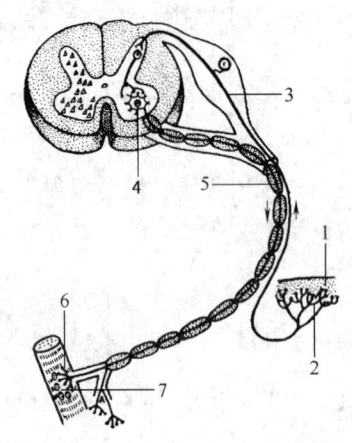

图 10-8 反射弧模式图
1—感受器　2—感觉神经末梢　3—传入神经
4—神经中枢　5—传出神经
6—运动神经末梢　7—效应器

声就不再是与吃食物无关的刺激了，而成为食物到来的信号。可见，形成条件反射的基本条件，就是条件刺激与非条件刺激在时间上的结合，这一结合过程称为强化。任何条件刺激与非条件刺激结合应用，都可以形成条件反射。

建立条件反射的内因：要求动物必须是健康的，且大脑皮层是清醒的，有病或昏睡状态的动物不易形成条件反射。

建立条件反射的外因：要求条件刺激与非条件刺激多次反复紧密地结合，还要求条件刺激必须在非条件刺激之前出现，且刺激的强度要适宜。同时，还应避免其他刺激对动物的干扰。如果已建立起来的条件反射则必须用非条件刺激去强化巩固，否则条件反射会逐渐消退。

4. 条件反射的实践意义

畜禽动物在后天生活过程中建立了大量的条件反射，可大大扩充机体的反射活动范围，增强机体活动的预见性和灵活性，从而提高畜、禽动物机体对环境的适应能力。

条件反射既数量无限，又有一定可塑性；既可强化，又可消退。人们可以利用这种可塑性，使畜、禽动物按人们的意志建立大量条件反射，便于科学饲养管理和合理使用，以提高畜、禽动物的生产性能。

第四节　周围神经

一、脑　神　经

脑神经共 12 对，按其与脑相连的部位先后次序用罗马数字 Ⅰ～Ⅻ 表示。多

数脑神经从脑干发出，通过颅骨的一些孔道出颅腔。脑神经按其所含神经纤维成分不同，可分为感觉神经、运动神经和混合神经三大类（表10-1）。

表 10-1　　　　　　　　　　　脑神经简表

名称	与脑联系部位	纤维成分	分布部位	功能
Ⅰ嗅神经	嗅球	感觉神经	鼻黏膜	嗅觉
Ⅱ视神经	间脑外侧膝状体	感觉神经	视网膜	视觉
Ⅲ动眼神经	中脑的大脑脚	运动神经	眼球肌	眼球运动
Ⅳ滑车神经	中脑四叠体的后丘	运动神经	眼球肌	眼球运动
Ⅴ三叉神经	脑桥	混合神经	面部皮肤，口、鼻腔黏膜，咀嚼肌	感觉及咀嚼运动
Ⅵ外展神经	延髓	运动神经	眼球肌	眼球运动
Ⅶ面神经	延髓	混合神经	面、耳、睑肌和部分味蕾	感觉、运动、唾液分泌
Ⅷ前庭耳蜗神经	延髓	感觉神经	前庭、耳蜗和半规管	听觉、平衡觉
Ⅸ舌咽神经	延髓	混合神经	舌、咽和味蕾	感觉、味觉、运动
Ⅹ迷走神经	延髓	混合神经	咽、喉、食管、气管和胸、腹腔内脏	感觉、运动
Ⅺ副神经	延髓和颈部脊髓	运动神经	咽、喉、食管以及胸头肌和斜方肌	运动
Ⅻ舌下神经	延髓	运动神经	舌肌和舌骨肌	运动

二、脊 神 经

脊神经为混合神经，含有感觉纤维和运动纤维，在椎间孔附近由背侧根（感觉根）和腹侧根（运动根）聚集而成。出椎孔后，分为背侧支和腹侧支，分别分布于脊柱背侧和腹侧的肌肉和皮肤。脊神经按照从脊髓发出的部位可分为颈神经、胸神经、腰神经、荐神经和尾神经。不同的哺乳动物其脊神经数量不尽相同。

脊神经腹侧支的分布范围较广，除分布于脊柱腹侧的肌肉和皮肤外，还形成臂神经丛和腰神经丛，分别发出走向前肢和后肢的神经干。

分布于躯干部的神经主要有颈神经、膈神经、肋间神经、髂下腹神经、髂腹股沟神经、生殖股神经、阴部神经和直肠后神经。

分布于前肢的神经主要有胸肌神经、肩胛上神经、肩胛下神经、腋神经、桡神经、尺神经、正中神经和肌皮神经。

分布于后肢的神经主要有股神经、坐骨神经、闭孔神经、臀前神经和臀后神经。

三、植物性神经

1. 植物性神经与躯体神经的区别

（1）躯体神经支配骨骼肌，而植物性神经支配平滑肌、心肌和腺体（图10-9）。

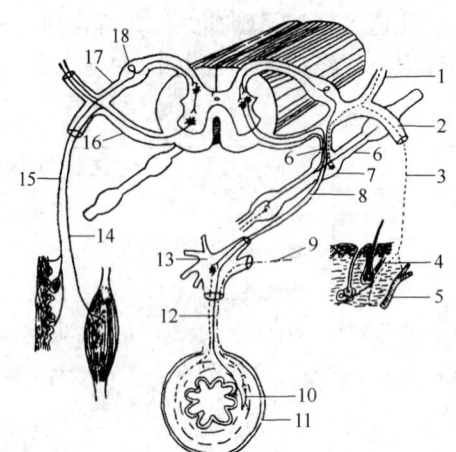

图10-9 脊神经和植物性神经反射径路模式图
1—脊神经背侧支 2—脊神经腹侧支 3—交感节后神经纤维
4—竖毛肌 5—血管 6—交感神经干 6—交通支
7—椎神经节 8—交感节前神经纤维
9—副交感节前神经纤维 10—副交感节后神经纤维
11—消化管 12—交感节后神经纤维 13—椎下神经节
14—脊神经运动神经纤维 15—感觉神经纤维
16—腹侧根 17—背侧根 18—脊神经节

(2) 躯体神经由中枢传至效应器只需一个神经元，而植物性神经由中枢部传至效应器则需通过两个神经元，第一个神经元称为节前神经元，第二个神经元，称为节后神经元。

(3) 躯体神经纤维一般为粗的有髓纤维，而植物性神经的节前纤维为细的有髓纤维，节后纤维为细的无髓纤维。

(4) 躯体运动神经一般都受意识支配，而植物性神经在一定程度上不受意识的直接控制，具有相对的自主性，因此，又称为自主神经。

2. 交感神经与副交感神经的区别

交感神经和副交感神经都是内脏运动神经，并且大多是共同支配一个器官。它们都具有自主神经的共同特点，其主要的不同点主要表现在以下几个方面。

(1) 交感神经的节前神经元存在于胸腰段脊髓的灰质外侧柱，称为胸腰部；而副交感神经的节前神经元主要存在于脑干（中脑、脑桥、延髓）和荐段脊髓的灰质外侧柱，故称为颅荐部。

(2) 交感神经发出的节后纤维要经过较长的路径才能到达效应器；副交感神经发出的节后纤维经过较短路径就能到达效应器。

(3) 畜体的绝大部分器官或组织都接受交感神经和副交感神经的双重支配，但交感神经的支配更广。

(4) 交感神经和副交感神经对同一器官的作用也不相同，在中枢神经的调节下，既相互对抗，又相互协调统一。

交感神经的机能活动一般比较广泛，主要作用在于促使机体适应环境的急骤变化（如剧烈运动、窒息和大失血等）。交感神经兴奋可使心脏活动加强加快，心率加快，皮肤与腹腔内脏血管收缩，促进大量的血液流向脑、心及骨骼肌；使肺活动加强、支气管扩张和肺通气量增大；使肾上腺素分泌增加，抑制消化及泌尿系统的活动。

副交感神经活动比较局限，主要在于使机体休整，促进消化、贮存能量以及加强排泄，提高生殖系统功能。这些活动有利于营养物质的同化，增加能量物质在体内的积累，提高机体的储备力量。

3. 植物性神经末梢的兴奋传递

（1）植物性神经的化学递质　植物性神经末梢的兴奋传递与躯体运动神经末梢兴奋传递一样，都是通过神经末梢释放某些化学递质来实现的。副交感神经节的节后纤维末梢所释放的化学递质是乙酰胆碱。交感神经极少数释放乙酰胆碱，多数释放去甲肾上腺素。

胆碱能纤维就是能释放乙酰胆碱的神经纤维。主要包括副交感神经纤维、躯体运动神经纤维和少数的交感纤维。肾上腺素能纤维就是能释放去甲肾上腺素的神经纤维。主要包括大部分交感神经纤维末梢。

（2）受体　凡是能与乙酰胆碱结合的受体称为胆碱能受体，主要分为毒蕈碱型受体（M）和烟碱型受体（N）。凡是能与去甲肾上腺素或肾上腺素结合的受体均称为肾上腺能受体，主要分为 α 型受体和 β 型受体等。

（3）递质的灭活　在正常情况下，从神经末梢释放的递质一方面作用于受体，另一方面又被各自相应的酶所破坏或移除。如：乙酰胆碱在几毫秒内，即被组织中的胆碱酯酶所破坏。去甲肾上腺素大部分被重新吸收回轴浆中，小部分被组织中的儿茶酚胺氧位甲基移位酶破坏。其重新被吸收和破坏的速度比较缓慢，所以交感神经发挥效应的时间较长。

第五节　主要感觉器官

一、眼

眼由眼球和眼球的辅助装置构成（图10-10）。

1. 眼球

眼球由眼球壁和折光装置构成。

（1）眼球壁　包括外膜、中膜和视网膜。

外膜（纤维膜）：由角膜、巩膜构成。角膜无色透明，富含感觉神经末梢，无血管。巩膜白色不透明，坚韧而厚，具有保护作用。

中膜（血管膜）：富含血管和色素，有供给营养、吸收散光的作用。血管膜由虹膜、睫状体、脉络膜构成。虹膜位于眼球前部，形如圆盘，中央有圆孔为瞳孔；脉络膜紧贴于巩膜内面，是一层柔软而富含有血管、色素的膜；睫状体是血管膜增厚的部分，位于角膜与巩膜交界处的内侧，由许多平滑肌构成。睫状体有产生房水、调节视力的作用。

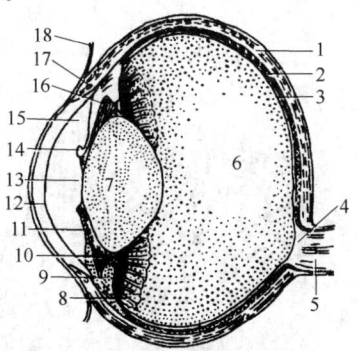

图10-10　眼球纵切面模式图

1—巩膜　2—脉络膜　3—视网膜
4—视乳头　5—视神经　6—玻璃体
7—晶状体　8—睫状突　9—睫状肌
10—晶状体悬韧带　11—虹膜
12—角膜　13—瞳孔　14—虹膜粒
15—眼前房　16—眼后房
17—巩膜静脉窦　18—球结膜

视网膜：由虹膜部、视部构成。虹膜部紧贴于虹膜，位于睫状体的内面，无感光作用，称盲部。视部衬贴于脉络膜里面，含有感光细胞，有感光作用。感光细胞有两种：一种是视锥细胞，对强光、有色光敏感；一种是视杆细胞，对弱光敏感。视网膜的神经细胞的轴突汇集于视乳头，形成视神经的起始部。

（2）折光装置 包括眼房水、晶状体、玻璃体。

眼房水：为无色透明的液体，充满于眼房内。眼房是位于晶状体与角膜之间的腔隙，它被虹膜分为前房、后房，两房经瞳孔相通。

晶状体：位于虹膜后方，形如双凸的透镜，无色透明而有弹性。其周围有睫状小带连于睫状体上，借睫状肌的收缩调节晶状体表面的曲度。

玻璃体：无色透明的胶状物质，充满晶状体与视网膜之间，能曲折光线。

2. 眼球的辅助装置

（1）眼睑 俗称眼皮，为覆盖在眼球前方的皮肤褶，有保护作用。眼睑分为上、下眼睑，游离缘上具有睫毛。

（2）结膜 位于眼球与眼睑之间的一层薄膜，淡红色。分为睑结膜、球结膜，二者之间形成结膜囊。位于眼内角的结膜褶称第三眼睑（也称瞬膜），呈半月形，常有色素，内有1片软骨。

（3）泪器 分为泪腺、泪道两部分。泪腺略呈卵圆形，位于眼球的背侧，有十余条泪道开口于结膜囊，分泌的泪液有湿润、清洁结膜的作用。多余的泪液经骨质的鼻泪孔而至鼻腔，随呼吸排出。

（4）眼肌 附着在眼球外面的一小块随意肌，使眼球多方向转动；眼肌具有丰富的血管、神经，活动灵活，不易疲劳。

二、耳

耳分为外耳、中耳、内耳。外耳和中耳有收纳和传导声波的装置；内耳藏有听觉感受器、位平衡感受器（图10-11）。

（1）外耳 由耳廓、外耳道、鼓膜三部分构成。耳廓位于头部两侧，以软骨为基础，被覆皮肤。外耳道为耳廓基部至鼓膜之间的管道，管道皮肤内有由汗腺演变来的耵聍腺，其分泌物称耵聍（耳蜡）。鼓膜位于外耳与中耳之间，是一层坚韧而有弹性的薄膜。

（2）中耳 由鼓室、听小骨、咽鼓管构成。鼓室是位于颞骨内的一个含气的腔隙，内面被覆有黏膜。听小骨位于骨室

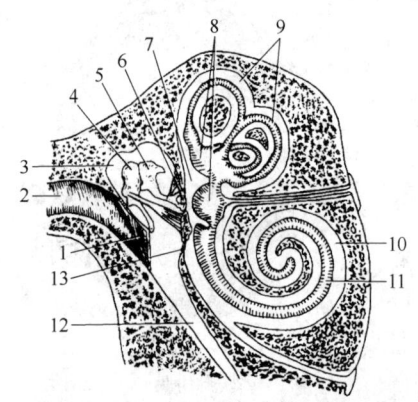

图10-11 耳的构造模式图
1—鼓膜 2—外耳道 3—鼓室 4—锤骨
5—砧骨 6—镫骨及前庭窗 7—前庭
8—椭圆囊和球囊 9—半规管 10—耳蜗
11—耳蜗管 12—咽鼓管 13—耳蜗窗

内，由锤骨、砧骨、镫骨构成。咽鼓管是连接鼓室与咽的管道。

（3）内耳　位于颞骨内，由迷路、位听感受器构成。迷路是曲折迂回的双层套管结构，分为骨迷路和膜迷路。骨迷路为骨质迷路，构成迷路的外层；膜迷路为一层膜性管，构成迷路的内层。骨及前庭窗在迷路内含有位觉器（前听器）、听觉器（螺旋器）。

技能训练

一、脑和脊髓的形态构造识别

目的与要求

识别脑和脊髓的形态构造。

材料与设备

脑和脊髓的浸泡标本，脑正中矢状面显示脑各部构造和脑室的标本、脑干标本，脑、脊髓形态构造挂图。

步骤与方法

1. 脑

（1）脑的外部观察　在脑的背侧面观察大脑半球、小脑半球、蚓部，脑沟、脑回。在脑的腹侧面观察嗅球、视神经交叉、脑垂体、大脑脚、脑桥和延髓等。

（2）脑的各部结构　在脑的正中矢状面上，观察胼胝体、灰质、白质、延髓、脑桥、中脑、间脑及脑室等。

2. 脊髓

在标本上识别脊髓的外部形态和分段，观察背正中沟、腹正中裂、颈膨大、腰膨大、脊髓圆锥和马尾。

技能考核

在牛（或羊）、猪、犬的脑、脊髓标本或模型上，指出脑、脊髓的上述结构。

二、反射弧分析

目的与要求

通过实验证明，任何一个反射，只有在反射弧存在并完整的情况下才能实现。

材料与设备

蟾蜍、解剖器械、铁架台、烧杯、滤纸片、纱布、0.5%的H_2SO_4等。

步骤与方法

(1) 自蛙的鼓膜前缘剪去全部脑髓，使成脊蛙，悬挂在铁架台上，进行实验。

(2) 将蛙的一只后腿浸入0.5%的H_2SO_4中，可见有屈腿反射出现。当反射出现后，迅速用清水将后腿皮肤上的H_2SO_4洗净。

(3) 用剪刀在同侧后肢股部皮肤作一个切口，并将皮肤剥离，再用上述方法刺激，观察结果。

(4) 在另一侧后肢股部背侧，沿坐骨神经的方向将皮肤作一个切口，将坐骨神经分出，并在下面穿一条线，以便将坐骨神经提起，再以同样的方法进行刺激，观察结果。剪断坐骨神经，再将其浸入H_2SO_4观察反应。

(5) 用探针插入另一只青蛙的脊髓，将脊髓破坏，再刺激机体任何部位，观察反应。

技能考核

记录实验结果，并对各结果作出解释。

复习思考题

1. 简述神经系统的组成和功能。
2. 简述交感神经与副交感神经的区别。
3. 简述植物性神经与躯体神经的区别。
4. 什么是条件反射？它是怎样形成的？有何实践意义？

第十一章 内分泌系统

知识目标：
- 应知内分泌系统的组成以及内分泌和激素的概念；
- 应知家畜主要分泌器官的形态、位置、结构、功能特点；
- 应知畜、禽几种主要激素的生理功能。

技能目标：
- 应能在家畜标本上识别甲状腺和肾上腺。

第一节 概 述

内分泌系统是由机体内所有的内分泌器官和散在的内分泌细胞共同组成的一个体内信息传递系统，它与神经系统和免疫系统紧密联系和配合，构成既复杂又严密的神经-内分泌-免疫调节网络。共同调节机体的各项生理活动，以维持机体内环境的相对稳定。

内分泌系统主要包括内分泌器官（如垂体、甲状腺、肾上腺、性腺、松果体等）；下丘脑和中枢神经系统内某些核团和其他成分；胰腺和胃肠道内的内分泌细胞；胸腺、皮肤、肾、胎盘和心血管系统内具有内分泌功能的细胞等。

一、内分泌和激素的概念

内分泌腺或内分泌细胞合成和分泌的某些特殊化学物质，通过血液循环或扩散传递给相应的靶细胞，调节其生理功能的过程，称为内分泌。由内分泌腺或散在的内分泌细胞所分泌的高效能的生物活性物质称为激素。激素是细胞与细胞之间传递信息的化学信号物质，具体受到某一激素作用的器官或组织、细胞称为靶器官或靶组织、靶细胞。根据化学信息如何到达靶细胞，细胞间的信息传递有以下几种类型：

（1）远距分泌 大多数激素分泌后经血液或淋巴运输至远距离的靶组织而发挥作用。

（2）旁分泌 某些激素可不经血液运输，仅由组织液扩散而作用于邻近的靶细胞。

（3）自分泌 内分泌细胞所分泌的激素在局部扩散，又返回作用于该内分泌细胞而发挥反馈作用。

（4）神经分泌　神经内分泌细胞产生的激素称为神经激素，神经激素可沿神经细胞的轴突借轴浆流动送至末梢而释放。

激素通过上述各种传递方式，对畜、禽体的新陈代谢、生长发育、各种功能活动发挥重要而广泛的调节作用。

二、激素的种类

激素的种类繁多，来源复杂，按其化学本质可分为以下几类：

（1）含氮激素　包括胺类激素、蛋白质激素和肽类激素。胺类激素有甲状腺激素和儿茶酚胺等；蛋白质激素和肽类激素种类最多，如促性腺激素释放激素、促卵泡素等。

（2）类固醇激素　主要有雄激素、雌激素、孕激素、糖皮质激素和盐皮质激素等。

（3）脂肪酸衍生激素　包括不饱和脂肪酸的衍生物激素，如前列腺素。

三、激素作用的特点和机制

1. 激素作用的一般特点

激素种类繁多，作用复杂，但它们在对靶器官或靶细胞进行调节时却有很多共同的特点：

（1）特异性　激素的作用具有很高的组织特异性和效应特异性，激素专一性的与靶细胞上（内）的受体结合而发挥生理作用。对于没有该激素的受体的细胞是没有任何作用的。当然有些激素能对全身多个组织发挥生理作用，其原因也是因为这类激素的受体在多个组织内存在的缘故。所以，就其分子水平来说，还是具有特异性的。

（2）高效性　在生理状态下，激素的含量相当的低，一般为 $10^{-12} \sim 10^{-6}$ g/mL。激素的含量虽然很低，却表现出强大的生理作用，这就激素的高效性。这主要是因为激素与受体结合后，能在细胞内发生一系列的酶促放大反应，从而形成一个高效能生物放大系统。

（3）协同和拮抗性　动物体内的激素是相互联系、相互影响的，形成一个精确调节的网络，与神经系统和免疫系统共同来完成调节机体内外环境稳定的任务，并同时对外部环境的变化作出相应的适应性改变。激素的相互作用主要表现为协同和拮抗两种形式。例如，雌激素和催产素都可促进子宫收缩，当二者同时存在时促进子宫收缩的效益就会增强，表现出协同的效果；孕酮可以抑制子宫收缩，当孕酮和雌二醇同时存在时，二者就会相互抵消一部分作用，故表现出相互拮抗作用。

此外，激素之间还具有"允许作用"，即某种激素本身对某组织细胞并无直接作用，但由于它的存在，能为其他激素发挥生理作用创造条件。例如，糖皮质激素对血管平滑肌并无收缩作用,但当它存在时才能使去甲肾上腺素发挥收缩血管的作用。

2. 激素的生理功能

(1) 促进生长和发育。多种激素如生长激素、甲状腺激素等的协调和相互作用,控制正常的生长、发育和成熟。

(2) 保证生殖。从生殖细胞的生成到射精、排卵、妊娠和泌乳等各个环节,都主要受到生殖激素特别是垂体和性腺分泌的激素的调控。

(3) 控制细胞外液的组成和容量。多种激素如加压素、促肾上腺皮质激素、血管紧张素等的协同作用,对体液离子组成和血液容量进行调节,以维持机体内环境稳态。

(4) 调节机体的新陈代谢代谢过程和消化功能。

(5) 参与机体的应激过程和免疫反应。通过与神经系统和免疫系统的相互作用和配合,可使机体快速应对内外环境的变化,增强对不良环境和疾病的抵抗力。

3. 激素的作用机制

激素的作用机制实际上就是细胞信号的转导过程。作为信息物质的激素,在体内发挥作用,必须经过三个基本的环节:激素对靶细胞上(内)的受体的识别;激素-受体复合物转导调节信号;所转导的信号引起靶细胞的生物效应。激素对靶细胞的作用大都通过与靶细胞特异性受体的结合和靶细胞内特定的效应系统来实现。激素受体是指靶细胞上或细胞内的能识别并能专一性结合某种激素,继而引起各种生物效应的功能蛋白质,即细胞接受激素信息的结构。

四、激素分泌的调节

激素分泌受神经和体液因素的双重调节。

(1) 神经调节　内、外环境发生变化的信号传入中枢神经系统经整合后可直接或间接地调节激素的分泌。

(2) 体液调节　主要分为激素的反馈调节和代谢物的反馈调节。反馈调节是内分泌系统的重要调节方式,激素通过反馈机制可以对促其分泌的促激素或分泌激素的细胞进行调节。内分泌系统的反馈调节主要是负反馈调节。

第二节　内分泌腺

一、脑　垂　体

1. 脑垂体的位置、形态和构造

脑垂体略呈扁圆形,位于颅底蝶骨的垂体窝中,借漏斗连于丘脑下部,是下丘脑的一部分。脑垂体可分为腺垂体和神经垂体两大部分。腺垂体又分为远侧部、结节部和中间部;神经垂体又分为神经部和漏斗。通常将远侧部和结节部称为垂体前叶，而把中间部和神经部称为垂体后叶（图 11-1）。

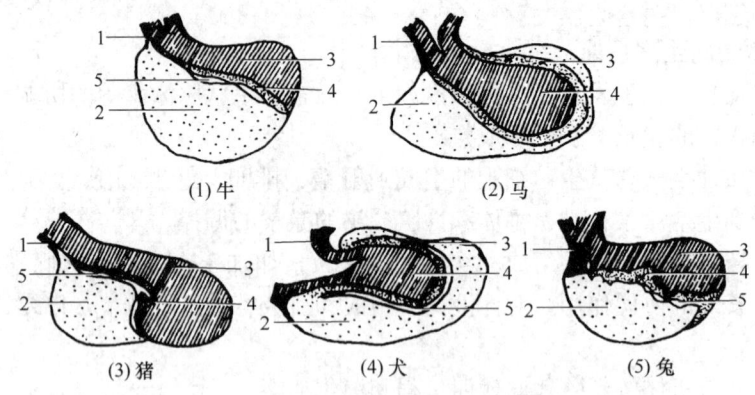

图 11-1 脑垂体的构造模式图
1—结节部 2—远侧部 3—神经部 4—中间部 5—垂体腔

2. 脑垂体的生理机能

（1）腺垂体　腺垂体由许多不同类型的腺细胞组成，能分泌促甲状腺激素、促肾上腺皮质激素、促性腺激素（包括卵泡刺激素和黄体生成素）、促黑色素细胞激素、催乳素和生长激素。其中前三种分别促进甲状腺、肾上腺皮质和性腺的生长发育以及激素的分泌，促黑色素细胞激素能促进黑色素的合成以使皮肤和被毛颜色加深；催乳激素促进乳腺发育生长并维持泌乳，刺激促黄体生成激素受体的形成；生长激素能促进骨骼和肌肉的生长，若分泌不足则生长停滞，体躯矮小，形成侏儒症。

（2）神经垂体　神经垂体由神经组织构成，本身不分泌激素。但丘脑下部的某些神经核（视上核和室旁核）分泌的抗利尿激素和催产素，沿神经纤维运送到神经垂体并贮存于该处，根据需要释放入血液，发挥其生理效应。

抗利尿激素：主要生理作用是可促进肾脏的远曲小管、集合管对水分的重吸收，使尿量减少。由于抗利尿激素可使除脑、肾外的全身小动脉收缩而升高血压，故又称加压素。但由于它也可使冠状动脉收缩，使心肌供血不足，临床上不用作升压药。

催产素（子宫收缩素）：能促进妊娠末期子宫收缩，因而常用于催产和产后止血。此外，它还能引起乳腺导管平滑肌收缩，引起泌乳。

二、甲　状　腺

1. 甲状腺的位置、形态和构造

甲状腺位于喉后方，气管的两侧及腹面，各种家畜的形状不同（图 11-2）。

牛的甲状腺位于喉后方，气管前端两侧和腹面，红褐色。由两个侧叶和峡组成，侧叶较发达，色较浅，呈不规则的三角形。腺峡较发达，由腺组织构成。猪的侧叶和腺峡结合为一体，呈深红色，位于胸前口处气管的腹侧面。犬的甲状腺也分为左右两个侧叶和中间的峡部，位于喉后方，气管前端两侧和腹面，红褐色。马的甲状腺侧叶呈红褐色，卵圆形，腺峡不发达。

甲状腺表面有一层薄的致密结缔组织被膜，并伸入腺体内将其分成许多小叶，在小叶中含有大小不一的圆形腺泡。腺泡周围由基膜和少量结缔组织围绕，并有丰富的毛细血管和淋巴管。

甲状腺内还有内分泌细胞，称为滤泡旁细胞，常单个或成群分布于腺泡之间，能产生降钙素。

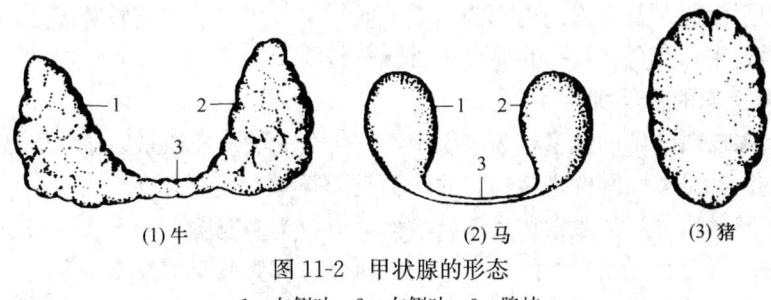

(1) 牛　　　　　(2) 马　　　　　(3) 猪

图 11-2　甲状腺的形态
1—左侧叶　2—右侧叶　3—腺峡

2. 甲状腺的生理机能

甲状腺能够分泌甲状腺激素。甲状腺激素可加速组织细胞内各种营养物质的氧化分解和合成，促进机体的新陈代谢和生长发育。特别影响幼畜的骨骼、神经和生殖器官的生长发育。实验证明，切除幼畜甲状腺，不但生长停滞，体躯矮小，而且反应迟钝，形成呆小症。

三、甲状旁腺

1. 甲状旁腺的位置和形态

甲状旁腺很小，位于甲状腺附近，呈圆形或椭圆形。一般有两对。

牛有内、外两对甲状旁腺，外甲状旁腺通常位于甲状腺的前方，靠近颈总动脉；内甲状旁腺较小，通常位于甲状腺内侧面，靠近甲状腺的背缘和后缘。猪只有一对甲状旁腺，位于颈总动脉分叉处附近，有胸腺时则埋于胸腺内。犬的甲状旁腺位于甲状腺的前端或包埋于甲状腺内，仅有一对，很小，呈圆形或椭圆形。

2. 甲状旁腺的生理机能

甲状旁腺分泌的甲状旁腺素，主要作用是调节血钙浓度。

在维生素 D 存在的情况下，可促进小肠对钙的吸收；刺激破骨细胞的活动，使骨骼中磷酸钙溶解并转入血液中，以补充血磷，提高血钙含量；促进肾小管对钙重吸收和磷的排泄（即保钙排磷），使血钙浓度升高，血磷降低。

甲状旁腺素升高血钙的作用与甲状腺滤泡旁细胞分泌的降钙素降低血钙的作用，有着密切的关系，二者分泌也都受着血钙浓度的调节。

四、肾上腺

1. 肾上腺的位置、形态和构造

肾上腺为成对的红褐色器官,位于肾的内前方。

牛的左肾上腺呈肾形,位于左肾的前方;右肾上腺呈心形,位于右肾的前内侧。猪的肾上腺狭而长,位于肾内侧缘的前方。犬的右肾上腺略呈梭形,左肾上腺稍大,为扁梭形,前宽后窄,背腹侧扁平,位于肾的前内侧。

肾上腺表面是由致密结缔组织构成的被膜,被膜中含有血管、淋巴管、神经及少量的平滑肌。肾上腺的内部为实质,实质又分为皮质和髓质两部分。皮质在外,结构致密,颜色较浅;髓质在内,颜色较深。

2. 肾上腺的生理机能

肾上腺皮质分泌的激素称为皮质激素,可分为糖皮质激素、盐皮质激素和性激素,它们都是类固醇的衍生物,故统称类固醇激素。

肾上腺髓质分泌的激素称为髓质激素,可分为多巴胺、肾上腺素和去甲肾上腺素,因为都含有儿茶酚胺的化学结构,所以总称为儿茶酚胺类激素。

(1) 肾上腺皮质激素

盐皮质激素:盐皮质激素以醛固酮为代表,这类激素主要参与体内水盐代谢的调节。它可促进肾小管对钠的重吸收和对钾的排泄,因此有保钠排钾的作用。

糖皮质激素:糖皮质激素主要是氢化考的松,其次有少量皮质酮。其主要作用是促进糖的代谢。一方面,它可促进糖的异生作用;另一方面,抑制组织细胞对血糖的利用。因此,糖皮质激素有升高血糖、对抗胰岛素的作用。同时糖皮质激素可促进脂肪的分解,促进肌肉等组织蛋白质的分解。所以,大量使用糖皮质激素,可出现生长缓慢、机体消瘦、皮肤变薄、骨质疏松、创伤愈合迟缓等现象。另外,糖皮质激素还有抗过敏、抗炎症、抗毒素的作用。

性激素:包括雄性激素和雌性激素,正常情况下分泌很少,不会对机体产生影响。

(2) 肾上腺髓质激素 肾上腺素和去甲肾上腺素的生理机能基本相同,均有类似交感神经兴奋的作用,但也有某些差别。

对心脏和血管的作用:肾上腺素和去甲肾上腺素都能使心跳加快、血管收缩和血压上升。在临床上,由于肾上腺素有较好的强心作用,常用作急救药物。去甲肾上腺素可使小动脉收缩,增加外周阻力使血压升高,因此是重要的升压药。

对平滑肌的作用:肾上腺素能使气管和消化道平滑肌舒张,胃肠运动减弱。此外,肾上腺素还可使瞳孔扩大及皮肤竖毛肌收缩,被毛竖立。去甲肾上腺素也有这些作用,但较弱。

对代谢的作用:两者均能促进肝和肌肉组织中糖原分解为葡萄糖,使血糖升高。能促进脂肪分解。

对神经系统的作用：两者都能提高中枢神经系统的兴奋性，使机体处于警觉状态，以利于应付紧急情况。

五、松 果 体

松果体又称脑上腺，是红褐色卵圆形小体，位于四叠体与丘脑之间，以柄连于丘脑上部。松果体主要由松果体细胞和神经胶质形成，外面包有脑软膜，随年龄的增长松果体内的结缔组织增多，成年后不断有钙盐沉着，形成大小不等的颗粒，称为脑砂。

松果体分泌褪黑激素，有抑制促性腺激素的释放，防止性早熟等作用。此外，松果体内还含有大量的 5-羟色胺和去甲肾上腺素等物质。光照能抑制松果体合成褪黑激素。促进性腺活动。

六、胸 腺

胸腺是一个淋巴器官，但也具有一定的内分泌功能，能分泌多种肽类激素，如胸腺素、胸腺生成素Ⅱ等，其主要作用是保证免疫系统的发育，控制 T 淋巴细胞的发育和分化，促进 T 淋巴细胞的活动，参与机体的免疫机能调节。

七、胰 岛

胰岛是胰腺内的内分泌组织，散在于小胰腺腺泡（外分泌腺）之间，由大小不等的细胞群组成，形似小岛，故名胰岛。胰岛内的内分细胞主要有 α 和 β 细胞两种，其中，α 细胞分泌胰高血糖素，β 细胞分泌胰岛素。

1. 胰岛素

胰岛素的作用主要有以下三方面：

（1）促进肝糖原生成和葡萄糖分解，以及促进糖转变为脂肪，从而使血糖降低。因此，胰岛素分泌不足时，血糖升高，当超过肾糖阈时，则大量的血糖从尿中排出，导致依赖性糖尿病。

（2）促进脂肪的合成，抑制脂肪的分解，使血中游离脂肪酸减少。因此，胰岛素分泌不足时，脂肪即大量分解，血内脂肪酸增高，在肝脏内不能充分氧化而转化为酮体，出现酮血症并伴有酮尿，严重时可导致酸中毒和昏迷。

（3）促进蛋白质合成，抑制蛋白质分解。

2. 胰高血糖素

胰高血糖素的作用与胰岛素相反，其主要作用是促进糖原分解，促进糖异生，升高血糖；促进脂肪分解，促进脂肪酸氧化，使酮体增多。

八、性 腺

性腺是雄性的睾丸和雌性的卵巢的总称。睾丸可分泌雄性激素；卵巢可分泌雌性激素，怀孕期还可分泌孕激素和松弛素。性激素对于畜、禽的生长、发育、生殖和代谢等方面都起着十分重要的作用。

1. 雄激素

雄激素由睾丸间质细胞分泌，主要成分是睾丸酮，其主要机能是：

（1）促进雄性生殖器官（前列腺、精囊腺、尿道球腺、输精管、阴茎和阴囊）的生长发育，并维持其成熟状态。

（2）刺激公畜产生性欲和性行为。

（3）促进精子的发育成熟，并延长在附睾内精子的贮存时间。

（4）促进雄性动物特征的出现，并维持其正常状态。

（5）促进蛋白质的合成，使肌肉和骨骼比较发达，并使体内贮存脂肪减少。

（6）促进公畜皮脂腺的分泌增强，特别是公羊和公猪比较明显。

2. 雌激素

雌激素由卵巢内卵泡细胞分泌，其中作用最强的是雌二醇。其主要生理作用是：

（1）促进母畜生殖器官的生长发育。

（2）促进雌性动物特征的出现，并维持其状态。

（3）促进母畜发情。

（4）刺激母畜发生性欲和性兴奋。

3. 孕激素

由排卵后的卵泡形成的妊娠黄体细胞所分泌，又称孕酮。孕酮的主要机能是：

（1）在雌激素作用的基础上，进一步促进排卵后子宫内膜的增厚（血管和腺体增生），腺体分泌子宫乳，为受精卵在子宫附植和发育准备条件。

（2）抑制子宫平滑肌的活动，为胚胎创造安静环境，故有保胎作用。

（3）在雌激素作用的基础上，进一步刺激乳腺腺泡的生长，使乳腺发育完全，准备泌乳。

4. 松弛素

松弛素由妊娠末期的黄体分泌，至分娩时大量出现，分娩后随即消失。松弛素的生理机能是扩张产道，使子宫和骨盆联合韧带松弛，便于分娩。

技能训练

家畜主要内分泌腺的形态、位置观察

目的与要求

在新鲜标本上识别甲状腺、肾上腺。

材料与设备

牛（或羊）、猪、犬的新鲜尸体标本、解剖器械。

步骤与方法

在牛（或羊）、猪、犬的新鲜尸体上找到气管，在前3～4个气管环的两侧和腹侧找到甲状腺；在肾的内侧前缘找到肾上腺。

技能考核

在牛（或羊）、猪、犬的新鲜尸体上识别甲状腺和肾上腺。

复习思考题

1. 简述内分泌和激素的概念及其作用特点。
2. 腺垂体内分泌哪些激素？有何作用？
3. 神经垂体内贮存哪些激素？有何作用？
4. 分别简述甲状腺激素、甲状旁腺素、糖皮质激素、盐皮质激素、肾上腺素、胰岛素和胰高血糖素的机能。

第十二章 体　　温

知识目标：
- 应知家畜体温及其正常变动以及体温的调节规律；
- 应知畜、禽对外界高温和低温的反应机理。

技能目标：
- 应能测定家畜和家禽的体温。

第一节　畜禽正常体温

一、畜禽体温及其正常变动

家畜和家禽都属于恒温动物，具有相对恒定的体温。畜禽的体温除动物种类之间存在差别外，还受品种、年龄、性别、身体生理状况、昼夜变化、饥饱状况和肌肉工作等因素的影响，而出现正常的变异。动物体各部的温度并不相同，体温通常是指直肠内的温度。畜禽正常体温见表12-1。

表12-1　　　　　　　　　各种畜禽正常的体温

动物	平均体温/℃	变动范围/℃	动物	平均体温/℃	变动范围/℃
乳牛	38.6	38.0～39.3	猪	39.2	38.7～39.8
肉牛	38.3	36.7～39.1	马	37.7	37.2～38.2
黄牛	38.2	37.9～38.6	驴	37.4	36.4～38.4
牦牛	37.8	37.0～38.6	骡	38.5	38.0～39.0
水牛	38.5	37.6～39.5	犬	38.9	37.9～39.9
绵羊	39.1	38.3～39.9	猫	38.6	38.1～39.2
藏系绵羊	39.2	38.3～40.2	兔	39.5	38.6～40.1
山羊	39.1	38.5～39.7	鸡	41.6	39.6～43.6
骆驼	37.5	34.2～40.7	鹅	42.0	40.0～44.0

二、体温相对恒定的意义

在正常情况下，畜禽动物体温度是相对恒定的。体温的相对恒定是保证畜禽新陈代谢和各种功能活动正常进行的一个重要条件。因为代谢过程中都需要酶的参与，而酶的活动是在最适宜温度范围内进行的，过高或过低的温度都会影响酶的活性，或使其活性丧失，致使机体的各种代谢发生紊乱，甚至危及生命。体温的变化对中枢神经系统的影响特别显著，如发高烧时，中枢神经的功能就会发生紊乱。所以在兽医临床上，体温往往作为畜体健康状况的一个重要标志。

第二节 机体的产热和散热过程

畜禽正常体温的维持，有赖于体内产热和散热过程两者保持动态平衡。如产热多于散热，可见体温升高；散热多于产热，则引起体温下降。

一、产　热

1. 产热器官

畜禽体内一切组织细胞活动时都会产生热量，但由于各种组织的代谢强度不同，产热量也有多少的差别。代谢强度大的，产热量就多；代谢强度小的，产热量就少。畜禽动物的主要产热器官是骨骼肌和肝脏。骨骼肌占体重的40%～50%，其产热总量占机体总产热的2/3以上，剧烈运动时，骨骼肌产热还要比平时增加若干倍。肝是动物体内代谢最旺盛的器官，如以单位重量计算，肝的产热量却超过安静时骨骼肌的产热量。草食动物的饲料在消化道（主要是瘤胃）中发酵，产生大量的热，也是体热产生的重要来源。

2. 等热范围

畜禽机体产热水平还随环境温度而改变，在适当的环境温度范围内，其代谢强度和产热量可保持在生理的

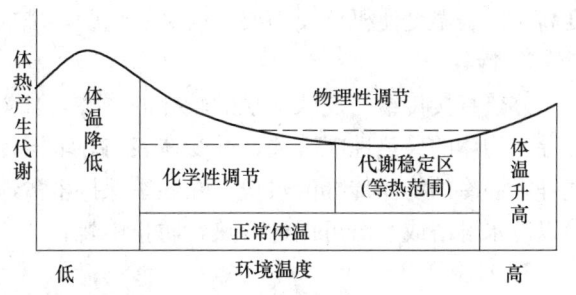

图 12-1　环境温度与体热产生的关系

最低水平，而体温恒定。这种环境温度称为动物的等热范围或代谢稳定区（图12-1）。

从畜牧生产实践来看，外界温度在等热范围内饲养畜禽最为适宜，在经济上也最为有利。因为过低的气温将引起饲料消耗增加，过高的气温会降低动物的生产性能。各种畜禽的等热范围见表12-2。

表 12-2　　　　　　　　　几种畜禽的等热范围

种类	等热范围/℃	种类	等热范围/℃
牛	10～15	犬	15～25
羊	10～20	兔	15～25
猪	20～23	鸡	28～34

等热范围的温度比体温要低。等热范围的低限温度称为临界温度。耐寒的家畜（如牛羊），其临界温度较低。动物密集的被毛和厚实的皮下脂肪能降低临界

温度，幼年畜禽的临界温度，高于成年畜禽。等热范围的高限温度以上称为过高温度。环境温度达到过高温度时，机体的代谢就开始升高。

二、散　热

动物体不断产热的同时，又在不断地向外界散发体热，否则机体将由于体热积聚产生过热，而导致死亡。散热的途径有四方面：体表皮肤散热（占全部散发热量的 75%～85%）；呼吸器官散热；粪尿排泄散热；吸入气、饮入水及食物升温而耗热。

散热的方式主要是辐射、传导、对流和蒸发四种，前三种又可称为非蒸发散热。

1. 辐射

体热以红外线形式直接发散给周围的空间，称为辐射散热。辐射散热不需要通过任何介质，其散热量占机体总散热量的 60%，是皮肤途径散热方式中的主要方式。周围环境温度低，与体表的温度差越大，则辐射散热越多；周围环境温度高于体表温度使机体反而要吸收来自周围环境的辐射热。

2. 传导

体热直接传给与皮肤接触的较冷的物体，如墙壁、地面等，称为传导散热。传导与物体的导热性能有关，并受体表与环境温度差的影响。水的导热性能比空气好，湿冷的物体传导散热快。在冬季保持畜禽地面干燥能防止散热，而在夏季给以冷水淋浴或水浴可促进散热，防止中暑。

3. 对流

对流是借助机体周围冷热空气的相对流动而实现的散热方式。动物体表发散的热使机体周围一圈空气加热而上升，周围较冷空气流进替代。由于冷热空气不断对流，可散发大量体热。在一定限度内，对流速度（风速）越大，散热也越多。

4. 蒸发

机体靠皮肤蒸发的汗水和呼吸道呼出的水汽带走体热，这种散热方式称为蒸发散热。1g 水在体表蒸发，可带走 2.43kJ 的体热。当环境温度等于或超过皮肤温度时，辐射、传导和对流散热停止，这时蒸发便成为机体散热的唯一方式。

蒸发散热有不显汗蒸发和显汗蒸发两种方式。不显汗蒸发是组织间液直接透出皮肤、黏膜表面，并在未聚成明显的水滴之前就蒸发掉，它与汗腺活动无关。这种情况即使在气温降低时，也都在不停地进行；显汗蒸发是汗腺分泌出的汗水以明显的汗滴形式进行蒸发散热。当剧烈运动或气温较高时，动物可借出汗和汗液蒸发进行散热。马、羊等汗腺比较发达的家畜，可借出汗将体热发散，而猪、犬等汗腺较不发达的家畜，主要借呼气散热和唾液散热。空气越干燥，气体流动越快，蒸发散热量也就越大。

第三节 体温的调节

机体主要通过神经和内分泌系统调节产热和散热过程，使两者在外界环境和机体代谢水平经常变化的情况下保持动态平衡，实现体温的相对稳定。

一、温度感受器

根据温度感受器存在的部位不同，可分为两类：外周温度感受器和中枢温度感受器。

1. 外周温度感受器

此种感受器存在于皮肤、黏膜和内脏中。当局部温度升高时，热感受器兴奋，反之，冷感受器兴奋。

2. 中枢温度感受器

存在于中枢神经系统内的对温度变化敏感的神经元称为中枢温度感受器。

二、体温调节中枢

体温调节中枢是一个多层次的整合机构，最基本的体温调节中枢位于下丘脑。大脑皮层在体温调节中起重要作用，行为性体温调节主要是通过大脑皮层实现的；下丘脑前部的温度敏感神经元可感受血液和脑组织的温度变化，也是温度传入信息的整合中枢，机体产热还是散热，要根据整合结果而定；延髓、网状结构和脊髓也具有一定程度的整合功能。

下丘脑的视前区-下丘脑前部是体温调节中枢的整合中心部位，这里温度敏感神经元数量最多，其中20%~40%是热敏神经元，5%~20%是冷敏神经元。来自外周温度感受器或中枢的温度敏感神经元的信息均会聚于该区域进行信息的综合处理，然后通过多种传出途径下达中枢的指令性信息，产生相应的产热和散热效应，从而实现体温的相对恒定。

第四节 畜禽对外界高温和低温的反应

一、耐热与抗寒

猪的汗腺不发达，在外界温度升至30~32℃时，猪直肠温度开始升高，当直肠温度升高至41℃时，则发生昏迷；水牛汗腺不发达，皮肤厚实而颜色深暗，耐热能力较差，当外界温度超过25℃时，水牛就开始出现热性喘息。其对热应激主要反应是水浴散热；绵羊对高温的耐受能力较强，主要通过出汗和热性喘息调节体温，当外界温度高至41℃时，开始出现热性喘息。如果外界相对湿度不到65%，绵羊能耐受外界43℃高温达数小时之久。

家畜的抗寒能力一般较强。马、牛和羊在气温-18℃时，仍能调节体温稳定。猪的抗寒力低于其他动物，成年猪仔0℃气温中难于持久保持正常体温。一日龄仔猪在0℃环境中2h就将陷入昏睡状态。

二、畜禽对寒冷或炎热环境的适应

家畜和家禽较长期的处于寒冷或炎热环境中，或一年中季节性温度差变化，或由寒带（或热带）地区迁入热带（或寒带）地区等，初期可通过各种体温调节保持体温恒定，随后则发生不同程度的适应现象。适应可分为以下三类：

1. 惯习和耐受

通常数周内畜禽生活在极端温度环境中，发生的生理性调节反应称为惯习。例如，在寒冷环境中，由于酶的活动，代谢持续升高，但临界温度没有明显降低。在开始2~3周时，主要由寒颤转变为非寒颤性产热，即肾上腺素、去甲肾上腺素和甲状腺素分泌增多。畜禽经过惯习后，在严寒中存活的时间可以延长。

动物对环境温度的耐受性，因品种，性别，生理状况差异而不同，例如，白来航鸡比澳洲黑鸡耐热性强，公鸡比母鸡耐热性强，停产鸡比产蛋鸡耐热性强。

2. 风土驯化

随着季节性变化，机体的生理调节逐渐发生改变，称为风土驯化。例如，由夏季到冬季，动物的代谢并没有增高，但由于保温能力改变（被毛保温增强，血管收缩改善等），临界温度显著降低。

3. 气候适应

经过几代自然选择和人工选择，动物遗传发生变化，对生存环境温度产生了适应，称为气候适应。产生气候适应的动物，不仅本身对当地的气候表现了良好的适应，而且能传给后代，成为该种或品种的特点。如寒带品种的动物有较厚的被毛和皮下脂肪层，保湿效率高，在极冷的条件下无需代谢增高，体温也能保持正常水平并很好的生存。

技能训练

畜禽体温的测定

目的与要求

掌握畜禽体温的测定方法。

材料与设备

牛（或羊）、猪、犬、鸡、保定器械、体温计。

步骤与方法

先将动物保定,然后将体温计中的水银柱甩至35℃以下,并在外面涂以少量的润滑油,手持体温计旋转插入直肠中,并用固定体温计,3~5min后取出、读数,记录测量动物的体温。

技能考核

测定牛(或羊)、猪、犬、鸡的体温。

复习思考题

1. 测量体温的常用方法有哪些?
2. 简述牛、羊、猪、犬、鸡、马、驴等畜禽的正常体温的变动范围。
3. 体温是如何产生的?
4. 简述参与畜禽体温调节的主要因素,并举例说明是如何调节的。
5. 体温恒定对畜禽机体有何重要意义?

综 合 实 训

一、羊（或牛）的解剖生理实训

目的与要求

能对羊（或牛）进行保定；能在羊（或牛）活体上识别主要骨性和肌性标志，并能在活体表面上指出主要的部位名称；能准确地在羊（或牛）活体上找到主要内脏器官的体表投影位置和静脉注射、脉搏检查部位；能正确地听诊心音和检查脉搏；能正确地测定羊（或牛）的体温；能正确地对羊（或牛）进行活体解剖；能识别羊（或牛）各器官的形态、位置关系和结构。

材料与设备

羊（或牛）活体、羊（或牛）的保定设备、采血针头、听诊器、听诊布、采血针、注射器、生理盐水、体温表（肛表）、凡士林、解剖刀、剥皮刀、止血钳、毛剪、解剖剪、镊子、骨剪、肋骨剪、骨斧、骨锯、骨凿、截断刀、胶手套、输血用胶管、玻璃管（与输血用胶管口径相当）、棉线、棕绳。

步骤与方法

1. 保定

用倒马器（或其他方法）令羊（或牛）倒下捆扎好四肢，并令其侧卧。为防止其头部举起和反抗，可另找助手压住头颈部。

2. 主要骨性和肌性标志及主要部位名称的识别

首先在羊（或牛）的活体上识别主要骨性和肌性标志，然后在体表指出主要的部位名称。

3. 主要内脏器官的体表投影的确定

确定羊（或牛）主要内脏器官的体表投影。

4. 心音听诊

用听诊器听诊羊（或牛）的心音，并分辨第一、第二心音。

5. 采血

确定羊（或牛）的采血部位，并确定其颈静脉沟的位置，用采血针采血。

6. 静脉注射

确定羊（或牛）的静脉注射部位，并确定其颈静脉沟的位置，用注射器向静脉内注射适量的生理盐水。

7. 脉搏的检查

找到尾中动脉，检查脉搏。

8. 体温的测定

将体温计中的水银柱甩至35℃以下，并在外面涂以少量的润滑油，手持体温计旋转插入直肠中，并固定体温计，3~5min后取出、读数、记录。

9. 处死

在颈的一侧下1/3的颈静脉沟处剪去长毛，切一长8~10cm的切口，用止血钳将皮下结缔组织分开，先找到颈静脉，然后再沿颈静脉深面气管侧面摸索颈总动脉（可感到其搏动），用食指拉出皮肤切口之外，将其与迷走交感神经干分开，用止血钳分别钳住其向心端和离心端，在两端之间的动脉管壁上斜剪一"V"字形切口，随即将套有输血胶管的玻璃管朝向心端插入颈总动脉内，用线结扎固定玻璃管，防止滑出，最后，把向心端的止血钳取下，血液即从胶管喷出，直至羊（或牛）死亡为止。

10. 剥皮

使尸体仰卧，用刀从下唇正中线向后移行，经颈部和胸部，沿腹壁的白线向后方切开，切至脐部、乳房或阴茎时，向左右分为两线，绕过这些器官后，切线又合并为一，经肛门和母畜的阴户时，各作一环形切线，然后再合并为一，直至尾根部。四肢的切线与正中线（腹正中线）垂直，从四肢内侧面的正中切开皮肤，在系关节部作一环形切线。头部的剥皮可将上述第一道切线从颌间向两侧翻转，将上、下唇、鼻翼、眼睑和外耳部连在皮上一起剥离。再从上述切线剥下全身皮肤。将尾根部皮肤剥离，露出一小段后从椎间软骨处切断尾部。但剥皮时应小心进行，以免损害皮肌和位于浅表的神经和淋巴结等。

11. 头颈部的解剖

（1）自颈部开始解剖头颈部，观察胸头肌、颈静脉沟和颈静脉。

（2）剪除颈静脉，切断胸头肌之中部，并拨向一旁，观察肩胛舌骨肌和胸骨甲状舌骨肌。

（3）切断并翻转肩胛舌骨肌，观察颈动脉和迷走交感神经干等。

（4）切断胸骨甲状舌骨肌，并翻转之。观察气管、食管、甲状腺和甲状旁腺。

（5）解剖下颌间隙，观察下颌淋巴结、颌外动脉、颌外静脉。

（6）清除面皮肌和皮下结缔组织，注意不要损坏面神经，重点观察面神经、面动脉、面静脉、腮腺管、腮腺、腮淋巴结、咬肌和颊肌。

（7）剥除咬肌和颊肌。在颏孔稍后处锯断下颌骨。离解下颌关节，用刀于紧靠下颌骨内面切断附着于此的肌肉，即可将锯断的下颌骨取下。清除翼肌等物，观察口腔、咽和喉。

12. 前肢的解剖

（1）将肩臂皮肌和胸腹皮肌自下向上翻转并切除之，小心清理出肩胛背侧肌群的界限。观察斜方肌、菱形肌、背阔肌和臂头肌。

（2）从肩带的背侧切断菱形肌、臂头肌和背阔肌并翻转之，在肩带部和臂部的腹内侧切断胸浅肌和胸深肌。向上抬起前肢，在贴近第一肋前缘切断腋动脉和腋静脉；在斜角肌处切断臂神经丛。最后切断下锯肌与肩胛骨之连接，把前肢卸下。注意观察肩前淋巴结、胸浅肌、胸深肌和下锯肌。

（3）剥除臂区内侧血管和神经周围的结缔组织。剥除时一律从每一神经和血管的近端向远端进行。观察臂三头肌、臂二头肌、肩胛上神经、肩胛下神经、腋神经、正中神经、桡神经、尺神经、腋动脉、臂动脉。

（4）剥除前臂部、腕部和掌部的筋膜，小心划出臂各肌的界限。观察腕桡侧伸肌、指总伸肌、指内侧伸肌、指外侧伸肌、指固有伸肌、腕斜伸肌、腕外侧屈肌、腕桡侧屈肌、腕尺侧屈肌、正中动脉、指浅屈肌、指深屈肌、腕部腱鞘、指部腱鞘、皮下黏液囊、腱下黏液囊。

13. 胸部的解剖

（1）割除因前肢卸下而剩余的肌肉，观察背最长肌、髂肋肌和肋间外肌。

（2）割除数个肋间隙中的肋间外肌，以暴露其下层的肋间内肌，注意不要伤及肋间血管和神经，这些血管和神经在靠近脊柱处，位于内、外肋间肌之间，约两肋骨中部。观察肋间内肌、肋间动脉、肋间静脉、肋间神经。

（3）用骨剪切断右侧自2～10的肋骨，并使各肋的下端与肋软骨分离，然后用刀将因此而划出的整块胸壁移去。观察纵隔、胸膜、胸腺、肺、膈神经、心包、前腔静脉、后腔静脉、肺动脉。

（4）将前腔静脉切断，观察主动脉弓、胸主动脉、臂头动脉总干、纵隔前淋巴结、支气管淋巴结、胸导管、迷走神经、气管、支气管、食管、膈肌、膈上的3个孔。

14. 腹部的解剖

（1）如果被解剖的是母畜，则应先观察乳房的形态和构造；如果是公畜，则应先解剖其外生殖器。依次观察阴囊、睾丸、附睾和阴茎。

（2）解剖腹壁，分别观察腹外斜肌、腹内斜肌、腹直肌、腹横肌。

（3）解剖腹腔，然后按以下顺序进行操作与观察。

① 观察瘤胃、网胃、瓣胃、皱胃、十二指肠、空肠、回肠、盲肠、结肠、直肠、肝、胰的形态、色彩、位置。

② 在十二指肠第二段作双重结扎，将直肠内粪便向前挤压，于此作结扎。在结扎处切断肠管，并切断肠管与腹腔相连的血管和系膜。将肠采出，区分各段

肠管的形态特征，并注意观察肠系膜前淋巴结、空肠淋巴结、盲肠淋巴结、结肠淋巴结。

③将与胃相连的食管作双重结扎，并于结扎间切断，然后再切断肝、脾与膈肌相连接的韧带和后腔静脉，即可将胃、脾和肝取出，观察脾的形态和位置。

④如果是母畜，则可观察位于腹腔内的卵巢、输卵管、子宫等生殖器官；如果是公畜，则可进一步解剖精索，观察输精管和精索内动脉。

⑤观察肾、肾上腺、输尿管。

15. 骨盆腔的解剖

从髋关节处割下后肢，清除髋骨外面残余的肌肉，割去荐坐韧带。通过闭孔内侧缘画一直线与骨盆联合平行；由坐骨大孔上端至髋结节下端画一直线。沿此二线锯开髋骨并除去游离骨片，剥离残余的肌肉和骨盆筋膜。

（1）观察公畜骨盆腔内的直肠、膀胱、尿生殖道、骨盆部、输精管的末端、精囊腺、前列腺、尿道球腺等主要器官的形态构造和位置。

（2）观察母畜骨盆腔内的直肠、膀胱、子宫、阴道和尿生殖前庭等主要器官的形态构造和位置。

16. 后肢的解剖

（1）在股内侧中部割断股内侧筋膜并翻起，观察股薄肌和缝匠肌。

（2）从中部切断股薄肌和缝匠肌并翻转之，依次观察股管、耻骨肌、髂腰肌、腹股沟淋巴结、股动脉。

（3）清除臀部和股部外侧的筋膜，然后观察臀浅肌（牛无臀浅肌）、臀中肌、臀深肌、股阔筋膜张肌、股前淋巴结（膝上淋巴结）、股二头肌、半腱肌、半膜肌。

（4）从中部切断股阔筋膜张肌，并翻转之，观察股四头肌。

（5）切断股二头肌的荐骨头和坐骨头，并将其远端部分向下翻转，最后在膝关节处将其切除，翻转时需小心进行，以免伤害坐骨神经，清理坐骨神经周围的结缔组织，观察坐骨神经、胫神经、腓神经。

（6）解剖小腿部、跗部和跖部跖侧。剥除小腿部筋膜，观察腓肠肌和跟腱。

（7）切断腓肠肌的内侧头，观察胫神经和趾浅屈肌。

（8）切断趾浅屈肌和腘肌并翻转，观察趾深屈肌，腘动脉，胫后动脉。

（9）清理小腿部背侧和外侧的筋膜，清理时应先设法找到腓浅神经，以免遭受损坏，然后观察第3腓骨肌、趾长伸肌、趾内侧伸肌、腓骨长肌、趾外侧伸肌、胫骨前肌、腓浅神经、腓深神经、胫前动脉。

作业

书写实训报告。

二、猪的解剖生理实训

目的与要求

能对猪进行保定；能在猪的活体上识别主要骨性和肌性标志，并能在活体表面上指出主要的部位名称；能准确地在猪的活体上找到主要内脏器官的体表投影位置和静脉注射部位；能正确地听诊心音；能正确地测定猪的体温；应能正确地对猪进行活体解剖；能识别猪各器官的形态、位置关系和结构。

材料与设备

活猪、生猪保定架、采血针头、听诊器、听诊布、采血针、注射器、生理盐水、体温表（肛表）、凡士林、解剖刀、止血钳、毛剪、解剖剪、镊子、骨剪、肋骨剪、骨斧、骨锯、骨凿、截断刀、胶手套、输血用胶管、玻璃管（与输血用胶管口径相当）、棉线。

步骤与方法

1. 保定

用生猪保定架将猪保定。

2. 主要骨性和肌性标志及主要部位名称的识别

首先在猪的活体上识别主要骨性和肌性标志，然后在体表指出主要的部位名称。

3. 主要内脏器官的体表投影的确定

确定猪的主要内脏器官的体表投影。

4. 心音听诊

用听诊器听诊猪的心音，并分辨第一、第二心音。

5. 采血

确定猪的采血部位后，用采血针采血。

6. 静脉注射

确定猪的静脉注射部位后，用注射器向静脉内注射适量的生理盐水。

7. 体温的测定

将体温计中的水银柱甩至35℃以下，并在外面涂以少量的润滑油，手持体温计旋转插入猪的直肠中，并用固定体温计，3～5min后取出、读数、记录。

8. 处死

在颈的一侧下1/3的颈静脉沟处剪去长毛，切一长8～10cm的切口，用止血钳将皮下结缔组织分开，先找到颈静脉，然后再沿颈静脉深面气管侧面摸索颈总动脉（可感到其搏动），用食指拉出皮肤切口之外，将其与迷走交感神经干分开，用止血钳分别钳住其向心端和离心端，在两端之间的动脉管壁上斜剪一"V"字形切口，随即将套有输血胶管的玻璃管朝向心端插入颈总动脉内，用线结扎固定玻璃管，防止滑出，最后，把向心端的止血钳取下，血液即从胶管喷出，直至猪死亡为止。

9. 被皮系统的解剖观察

观察皮肤的色泽和结构；观察蹄的形态和结构；观察乳房的位置、形态和结构。

10. 头部的解剖观察

（1）观察唇、颊、硬腭、齿、舌、唾液腺等形态结构与位置关系。观察猪的恒齿式。

（2）观察外鼻、鼻腔和鼻旁窦。

（3）观察咽和软腭。

11. 颈部的解剖观察

在肩关节前方切断颈斜方肌和肩胛横突肌并翻开，观察颈浅背侧淋巴结。从颈前部至胸前口沿颈静脉沟切开皮肤，清理暴露颈外静脉、颈总动脉、迷走交感干、颈部胸腺、喉、甲状腺、食管和气管等，然后分别观察这些器官的形态结构与位置关系。

12. 胸部的解剖观察

经肩关节前方从背侧中线至腹侧中线切开皮肤；经肘关节后方从背侧中线至腹侧中线切开皮肤；经最后肋骨后缘从背侧中线至腹侧中线切开皮肤；从第1切线腹侧端至坐骨弓沿腹侧中线切开皮肤；从第1切线背侧端至尾根沿背侧中线切开皮肤；切断肩带肌除去前肢；除去肋间肌以外的胸侧壁皮肤和肌肉，在肋骨和肋软骨连接处剪断第2~6肋骨，沿胸膜折转线剪断第7~13肋骨，在肋结节附近剪断第2~13肋骨，除去胸腔侧壁。观察胸膜折转线。然后观察左肺、右肺、纵隔、膈神经、食管、迷走神经（返神经、背侧支和腹侧支、背侧干和腹侧干）、气管、主支气管、气管支气管、胸部胸腺、心包和心、主动脉弓、胸主动脉、肋间背侧动脉、臂头动脉、左锁骨下动脉、肺动脉干、前腔静脉、后腔静脉、左奇静脉、胸导管、颈胸神经节、胸交感干（胸神经节、灰白交通支、胸心神经等）、内脏大神经等。

13. 腰部和骨盆部的解剖观察

从胸骨后端至耻骨前缘沿腹侧中线切开腹壁，注意避开公猪的阴茎；从坐骨弓至尾根沿中线切开皮肤，注意避开阴门（母猪）和肛门；从最后肋骨至髋结节沿腰椎横突分离切断腹壁肌的背侧端；从最后肋骨上端至胸骨后端沿肋弓分离切断腹壁肌；从髋结节至腹侧中线沿阔筋膜张肌前缘分离切断腹壁肌，除去腹壁；沿骨盆底壁中线分离切断股内侧的肌肉，用锯子沿骨盆联合仔细锯开骨盆底壁；经髋结节下方至尾根下方的连线切开皮肤、肌肉和荐结节阔韧带，仔细锯断髂骨，沿第 2 切线分离切断附着于骨盆壁的肌肉，除去盆腔壁和后肢。

（1）消化系统的观察　首先观察胃、十二指肠、空肠、回肠、盲肠、结肠、直肠、肝、胰的形态结构和位置关系，然后分别将其进行离体观察，最后解剖观察其内部构造。

（2）泌尿系统的观察　首先观察肾、输尿管、膀胱、尿道的形态结构和位置关系，然后分别将其进行离体观察，最后解剖观察其内部构造。

（3）母猪生殖系统　首先观察观察卵巢、输卵管、子宫、阴道、阴道前庭和阴门的形态、结构与位置关系，然后分别将其进行离体观察，最后解剖观察其内部构造。

（4）公猪生殖系统　首先观察阴囊、睾丸、附睾、精索、输精管、雄性尿道、副性腺、阴茎、包皮的形态、结构与位置关系，然后分别将其进行离体观察，最后解剖观察其内部构造。

（5）其他器官的观察　观察脾、肾上腺、膈、主动脉裂孔、食管裂孔、腔静脉孔、腹股沟弓、腹股沟管、腘浅淋巴结、腘深淋巴结等的形态结构和位置关系。

作业

书写实训报告。

三、犬的解剖生理实训

目的与要求

能对犬进行保定；能在犬活体上识别主要骨性和肌性标志，并能在活体表面上指出主要的部位名称；能准确地在活体犬上找到主要内脏器官的体表投影位置；能准确地在活体上找到静脉注射的部位，并能正确地听诊心音；能正确地测定犬的体温；能正确地对犬进行活体解剖；能识别犬体各器官的形态、位置关系和结构。

材料与设备

活犬、保定设备、采血针头、听诊器、听诊布、采血针、注射器、麻醉剂、体温表（肛表）、凡士林、解剖刀、剥皮刀、止血钳、毛剪、解剖剪、镊子、骨剪、肋骨剪、截断刀、胶手套、输血用胶管、玻璃管（与输血用胶管口径相当）、棉线。

步骤与方法

1. 保定

用保定器将犬进行保定。

2. 主要骨性和肌性标志及主要部位名称的识别

首先在犬的活体上识别主要骨性和肌性标志，然后在体表指出主要的部位名称。

3. 主要内脏器官的体表投影的确定

确定犬的心脏、肺、胃、肠等主要内脏器官的体表投影。

4. 心音听诊

用听诊器听诊犬的心音，并分辨第一、第二心音。

5. 采血

确定犬的采血部位，并确定其颈静脉沟的位置，用采血针采血。

6. 体温的测定

将体温计中的水银柱甩至35℃以下，并在外面涂以少量的润滑油，手持体温计旋转插入直肠中，并固定体温计，3~5min后取出、读数、记录。

7. 静脉注射与麻醉

确定犬的静脉注射部位，并确定其颈静脉沟的位置，用注射器向静脉内注射适量的麻醉剂，将其麻醉。

8. 处死

待犬麻醉后，将其颈静脉放血，致死。

9. 消化器官解剖观察

观察口腔、舌、牙齿、食管、胃、脾脏、十二指肠、空肠、回肠、盲肠、结肠、直肠、肝脏的形态、结构和位置关系。

10. 呼吸器官解剖观察

观察会厌软骨、喉、气管、支气管、肺的形态、结构和位置关系。

11. 泌尿器官解剖观察

观察肾脏的位置、形态，肾上腺、膀胱、输尿管、尿道的形态、结构和位置关系。

12. 生殖器官解剖观察

观察母犬的卵巢、输卵管、子宫的形态、结构和位置关系；观察公犬的睾丸、输精管阴茎、包皮等的形态、结构和位置关系。

作业

书写实训报告。

四、鸡的解剖生理实训

目的与要求

能在家禽的活体上识别出主要体表部位名称、重要的骨性和肌性标志和主要的皮肤衍生物；能掌握家禽的采血部位和采血方法；能正确地对家禽进行活体解剖；能识别家禽各器官的形态、位置关系和结构。

材料与设备

活体公鸡、母鸡、酒精棉球、止血棉球、针头、注射器、常用的解剖器械（刀、剪、镊子、肋骨剪）、结扎线、大头针、细玻璃管、水桶（退毛用）、水壶、热水器。

步骤与方法

1. 活体观察

（1）识别头部、颈部、嗉囊、胸背部、腰腹部、泄殖孔、裸区等主要体表部位。

（2）识别前肢（翼部）、后肢（腿部）各骨和关节；识别胸骨、尾综骨、胸大肌、腿肌、翼下尺静脉等主要器官的所在部位；识别距、趾、爪；识别耻骨间距、趾骨间距。

（3）识别各种羽毛、喙、尾脂腺、鸡冠、肉垂、耳叶等皮肤衍生物。

2. 采血

分别采用以下三种方法进行采血。

（1）翼下静脉采血　将鸡保定好后，用酒精棉球消毒翅膀内侧的采血部位，待酒精干燥后用针头刺破翼下静脉，待血液流出后吸取。也可用细的针头刺入静脉内，让血液自由流入瓶内。采血后，用干棉球压迫采血部位进行止血。

（2）鸡冠采血　将鸡保定好后，用酒精棉球消毒鸡冠，待酒精干燥后，在消毒部位用针头刺破鸡冠，待血液流出后采取。采血后用干燥棉球进行压迫止血。

（3）心脏采血　将鸡进行右侧卧保定，用手触摸胸部心搏动最明显处，用酒精棉球消毒，待酒精干燥后，用注射器在胸骨嵴前端至背部下凹处连接线的1/2点进针，针头与皮肤垂直，刺入2～3cm即可采到心脏血液。再用酒精棉球消毒进针部位。

3. 处死

找出第一颈椎与枕骨之间的孔穴位，用大头针刺入脊延髓内，将鸡处死。

4. 退毛

用热水烫鸡体，然后退毛。

5. 解剖

从肛门下方横向切开腹壁，并向两侧扩大至胸部，用肋骨剪剪断胸骨突和肋骨，向上方掀开胸骨，暴露胸腔和腹腔的脏器。

6. 尸体的解剖观察

（1）内脏器官的位置关系　首先观察胸、腹腔内各器官的位置关系。

（2）呼吸系统　观察气管、鸣管、肺、气囊的形态结构、位置、色彩。

（3）心血管系统　观察心脏、大血管的形态结构、位置、色彩。

（4）消化系统　分离食管、嗉囊，摘出全部消化系统。观察嗉囊、腺胃、肌胃、小肠、大肠、肝、胰的形态、结构和相互关系。

（5）泌尿系统　观察肾脏、输尿管的形态、位置。

（6）生殖系统　观察公鸡的睾丸、附睾和输精管的形态位置；观察母鸡的卵巢、输卵管（注意：仅左侧发育）的形态、位置。

作业

书写实训报告。

参 考 文 献

[1] 周其虎. 动物解剖生理. 北京：中国农业出版社，2009.
[2] 李静. 宠物解剖生理. 北京：中国农业出版社，2009.
[3] 姜凤丽. 动物科学基础. 北京：中国农业大学出版社，2007.
[4] 周元军. 动物解剖. 北京：中国农业大学出版社，2007.
[5] 范作良. 家畜生理. 北京：中国农业出版社，2006.
[6] 彭克美. 畜禽解剖学. 北京：高等教育出版社，2005.